交通行业高职高专规划教材

电工基础

主　编　郝　红　王晓燕　孙学宾
副主编　韩　洋　刘　霞　王丽霞
主　审　徐先弘

大连海事大学出版社

图书在版编目(CIP)数据

电工基础 / 郝红,王晓燕,孙学宾主编 .— 大连 : 大连海事大学出版社, 2015.4
(2024.8 重印)
交通行业高职高专规划教材
ISBN 978-7-5632-3164-5

Ⅰ.①电…　Ⅱ.①郝… ②王… ③孙…　Ⅲ.①电工—高等职业教育—教材　Ⅳ.①TM1

中国版本图书馆 CIP 数据核字(2015)第 087991 号

大连海事大学出版社出版

地址:大连市黄浦路523号 邮编:116026 电话:0411-84729665(营销部) 84729480(总编室)
http://press.dlmu.edu.cn　E-mail:dmupress@dlmu.edu.cn

大连永盛印业有限公司印装　　大连海事大学出版社发行

2015 年 4 月第 1 版　　2024 年 8 月第 5 次印刷
幅面尺寸:184 mm×260 mm　　印张:11.75
字数:288 千　　印数:7501～8500 册

出版人:刘明凯

责任编辑:杨　森　　责任校对:华云鹏
封面设计:王　艳　　版式设计:解瑶瑶

ISBN 978-7-5632-3164-5　　定价:26.00 元

内容提要

本教材为项目化教材,共有6个项目:电路常用元件的识别与检测,直流电阻电路的分析、检测与仿真,日光灯电路的安装与测试,三相用电设备的连接与测试,触摸延时照明电路的设计、制作与调试,互感线圈的制作、连接与测试。

本书可作为高等职业院校电气自动化、机电一体化、电子通信等电类专业教学用书,也可作为各类成人高等专科院校电类专业培训教材以及从事电工电子技术的工程人员的参考用书。

交通行业高职高专规划教材

编 委 会

前　　言

“电工基础”是高职高专电类各专业的一门专业基础课程，通过本课程的学习，学生能够具备从事电类各专业工作所必需的电工通用技术的基本知识、方法和技能，培养学生的创新精神和实践能力，以适应电工技术的发展，并为学习后续专业课程、提高全面素质、培养综合职业能力打下基础。

“电工基础”作为电类专业的基础课，应服务于高职教育培养目标和定位，为此我们按照“以能力为本位，以职业实践为主线，以项目实施为载体”的总体要求，以行动领域为导向，典型工作任务为基础，提高综合理论知识、实践能力和职业素养为一体来设计和编写教材，本书力求突出以下特点：

1. 以培养学生电工技术应用能力为依据确定工作任务，围绕工作任务的需求来构建课程内容，突出工作任务与知识的联系，增强课程内容与职业岗位能力要求的相关性，实现电工理论与生产实践的无缝对接，使学生在实践活动中掌握知识和技能。

2. 按照难度、梯度逐级加深的顺序我们安排了6个学习项目，力求通过6个项目的实施，实现“识别和正确选用电阻、电容及电感等元件，能阅读一般电路图为前提，能对电路进行分析和计算，会正确选用和使用测试仪器、仪表对电路进行测量和调试为核心；独立进行简单电路设计，能对电路故障进行判断并加以解决为提高”。

3. 典型工作任务逐层递进设计，步骤重复训练，遵循能力提高规律。我们选取的6个项目中共计24个任务，每个任务都是按照“任务描述”、“知识准备”、“任务实施”、“知识拓展”等模块来实施，引导学生通过实践、思考、探索、交流，获得知识，形成技能，发展思维，学会学习。

本教材共有6个项目，其中项目一由郝红编写；项目二由王丽霞编写；项目三由王晓燕编写；项目四由刘霞编写；项目五由孙学宾编写；项目六由韩洋编写；本书由徐先弘主审。

本教材在编写时参阅了许多同类教材和资料，得到不少启发和教益，在此向编著者致以诚挚的谢意。

由于编者水平有限，书中难免有纰漏和不足，敬请读者予以批评指正。

编　者

2015年3月

目　　录

项目一　电路常用元件的识别与检测

工作任务一　电阻器的识别与检测

【任务描述】

电阻器在日常生活中一般称为电阻,是电子电路中使用最多的元件。电阻器的种类很多,在电路中的作用也很多,比如用作分压器、分流器和负载电阻。本任务主要是识别和检测电阻器。

【知识准备】

电阻器的种类、参数、标注方法、检测与选用

一、电阻器的种类

1. 电阻器的分类

电阻器的种类较多,按阻值是否可调分为固定电阻器和可调电阻器(又称电位器),其中固定电阻器按制作的材料不同,可分为绕线电阻器和非绕线电阻器两大类。非绕线电阻器因制造材料的不同,可分为碳膜电阻、金属膜电阻、金属氧化膜电阻、实心碳质电阻等。另外还有一类特殊用途的电阻,如热敏电阻、压敏电阻等。几种常见的电阻器外形如图 1-1-1 所示。

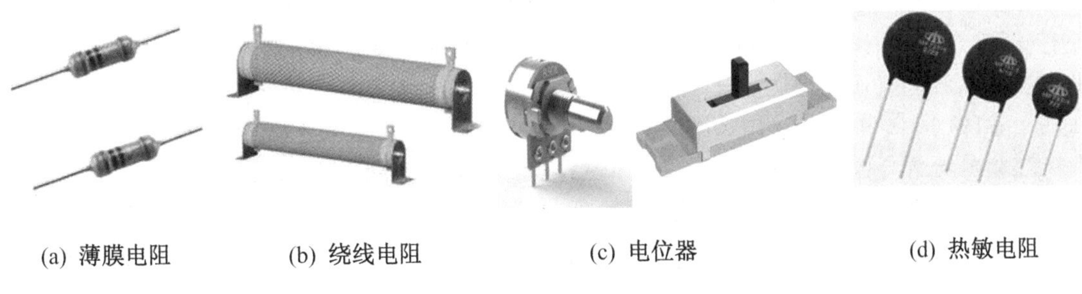

(a) 薄膜电阻　(b) 绕线电阻　(c) 电位器　(d) 热敏电阻

图 1-1-1　几种常见的电阻器

2. 电阻器的型号

为了区别电阻的类别,可用字母符号在电阻上进行标明,如图 1-1-2 所示。

电阻类别的字母符号标志说明见表 1-1-1,如"RT"表示碳膜电阻;"RJJ"表示精密金属膜电阻。

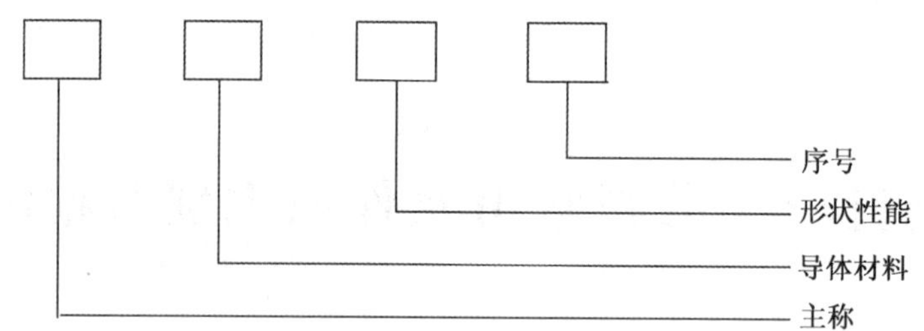

图 1-1-2　电阻类别及型号表示

表 1-1-1　电阻的类别和型号标志

第一部分	主称	R:电阻;W:电位器
第二部分	导体材料	T:碳膜电阻;J:金属膜电阻; X:绕线电阻;M:压敏电阻; G:光敏电阻; R:热敏电阻; Y:金属氧化膜电阻
第三部分	形状性能	X:大小;J:精密;L:测量;G:高功率 1:普通;2:普通;3:超高频;4:高阻;5:高温;8:高压;9:特殊
第四部分	序号	对主称、材料特征相同,仅尺寸性能指标略有差别,但基本上不影响互换的产品标同一序号;若尺寸、性能指标的差别已明显影响互换,则在序号后面用大写字母予以区别

二、电阻器的参数

电阻的主要参数是指电阻标称阻值、误差和额定功率。

1. 标称阻值和误差

为了便于大量生产,同时也让使用者在一定的允许误差范围内选用电阻,国家规定出一系列的阻值作为产品的标准,这一系列阻值就叫作电阻的标称阻值。另外,电阻的实际阻值也不可能做到与它的标称阻值完全一样,两者之间总存在一些偏差。最大允许偏差值除以该电阻的标称值所得的百分数称为电阻的误差。对于误差,国家也规定出一个系列。普通电阻的误差有 ±5% 、±10% 、±20% 三种,在标志上分别以 Ⅰ 、Ⅱ 和 Ⅲ 表示。例如一只电阻上印有“47k Ⅱ”的字样,我们就知道它是一只标称阻值为 47 千欧,最大误差不超过 ±10% 的电阻。误差为 ±2% 、±1% 、±0.5% ……的电阻称为精密电阻。

2. 额定功率

当电流通过电阻时,电阻因消耗功率而发热。如果电阻发热的功率大于它所能承受的功率,电阻就会烧坏。所以电阻发热而消耗的功率不得超过某一数值。这个不至于将电阻烧坏的最大功率值称为电阻的额定功率。常见电阻的瓦数符号如图 1-1-3 所示。

三、电阻器的规格标注方法

电阻的类别、标称阻值、误差及额定功率一般都标注在电阻元件的外表面上,目前常用的标汴方法有三种;

1. 直标法

直标法是将电阻的类别及主要技术参数直接标注在它的表面上。有的国家或厂家用一些文字符号标明单位,例如 3.3 kΩ 标为 3k3,这样可以避免因小数点面积小,不易看清的缺点。

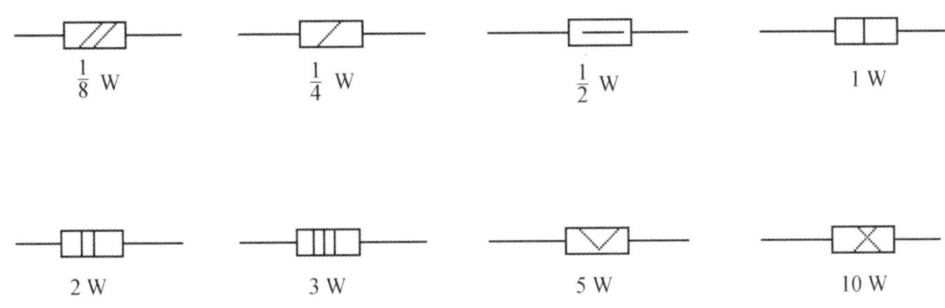

图 1-1-3　电阻的瓦数符号

2. 文字符号法

文字符号法是将电阻器的标称阻值和允许偏差用数字和文字符号按一定的规律组合标志在电阻体上。有些精密电阻通常采用四位数字加两位字母的标示方法。前面的四位数字表示阻值:前三位数字分别表示阻值的百、十、个位数字,第四位数字表示前面三个数字后面加“0”的个数(10 的倍数),单位为欧姆;数字后面的第一个英文字母代表误差,第二个字母代表温度系数。例如:标示为“2151FC”电阻的阻值是 $215\times10=2.15\ \text{k}\Omega$,误差是 ±1%,温度系数为 50 ppm/℃。

3. 色标法

色标法是将电阻的类别及主要技术参数用颜色(色环或色点)标注在它的表面上,如图 1-1-1 (a)所示。碳质电阻和一些小碳膜电阻的阻值和误差,一般用色环来表示(个别电阻也有用色点表示的)。

色标法是在电阻元件的一端上画有三道或四道色环,紧靠电阻端的为第一色环,其余依次为第二、三、四色环。第一道色环表示阻值第一位数字,第二道色环表示阻值第二位数字,第三道色环表示阻值倍率的数字,第四道色环表示阻值的允许误差。

色环所代表的数及数字意义见表 1-1-2。例如有一只电阻有四个色环颜色依次为:红、紫、黄、银,这个电阻的阻值为 270 000 Ω,误差为 ±10%(即 270 kΩ ±10%);另有一只电阻标有棕、绿、黑三道色环,显然其阻值为 15 Ω,误差为 ±20%(即 15 Ω ±20%);还有一只电阻的四个色环颜色依次为:绿、棕、金、金,其阻值为 5.1 Ω,误差为 ±10%(即 5.1 Ω ±10%)。

用色点表示的电阻,其识别方法与色环表示法相同,这里不再重复。

表 1-1-2　色环所代表的数及数字意义

色 别	第一色环 第一位数	第二色环 第二位数	第三色环 应乘位数	第四色环 允许误差
棕 色	1	1	10^1	—
红 色	2	2	10^2	—
橙 色	3	3	10^3	—
黄 色	4	4	10^4	—
绿 色	5	5	10^5	—
蓝 色	6	6	10^6	—
紫 色	7	7	10^7	—
灰 色	8	8	10^8	—

续表

色 别	第一色环 第一位数	第二色环 第二位数	第三色环 应乘位数	第四色环 允许误差
白 色	9	9	10^9	—
黑 色	0	0	10^0	—
金 色	—	—	10^{-1}	±5%
银 色	—	—	10^{-2}	±10%
无 色	—	—	—	±20%

顺便指出，目前市售电阻元件中，碳膜电阻器的外层漆皮多呈绿色和蓝灰色，也有部分为米黄色；金属膜电阻呈深红色，绕线电阻则呈黑色。

4. 数码法

数码法是在电阻体上用三位数字来表示元件标称值的方法，其允许偏差通常采用文字符号表示。该方法常见于贴片电阻或进口器件上。

在三位数字中，从左至右的第一、第二位为有效数字，第三位数字表示有效数字后面所加“0”的个数（单位为 Ω）。例如：标示为“103”的电阻阻值为 $10\times10^3=10\ \text{k}\Omega$；标示为“222”的电阻其阻值为 2 200 Ω，即 2.2 kΩ；标示为“0”或“000”的电阻，这种电阻实际上是跳线（短路线），在有些电路中，阻值为 0 Ω 的贴片电阻用作保险电阻使用。

四、电阻器的测量与选用

1. 电阻器、电位器的检测

(1) 外观检查

对于电阻器，通过目测可以看出引线是否松动、折断或电阻体烧坏等外观故障。对于电位器，应检查引出端子是否松动，接触是否良好，转动转轴时应感觉平滑，不应有过松或过紧等情况。

(2) 阻值测量

通常可用万用表欧姆挡对电阻器进行测量，需要精确测量阻值可以通过电桥进行。电位器也可先用万用表欧姆挡测量总阻值，然后将表笔接于活动端子和引出端子，反复慢慢旋转电位器转轴，看万用表指针是否连续均匀变化，如指针平稳移动而无跳跃、抖动现象，则说明电位器正常。

值得注意的是，测量时不能用双手同时捏住电阻或测试笔，否则，人体电阻与被测电阻器并联，影响测量精度。

2. 电阻器和电位器的选用方法

(1) 电阻器的选用

对于一般的电子线路，若没有特殊要求，可选用普通的碳膜电阻器，以降低成本；对于高品质的收录机和电视机等，应选用较好的碳膜电阻器、金属膜电阻器或绕线电阻器；对于测量电路或仪表、仪器电路，应选用精密电阻器；在高频电路中，应选用表面型电阻器或无感电阻器，不宜使用合成电阻器或普通的绕线电阻器；对于工作频率低，功率大，且对耐热性能要求较高的电路，可选用绕线电阻器。

(2) 电位器的选用

选用电位器时应注意尺寸大小和旋转轴柄的长短，轴端式样和轴上是否需要紧锁装置；经常调节的电位器，应选用轴端铣成平面的，以便安装旋钮；不经常调整的，可选用轴端带刻槽的；一经调好就不再变动的，可选择带紧锁装置的电位器。

【任务实施】

一、电阻器的识别

将发给每组的 10 个电阻器编号，识别其种类、标称阻值、允许偏差，并将识别结果填入表 1-1-3 中。

表 1-1-3　电阻器的识别与检测结果

编 号	种 类	标称阻值	允许偏差	电阻器的测量值	备 注
1					
2					
3					
4					
5					
6					
7					
8					
9					
10					

二、电阻器的检测

用万用表的欧姆挡对各个电阻器进行检测，将测量值填入表 1-1-3，若有异常数值，请在备注中说明。

【知识拓展】

电路及其主要物理量和电阻元件

一、实际电路与电路模型

(一) 实际电路

电路是由若干电气设备或元器件按一定方式用导线连接而成的电流通路。在电力系统、自动控制、计算机等技术领域中，人们广泛使用各种电路来完成各种各样的任务。例如，可以提供电能的供电电路、信号放大电路、测量所用的仪表电路以及存储信息的存储电路等。其中，手电筒电路是大家所熟悉的一种用来照明的最简单的电路，如图 1-1-4 所示。

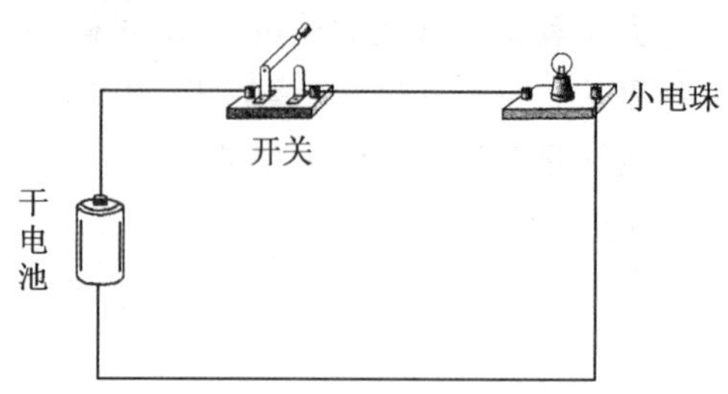

图 1-1-4 手电筒电路

实际电路的结构形式多种多样，繁简不一，但就其组成而言主要有三部分：

电源（或信号源）：将其他形式的能量转换为电能的装置，如发电机、干电池、蓄电池等。

负载：取用电能的装置，通常也称为用电器，如白炽灯、电炉、电动机等。

中间环节：传输、控制电能的装置，如连接导线、变压器、开关、保护电器等。

就电路的功能而言，可以概括为两个方面：

一是进行能量的传输、分配与转换。例如电力系统中的输配电线路及用户负载构成的系统。

二是实现信息的传递与处理。例如电话、收音机、电视机等电子电路。

（二）电路模型

1. 电路元件

实际电路都是由一些电池、电阻器、电容器等实际元件组成的，品种繁多。有的元器件主要是消耗电能，如各种电阻器、电灯、电烙铁等；有的元器件主要是储存磁场能量，如各种电感线圈；有的元器件主要是储存电场能量，如各种类型的电容器；有的元器件主要是提供电能，如电池、发电机等。对某一个元器件而言，其电磁性能并不是单一的。例如工频交流电中的电感线圈，它的主要物理特性是储存磁场能，但由于又有内阻，还要把一部分的电能转换为热能，因此它的电磁特性多元而复杂。

为了便于对电路进行分析和计算，通常对实际元器件进行科学的抽象，即在一定的条件下只考虑它的主要电磁性能，忽略其次要性能，把它近似地看成一个理想元件。例如，忽略内阻后，电池就可以看作为一个提供恒定电压的恒压源；忽略微小电感，电阻就可以看作一个理想的电阻元件。这种理想化元器件就是实际元器件的模型，简称电路元件。

常见的电路元件有电阻元件 R、电感元件 L、电容元件 C、电压源 U_S、电流源 I_S 等，其电路图符号如图 1-1-5 所示。实际的元件也可用几种电路元件的组合来近似地表示。例如，上面提到的电感线圈若只考虑磁场作用可用电感元件来表示；若考虑电阻的作用，则可用电阻元件和电感元件的组合来表示。同时，对电磁性能相近的元器件，也可用同一种电路元件近似地表示。例如，各种电阻器、电灯、电烙铁、电熨斗等，都可用电阻元件来近似表示。

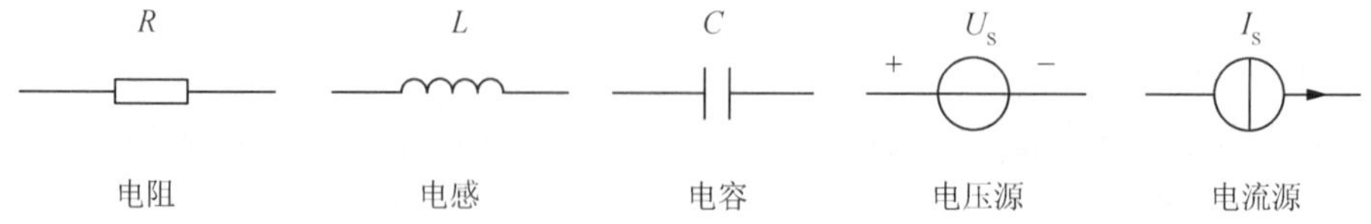

图 1-1-5 常见的电路元件

2. 电路模型

由理想电路元件构成的电路称为电路模型,简称电路。电路中的电路元件需用国标规定的图形符号及文字符号表示。本书中未加特殊说明时,我们所研究的电路均为电路模型。图1-1-4所示的手电筒电路,其电路模型如图 1-1-6 所示。

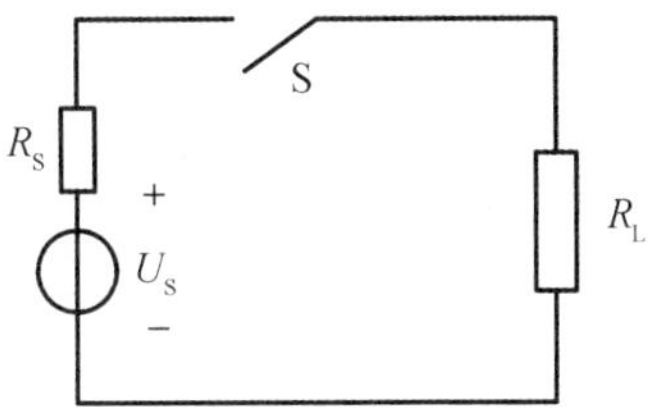

图 1-1-6　手电筒的电路模型

二、电路的主要物理量

(一)电流

1. 电流的定义

电荷有规则的定向运动就形成了电流。长期以来,人们习惯上把正电荷运动的方向规定为电流的实际方向。电流的大小用电流强度(简称电流)来表示,电流是电路的基本物理量之一。

工程上常见的电流有两种:一种是大小和方向都不随时间变化的电流,称为直流电流,简称直流(DC),用 I 表示;另一种是大小和方向均随时间周期性变化的电流,称为周期电流,当周期电流在一个周期内的平均值为零时,这样的电流称为交变电流,简称交流(AC),用 i 表示,如图 1-1-7 所示。

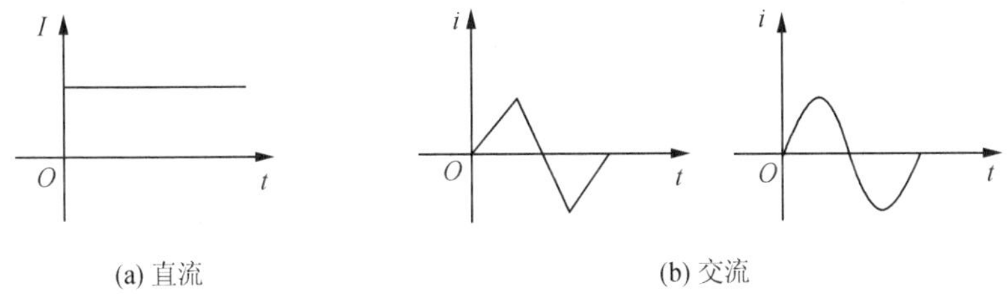

图 1-1-7　几种电流波形

对于直流,若在时间 t 内通过导体横截面的电荷量为 Q,则电流为:

$$I = \frac{Q}{t} \tag{1-1-1}$$

对于交流,若在时间 $\mathrm{d}t$ 内通过导体横截面的电荷量为 $\mathrm{d}q$,则电流的瞬时值为:

$$i = \frac{\mathrm{d}q}{\mathrm{d}t} \tag{1-1-2}$$

在国际单位制中,电流的单位是 A(安培),简称安。当电流很小时,常用单位为毫安(mA)、微安(μA);当电流很大时,常用单位为千安(kA)。它们之间的换算关系为:

$$1\ \mathrm{A} = 10^3\ \mathrm{mA} = 10^6\ \mu\mathrm{A}$$

2. 电流的参考方向

在简单电路中,如图 1-1-8 所示,根据电源的正负极性可以很容易判断出电流的实际方向:在外电路中,电流由正极流经负载到达电源的负极;而在电源的内电路中,电流由电源的负极经过电源的内部到达正极。但在较为复杂的电路中,如图 1-1-9 所示的桥式电路,当电桥处于不平衡状态时,电阻 R_5 中电流的实际方向究竟是从 a 流向 b 还是从 b 流向 a,有时难以判定。

为了分析、计算的需要,引入了电流的参考方向。

在电路分析中,任意选定一个方向作为电流的方向,这个方向就称为电流的参考方向,简称正方向,如图 1-1-9 中用实线表示的 I_5。当电流的参考方向与实际方向相同时,电流为正值;反之,若电流的参考方向与实际方向相反,则电流为负值。因此,在分析电路以前,首先要假设电流的参考方向(任意假设),然后根据假设的参考方向来计算,最后根据计算结果来判断电流的实际方向:若计算结果为正,说明电流的参考方向与实际方向一致;否则相反。如图 1-1-9 所示的电路中,若计算结果 $I_5 = -2$ A 说明 R_5 中电流的实际方向是从 b 流向 a。

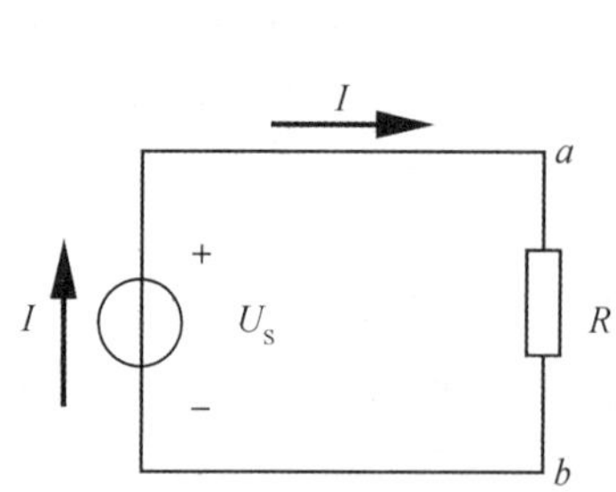

图 1-1-8 简单电路

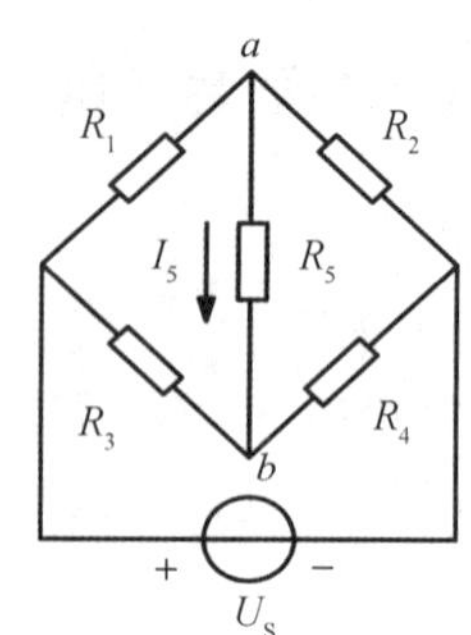

图 1-1-9 复杂电路

电流的参考方向一般用实线箭头表示,如图 1-1-10(a);也可以用双下标表示,如图 1-1-10(b),其中,I_{ab} 表示电流的参考方向是由 a 点指向 b 点。

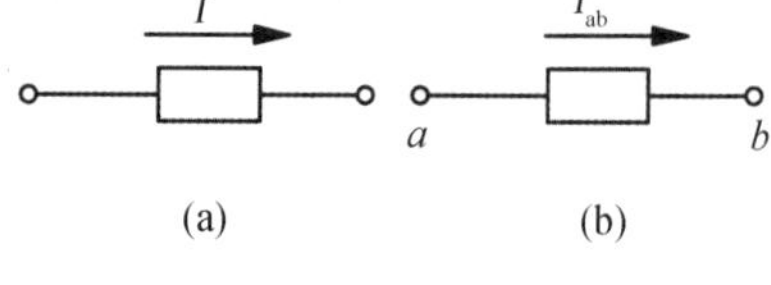

图 1-1-10 电流参考方向的表示方法

参考方向是分析计算电路的重要概念。在未设定参考方向的情况下,研究电流的正负值是没有意义的。因此,在电路中有了电流的参考方向,再结合计算结果就可以确定出各个支路电流的实际方向。没有特殊说明,本书图中的方向都是指参考方向。

(二) 电压与电位

1. 电压

(1) 电压的定义

在电路中用到的另一个基本物理量是电压,也就是电位差,用 U 表示,它是衡量电场力做功的一个物理量。

电路中 a、b 两点间电压,在数值上等于将单位正电荷从电路中 a 点移到电路中 b 点时电场力所作的功,用 u_{ab} 表示,即:

$$u_{ab} = \frac{dw_{ab}}{dq} \tag{1-1-3}$$

式(1-1-3) 中 dw_{ab} 为电场力把正电荷 dq 从电路中 a 点移到电路中 b 点时所做的功。

大小和方向都不随时间变化的电压称为恒定电压,简称直流电压,采用大写字母 U 表示,a、b 两点间的直流电压为:

$$U_{ab} = \frac{W_{ab}}{Q} \tag{1-1-4}$$

式(1-1-4) 中 W_{ab} 为电场力把正电荷 Q 从电路中 a 点移到电路中 b 点时所做的功。

电压的单位为伏特(V),常用的单位为千伏(kV)、毫伏(mV)。它们之间的换算关系为:

$$1\ \text{kV} = 10^3\ \text{V} = 10^6\ \text{mV}$$

(2) 电压的实际方向

电压的实际方向规定为从正极指向负极,或者说从高电位端指向低电位端。

(3) 电压的参考方向

与电流一样,分析计算电路时,也要预先假设电压的参考方向。同样,所假设的参考方向并不一定就是电压的实际方向。当电压的参考方向与实际方向相同时,电压为正值,当电压的参考方向与实际方向相反时,电压为负值。这样,根据电压的计算结果结合参考方向就可以判断出电压的实际方向。

电压的参考方向既可以用实线箭头表示,如图 1-1-11(a);也可以用正(+)、负(-)极性表示,如图 1-1-11(b),正极性指向负极性的方向就是电压的参考方向;还可以用双下标表示,如图 1-1-11(c),其中,U_{ab} 表示 a、b 两点间的电压参考方向由 a 指向 b。

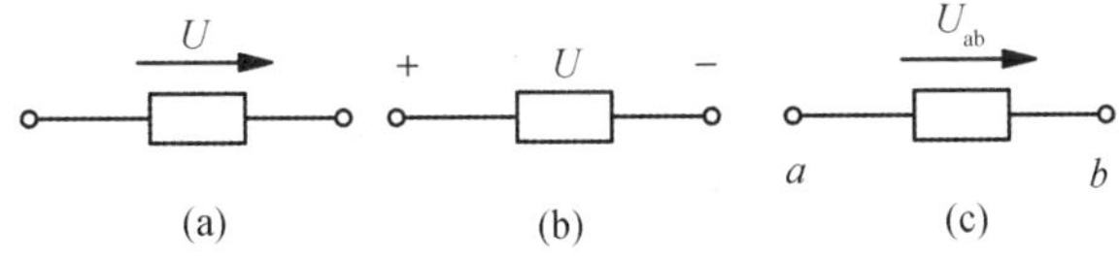

图 1-1-11　电压参考方向的表示方法

进行电路分析时,对于一个元件来讲,电压参考方向与电流参考方向的选择本是相互独立的,可以任意选取。为了方便起见,通常取相关联的参考方向。如果电流的参考方向与电压的参考方向一致,则称之为关联的参考方向,如图 1-1-12(a) 所示;如果电流的参考方向与电压的参考方向不一致,则称之为非关联的参考方向,如图 1-1-12(b) 所示。

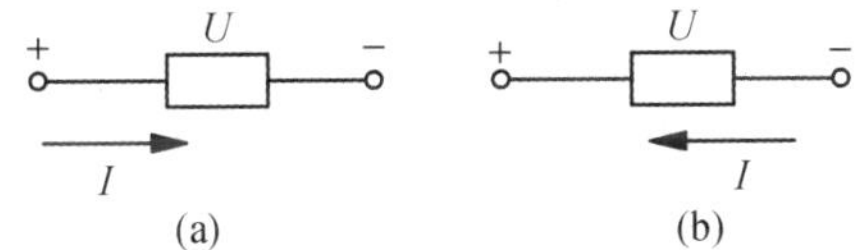

图 1-1-12　电压、电流的参考方向

2. 电位

在电工技术中,通常使用电压的概念,而在电子技术中,通常要用到电位。电压与电位是紧密相连的,引入电位可以简化计算、简化电路画法。在电路中某一点的电位等于这一点与参考点之间的电压降。因此,提到某点电位,必须首先选定参考点,规定参考点的电位为零,用"⊥"表示(也叫零参考点)。参考点的位置原则上可以任意选择,但为了方便,在电力工程上一般选择大地为参考点,在电子电路中常选各相关部分的公共点(或接机壳点) 作为参考点。例如:假设参考点为 o,则 a 点电位表示为:

$$V_a = U_{ao} \tag{1-1-5}$$

如果 a、b 两点电位各为 V_a、V_b,则 a、b 两点间的电压也等于这两点之间的电位差:

$$U_{ab} = V_a - V_b \tag{1-1-6}$$

若 $U_{ab} > 0$,说明 a 点的电位高于 b 点的电位;$U_{ab} < 0$,说明 a 点的电位低于 b 点的电位;$U_{ab} = 0$ 说明 a、b 两点的电位相等。

例 1-1-1　在图 1-1-13 中,已知 $U_{ab} = 3$ V,$U_{ac} = 5$ V,试分别以 a 点和 c 点作参考点,求 b 点的电位和 b、c 两点之间的电压。

解:(1) 以 a 点为参考点,则 $V_a = 0$,

已知 $U_{ab} = 3$ V,即 $U_{ab} = V_a - V_b = 3$ V

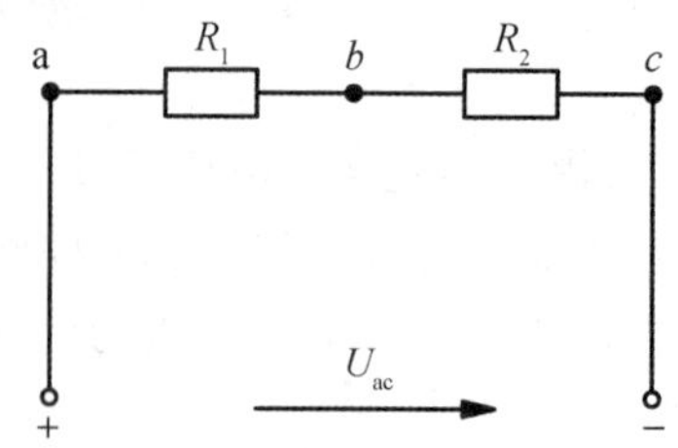

图 1-1-13　例 1-1-1 图

所以 $V_b = V_a - 3 = 0 - 3 = -3$ V

已知 $U_{ac} = 5$ V,即 $U_{ac} = V_a - V_c = 5$ V

所以 $V_c = V_a - 5 = 0 - 5 = -5$ V

则 b、c 两点之间的电压 $U_{bc} = V_b - V_c = -3 - (-5) = 2$ V

(2) 以 c 点为参考点,则 $V_c = 0$,

已知 $U_{ac} = 5$ V,即 $U_{ac} = V_a - V_c = 5$ V

所以 $V_a = V_c + 5 = 0 + 5 = 5$ V

已知 $U_{ab} = 3$ V,即 $U_{ab} = V_a - V_b = 3$ V

所以 $V_b = V_a - 3 = 5 - 3 = 2$ V

则 b、c 两点之间的电压 $U_{bc} = V_b - V_c = 2 - 0 = 2$ V

从上面的例题可以看出:在同一个电路中,电位有高有低,有正有负,比参考点高的点的电位为正,比参考点低的点的电位为负;电位的大小与参考点的选择有关,参考点选择的不同,同一点的电位也就不同;不论参考点如何变化,两点之间的电位差(即电压)并不改变,也就是电压与参考点的选择无关,即电位是相对的,而电压是绝对的。

(三) 电动势

在图 1-1-14 电路中,电场力做功使电路中有电流通过,为了维持电路中有持续不断的电流通过,在电源内部,电源力(非电场力)将单位正电荷由负极 b 移到正极 a 所做的功定义为电动势,用 e 表示,即

$$e = \frac{dw}{dq} \tag{1-1-7}$$

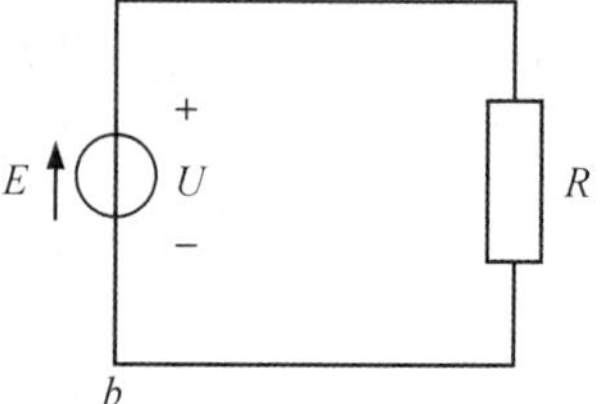

图 1-1-14　电动势

单位与电压一样,也是伏特(简称 V)。

电动势的方向规定为从负极指向正极。显然,在电源两端,表示电压的方向与表示电动势的方向正好相反。如果电流流过电源内部没有能量损耗,则电源的端电压 U 的数值就等于电动势 E。由于电动势的实际方向在很多情况下是已知的,因此在这不再过多研究。

(四) 电功率

计算电路时常常将电功率简称为功率,它是描述传送电能速率的一个物理量。若用 p 表示功率,w 表示电能,则有:

$$p = \frac{dw}{dt} = ui \tag{1-1-8}$$

功率的单位为瓦特(W),常用的还有千瓦(kW)和毫瓦(mW)。在实际电路中,照明灯泡

的功率一般为几十瓦至几百瓦，动力设备如电动机则多用千瓦表示。电能的单位是焦耳(J)，工程中电能常用“度”作单位，它是千瓦小时(kW·h)的总称。

在电路中，有的元件需要消耗(或吸收)功率，有的元件需要提供(或发出)功率。那么，该如何确定呢？在电路中进行分析时，通常根据电压和电流的参考方向先计算出功率，然后根据功率的正负再来确定元件是吸收功率还是发出功率。

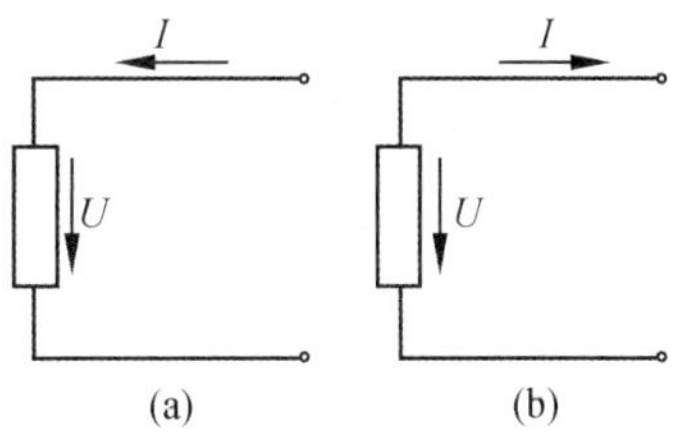

图 1-1-15　电路功率的计算

在直流电路中，当电压与电流的参考方向是相关联的方向时，如图 1-1-15(a)。

$$P = +UI \tag{1-1-9}$$

当电压与电流的参考方向是非关联的方向时，如图 1-1-15(b)。

$$P = -UI \tag{1-1-10}$$

若计算结果 $P > 0$，表明该元件吸收(或消耗)功率；若 $P < 0$，表明该元件发出(或提供)功率。

例 1-1-2　图 1-1-16 中，用方框代表某一电路元件，其电压、电流如图中所示，求图中各元件的功率，并说明该元件实际上是吸收还是发出功率？

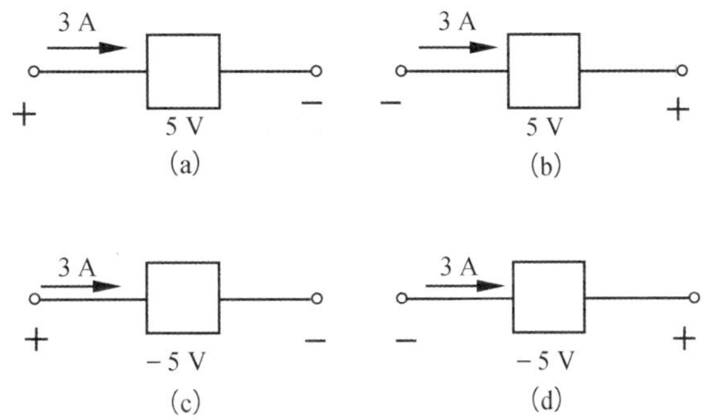

图 1-1-16　例 1-1-2 图

解：

(1) 电压、电流的参考方向关联，元件的功率

$$P = UI = 5 \times 3 = 15\ \mathrm{W} > 0$$

元件实际上是吸收功率。

(2) 电压、电流的参考方向非关联，元件的功率

$$P = -UI = -5 \times 3 = -15\ \mathrm{W} < 0$$

元件实际上是发出功率。

(3) 电压、电流的参考方向关联，元件的功率

$$P = UI = (-5) \times 3 = -15\ \mathrm{W} < 0$$

元件实际上是发出功率。

(4) 电压、电流的参考方向非关联，元件的功率

$$P = -UI = -(-5) \times 3 = 15\ \mathrm{W} > 0$$

元件实际上是吸收功率。

通常用电器(如节能灯、电炉等)上都标明了它的额定电流、额定电压和额定功率等一些

额定值,它表示用电器长期工作时所允许的最大值。例如:一只灯泡上标明“220 V 40 W”说明这只灯泡接 220 V 电压,消耗功率是 40 W,工作在额定状态,即满载状态。若所接电压超过 220 V,功率也会超过 40 W,灯泡就会烧坏,这种状态称为过载;若所接电压小于 220 V,功率也会低于 40 W,灯泡就会发暗,不能正常工作,这种状态称为轻载,所以用电器在实际使用时一定要工作在额定状态,这时它才能正常工作,使用寿命才会最长。

三、电阻元件

(一) 电阻定义

习惯上我们把导体对于电流所呈现的阻力称为电阻,日常生产、生活中常用的电炉、电阻器、白炽灯等实际元件,当忽略其电磁性能时,均可将它们抽象为仅具有消耗电能的电阻元件,用“R” 表示。电路图中常用电阻器的符号如图 1-1-17 所示。

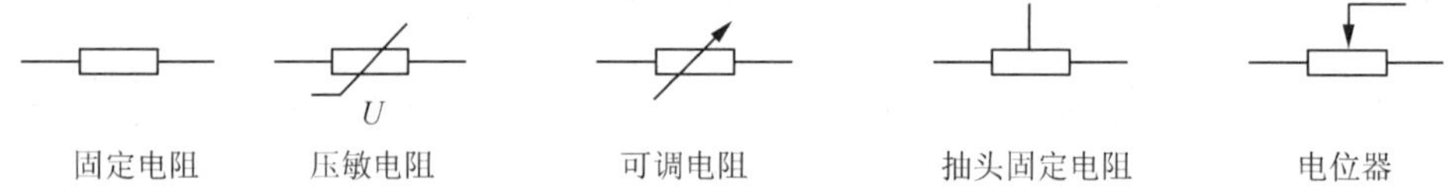

图 1-1-17　电阻的图形符号

电阻的单位是欧姆(Ω)。常用的单位还有“kΩ”、“MΩ”,它们的换算关系如下:

$$1\ \mathrm{M\Omega} = 10^3\ \mathrm{k\Omega} = 10^6\ \Omega \tag{1-1-11}$$

电阻的倒数称为电导,用字母 G 表示,即

$$G = \frac{1}{R}$$

电导的国际单位为西门子,简称西,通常用符号“S” 表示。电导也是表征电阻元件特性的参数,它反映的是电阻元件的导电能力。

(二) 电阻元件的伏安特性

电阻元件的伏安特性是指电阻两端的电压与通过的电流之间的关系。如果纵坐标用电流表示,横坐标用电压表示,则可以用直角坐标平面上的曲线来表示电阻元件的伏安特性。如果伏安特性曲线是一条过原点的直线,如图 1-1-18 所示,这样的电阻元件称为线性电阻元件。

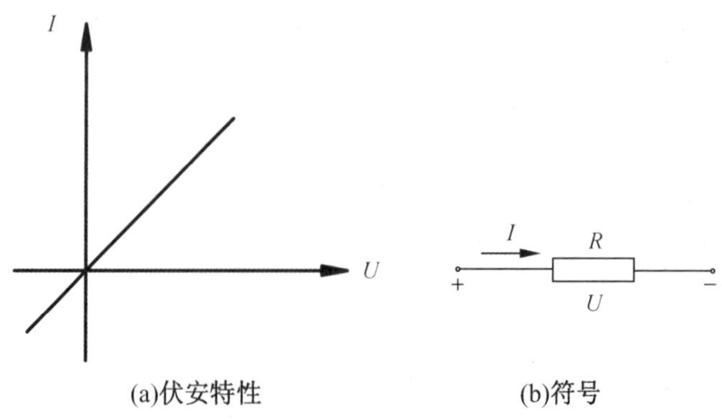

图 1-1-18　线性电阻的伏安特性及符号

在工程上,还有许多电阻元件,其伏安特性曲线是一条过原点的曲线,这样的电阻元件称

为非线性电阻元件。如图 1-1-19 所示曲线是二极管的伏安特性，所以二极管是一个非线性电阻元件。

严格地说，实际电路器件的电阻都是非线性的。如常用的白炽灯，只有在一定的工作范围内，才能把白炽灯近似看成线性电阻，而超过此范围，就成了非线性电阻。

本书中所有的电阻元件，若没有特别说明都是指线性电阻元件。

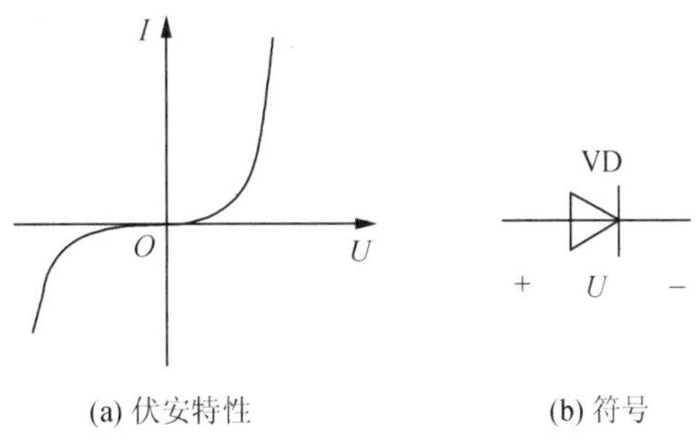

图 1-1-19　二极管的伏安特性及符号

欧姆定律是电路分析中的重要定律之一。它说明的是流过线性电阻的电流与电阻两端电压之间的关系，反映了线性电阻的特性。

在电阻电路中，当电压与电流为关联参考方向时，欧姆定律可用下式表示：

$$I = \frac{U}{R} \tag{1-1-12}$$

当电阻的电压与电流为非关联参考方向时，则欧姆定律可用下式表示：

$$I = -\frac{U}{R} \tag{1-1-13}$$

无论电压、电流为关联参考方向还是非关联参考方向，电阻元件功率都为：

$$P = UI = \frac{U^2}{R} = I^2R \tag{1-1-14}$$

式(1-1-14) 表明，电阻元件吸收的功率恒为正值，而与电压、电流的参考方向无关。因此，电阻元件又称为耗能元件。

例 1-1-3　如图 1-1-20 所示，应用欧姆定律求电阻 R。

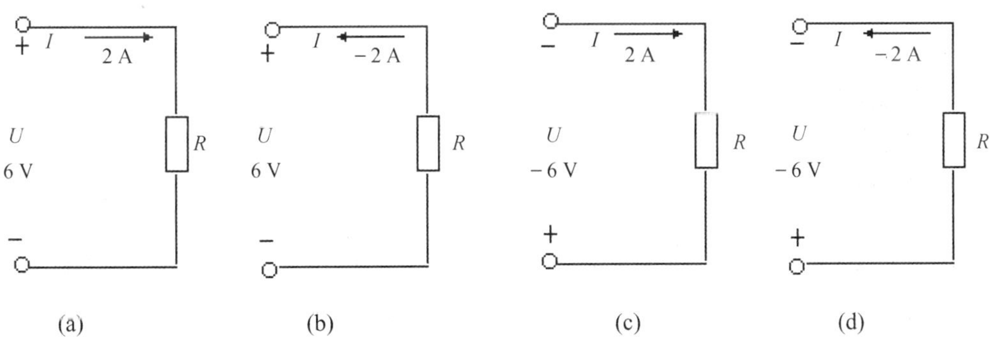

图 1-1-20　例 1-1-3 图

解：

图 1-1-20(a)：$R = \frac{U}{I} = \frac{6}{2} = 3\ \Omega$

图 1-1-20(b)：$R = -\frac{U}{I} = \frac{6}{-2} = 3\ \Omega$

图 1-1-20(c)：$R = -\frac{U}{I} = -\frac{-6}{2} = 3\ \Omega$

图 1-1-20(d):$R=\frac{U}{I}=\frac{-6}{-2}=3\ \Omega$

工作任务二　电感器的识别与检测

【任务描述】

电感器又称电感线圈,简称电感,是能够把电能转化为磁能而存储起来的元件。电感器的结构类似于变压器,但只有一个绕组。电感器能阻碍电流的变化,所以电感器又称扼流器、电抗器。电感器的主要作用是对交流信号进行隔离、滤波或与电容器、电阻器等组成谐振电路。本任务主要是识别和检测电感器。

【知识准备】

电感器的种类·参数·标注方法·检测与选用

一、电感器的种类

电感器种类很多,按照外形,电感器可分为空心电感器(空心线圈)与实心电感器(实心线圈);按照工作性质,电感器可分为高频电感器(各种天线线圈、振荡线圈)和低频电感器(各种扼流圈、滤波线圈等);按照封装形式,电感器可分为普通电感器、色环电感器、环氧树脂电感器、贴片电感器等;按照电感量是否可调,电感器可分为固定电感器和可调电感器。图 1-2-1 为几种常见的电感器。

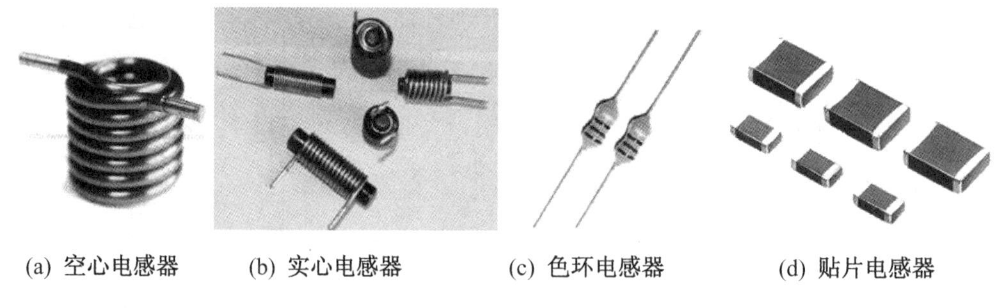

(a) 空心电感器　(b) 实心电感器　(c) 色环电感器　(d) 贴片电感器

图 1-2-1　几种常见的电感器

二、电感器的参数

电感线圈的主要技术参数有标称电感量、允许偏差、标称电流、品质因数(Q 值)及分布电容等。

1. 标称电感量

标称电感量是标注在电感器上的电感量的大小,单位为亨利(H)。它反映电感线圈存储磁场能的能力,也反映电感器通过变化电流时产生感应电动势的能力。它是线圈本身固有特性,主要取决于线圈的圈数、结构及绕制方法等,与电流大小无关。

2. 允许偏差

电感的实际电感量相对于标称值的最大允许偏差范围称为允许偏差。通常用英文字母表示，各字母所代表的允许偏差见表 1-2-1。

表 1-2-1　电感器允许误差

字 母	J	K	M
允许偏差	±5%	±10%	±20%

3. 标称电流

电感的标称电流是指能保证电感器正常工作的最大工作电流。通常用字母 A、B、C、D、E 分别表示，标称电流值为 50 mA、150 mA、300 mA、700 mA、1 600 mA。

三、电感器的规格标注方法

电感器的标注方法有直标法、文字符号法、色标法及数码标示法。

1. 直标法

直标法是将电感器的标称电感量用数字和文字符号直接标在电感器外壁上，电感量单位后面用一个英文字母表示其允许偏差。例如：560 μHK 表示标称电感量为 560 μH，允许偏差为 ±10%。

2. 文字符号法

文字符号法是将电感器的标称值和允许偏差值用数字和文字符号按一定的规律组合标志在电感体上。采用这种标示方法的通常是一些小功率电感器，其单位通常为 nH 或 μH，用 N 或 R 代表小数点。例如：4N7 表示电感量为 4.7 nH，4R7 则代表电感量为 4.7 μH；47N 表示电感量为 47 nH，6R8 表示电感量为 6.8 μH。采用这种标示法的电感器通常后缀一个英文字母表示允许偏差，各字母代表的允许偏差与直标法相同（见表 1-2-1）。

3. 色标法

色标法是指在电感器表面涂上不同的色环来代表电感量（与电阻器类似），通常用四色环表示，紧靠电感体一端的色环为第一环，露着电感体本色较多的另一端为末环。其第一色环是十位数，第二色环为个位数，第三色环为应乘的倍数（单位为 μH），第四色环为允许偏差。各色环所代表的数及数字意义与电阻器相同，见表 1-1-2。例如：色环颜色分别为棕、黑、金、金的电感器的电感量为 1 μH，误差为 ±5%。

4. 数码标示法

数码标示法是用三位数字来表示电感器电感量的标称值，该方法常见于贴片电感器上。在三位数字中，从左至右的第一、第二位为有效数字，第三位数字表示有效数字后面所加“0”的个数（单位为 μH）。如果电感量中有小数点，则用“R”表示，并占一位有效数字。电感量单位后面用一个英文字母表示其允许偏差，各字母代表的允许偏差见表 1-2-1。例如：标示为“102J”的电感量为 $10 \times 10^2 = 1\ 000$ μH，允许偏差为 ±5%；标示为“183K”的电感量为 18 mH，允许偏差为 ±10%。需要注意的是要将这种标示法与传统的方法区别开，如标示为“470”或“47”的电感量为 47 μH，而不是 470 μH。

四、电感器的测量与选用

1. 电感器的检测

(1)外观检查

检测电感的外表是否完好,有无缺损裂缝,金属部分有无腐蚀,氧化标志是否完整清晰,接线有无断裂和拆伤等。

(2)阻值测量

可用万用表对电感作初步检测。普通的指针式万用表不具备专门测试电感器的挡位,使用这种万用表只能大致测量电感器的好坏:用指针式万用表的 R×1 Ω 挡测量电感器的阻值,测其电阻值极小(一般为零)则说明电感器基本正常;若测量电阻为∞,则说明电感器已经开路损坏。对于具有金属外壳的电感器(如中周),若检测的振荡线圈的外壳(屏蔽罩)与各管脚之间的阻值不是∞,而是有一定电阻值或为零,则说明该电感器存在问题。

采用具有电感挡的数字万用表来检测电感器是很方便的,若显示的电感量与标称电感量相近,则说明该电感器正常;若显示的电感量与标称值相差很多,则说明该电感器有问题。

需要说明的是:在检测电感器时,数字万用表的量程选择很重要,最好选择接近标称电感量的量程去测量;否则,测试的结果将会与实际值有很大的误差。

2. 电感器的选用方法

选用电感器时,首先应考虑其性能参数(例如电感量、标称电流、品质因数等)及外形尺寸是否符合要求。小型固定电感器与色环电感器之间,只要电感量、额定电流相同,外形尺寸相近,可以直接代换使用。

【任务实施】

一、电感器的识别

将发给每组的10个电感器编号,识别其种类、标称电感量、允许偏差、标称电流等,并将识别结果填入表1-2-2中。

表1-2-2 电感器的识别与检测结果

编号	种类	标称电感量	允许偏差	标称电流	电感量测量值	备注
1						
2						
3						
4						
5						
6						
7						
8						
9						
10						

二、电感器的检测

先用指针式万用表的欧姆挡对各个电感器进行检测,判定其好坏,将结果填入表格备注中，再用数字式万用表的电感挡测量电感器的电感量，将测量结果填入表 1-2-2。

【知识拓展】

电感元件及其连接

一、电感元件

电感元件通常用来作为实际线圈的模型，如图 1-2-2 所示。

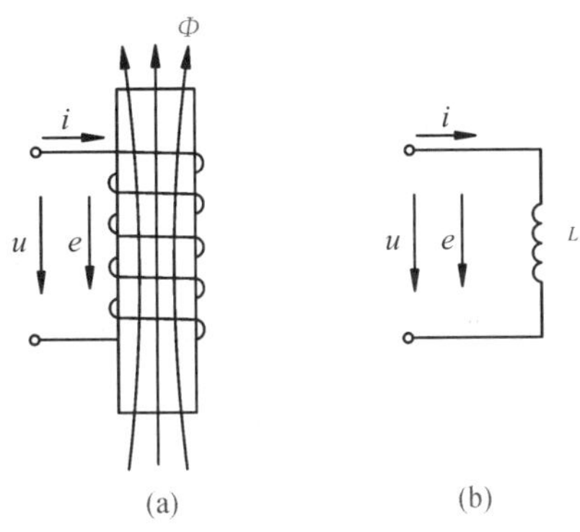

图 1-2-2　电感元件及符号

1. 电感定义

由电磁学知识可知：当图 1-2-2(a) 中的线圈通入电流时，会产生磁通 Φ(i 与 Φ 的方向符合右手螺旋定则)。如果线圈为 N 匝，则总磁通 $N\Phi$ 称为磁链，用 ψ 表示。ψ 与产生其的电流成正比，其比值用 L 表示，称为电感，它反映了一个线圈在通入一定的电流 i 后所能产生磁链的能力。

$$L = \frac{\psi}{i} \tag{1-2-1}$$

如果电感为常数，称为线性电感，符号如图 1-2-2(b)所示。

在国际单位制中，磁链的单位是韦伯(Wb)，电流的单位是安培(A)，则电感的单位是亨利(H)。在实际应用中，常用的单位还有毫亨(mH)、微亨(μH)，即

$$1\ \mathrm{H} = 10^3\ \mathrm{mH} = 10^6\ \mu\mathrm{H}$$

2. 电感元件的瞬时值伏安特性

如果通过电感的电流是变化的，则在电感中产生的磁通也是变化的，根据电磁感应定律可知，会在电感中产生感应电动势，产生的感应电动势可用下式表示

$$e = -\frac{\mathrm{d}\psi}{\mathrm{d}t} = -L\frac{\mathrm{d}i}{\mathrm{d}t}$$

则在图 1-2-2(b) 所示的参考方向下，可以得到

$$u = -e = \frac{\mathrm{d}\psi}{\mathrm{d}t} = L\frac{\mathrm{d}i}{\mathrm{d}t} \tag{1-2-2}$$

从式(1-2-2) 中可以看出，电感两端的电压与通过它的电流的变化率成正比，电流变化越快，电压越高；当电流不变(直流电流) 时，电压为零，相当于短路。在稳态直流电路中，由于电

流是恒量,所以$\frac{di}{dt}=0$,电感相当于短路,即电感有通直的作用。

3. 电感电流的连续性

由式(1-2-2)可知,若在某一时刻,电感两端电压为有限值(受电源电压的限制,不可能无穷大),那么$\frac{di}{dt}$必须为有限值,这就意味着流过电感的电流不可能发生跃变,而只能连续变化,即电感上的电流具有连续性。

4. 电感元件的储能

电感线圈也是一个储能元件,它以磁的形式储存电能,如果在$t=-\infty$时,电感元件无磁场能量,从$-\infty$到t的时间段内电感吸收的磁场能量可用下式表示:

$$W_L(t)=\int_{-\infty}^{t}p(\tau)\mathrm{d}\tau=\int_{-\infty}^{t}Li\frac{\mathrm{d}i}{\mathrm{d}\tau}=\int_{0}^{i(t)}Li\mathrm{d}i=\frac{1}{2}Li^2(t) \tag{1-2-3}$$

由式(1-2-3)可见,线圈电感量越大,流过电流越大,储存的电能也就越多。

5. 实际电感器

实际电感器是由绝缘导线(例如漆包线、纱包线等)绕制而成的电磁感应元件,一般由骨架、绕组、屏蔽罩、封装材料、磁芯或铁芯等部分组成 。

电感在电路中的主要作用形象说法:"通直流,阻交流"。细化解说:在电子线路中,它与电阻器或电容器能组成高通或低通滤波器、移相电路及谐振电路等;变压器可以进行交流耦合、变压、变流和阻抗变换等。常用的各种电感符号如图 1-2-3 所示。

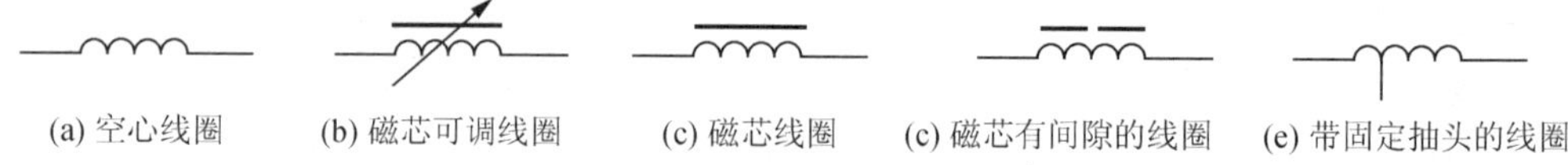

(a) 空心线圈
(b) 磁芯可调线圈
(c) 磁芯线圈
(c) 磁芯有间隙的线圈
(e) 带固定抽头的线圈

图 1-2-3　常见的各种电感符号

二、电感元件的连接

1. 电感元件的串联

图 1-2-4 所示,是电感元件的串联电路,在各串联电感器之间不存在相互影响的前提下,该电路的等效电感分析如下

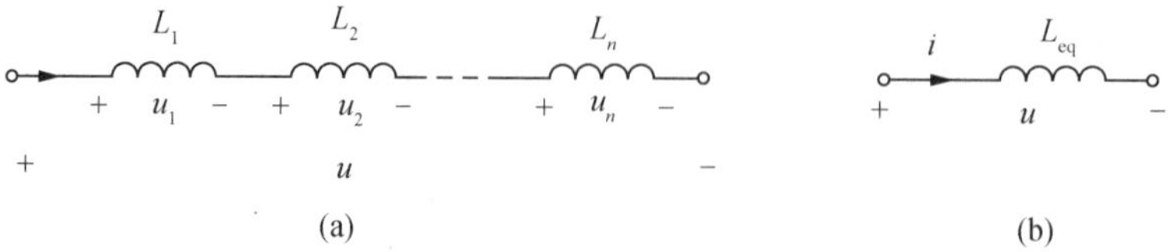

L1
L2
Ln
+ u1 −
+ u2 −
+ un −
+
u
−
(a)
i
Leq
+
u
−
(b)

图 1-2-4　电感串联电路

因电感L_1:$u_1=L_1\frac{di}{dt}$;电感L_2:$u_2=L_2\frac{di}{dt}$;… 电感L_n:$u_n=L_n\frac{di}{dt}$,则$u=u_1+u_2+\cdots+u_n$

$=(L_1+L_2+\cdots+L_n)\frac{di}{dt}$

故等效电感$L_{eq}=L_1+L_2+\cdots+L_n$。　(1-2-4)

由式(1-2-4)可见,对于电感元件的串联电路,等效电感等于各串联电感之和。

如果各串联电感器没有隔离而相互影响,那么就有顺串联和逆串联之分,顺串联之后总磁场被增大,电感量也增大;逆串联之后两个磁场相互抵消,电感量就减小。

2. 电感元件的并联

图1-2-5所示,是电感元件的并联电路,在各并联电感器之间不存在相互影响的前提下,该电路的等效电感分析如下。

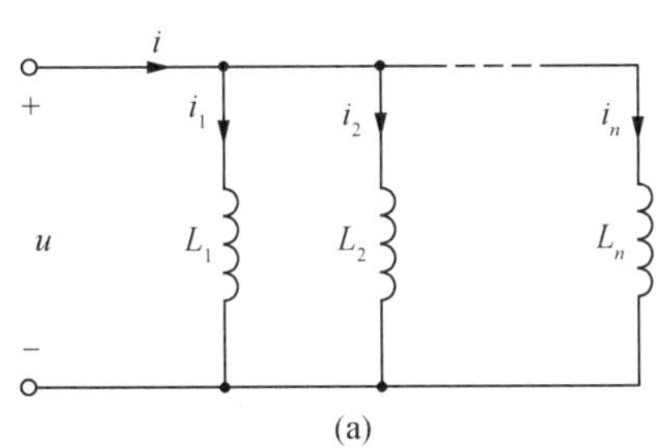

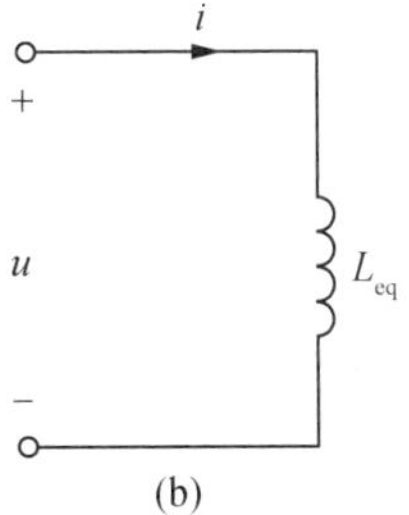

图1-2-5　电感并联电路

因电感:L_1: $u = L_1 \dfrac{di_1}{dt}$,即$\dfrac{di_1}{dt} = \dfrac{u}{L_1}$;电感 L_2: $u = L_2 \dfrac{di_2}{dt}$,即$\dfrac{di_2}{dt} = \dfrac{u}{L_2}$;… 电感 L_n: $u = L_n \dfrac{di_n}{dt}$,若将该电路等效为一个电感元件,则有

$$u = L_{eq}\frac{di}{dt} = L_{eq}\frac{d(i_1 + i_2 + \cdots + i_n)}{dt} = L_{eq}\left(\frac{u}{L_1} + \frac{u}{L_2} + \cdots + \frac{u}{L_n}\right)$$

又上式可得:$1 = L_{eq}\left(\dfrac{1}{L_1} + \dfrac{1}{L_2} + \cdots + \dfrac{1}{L_n}\right)$,即 $\dfrac{1}{L_{eq}} = \dfrac{1}{L_1} + \dfrac{1}{L_2} + \cdots + \dfrac{1}{L_n}$　(1-2-5)

由式(1-2-5)可见,对于电感元件的并联电路,等效电感的倒数等于各电感倒数之和。

工作任务三　电容器的识别与检测

【任务描述】

电容器,顾名思义是"装电的容器",是一种容纳电荷的器件,简称电容。电容器是电子设备中大量使用的电子元件之一,广泛应用于电路中的隔直通交、耦合、旁路、滤波、调谐回路、能量转换及控制等方面。本任务主要是识别和检测电容器。

【知识准备】

电容器的种类、参数、标注方法、检测与选用

一、电容器的种类

电容器是由两片中间充满绝缘材料即电介质(如空气、云母、绝缘纸、塑料薄膜、陶瓷等)的金属极板构成的。由于绝缘材料的不同,所构成的电容器的种类也有所不同。按结构电容器可分为:固定电容、可变电容、微调电容。按介质材料电容器可分为:气体介质电容、液体介

质电容、无机固体介质电容、有机固体介质、电容电解电容。按极性电容器可分为:有极性电容和无极性电容。图 1-3-1 是几种常见的电容器。

(a) 电解电容器

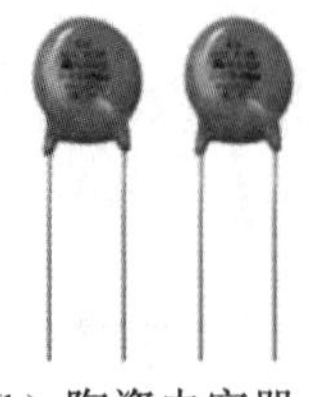

(b) 陶瓷电容器

(c) 微调电容器

(d) 贴片电容器

(e) 化聚酯膜电容器

图 1-3-1　几种常见的电容器

二、电容器的参数

电容器的主要技术参数有标称电容量、允许误差、额定电压(最大直流工作电压)、绝缘电阻、损耗和频率特性等。

1. 标称电容量

标称电容量是标记在电容器上的电容量。电容器的基本单位是法拉,简称法(F),但是,这个单位太大,在实际标注中一般用 pF、μF 。

2. 允许误差

电容器实际电容量相对于标称电容量的最大允许偏差范围称为允许误差。电容器的标称容量与实际容量的误差反映了电容的精度。

精度等级与允许误差对应关系如下表 1-3-1。

表 1-3-1　电容器精度等级与允许误差对应关系

精 度	D(005 级)	F(01 级)	G(02 级)	J(Ⅰ级)	K(Ⅱ级)	M(Ⅲ级)		
允许误差	±5%	±1%	±2%	±5%	±10%	±20%		

一般电容器常用Ⅰ、Ⅱ、Ⅲ级,电解电容器用Ⅳ、Ⅴ、Ⅵ级,我们可以根据用途选取。

3. 额定电压

额定电压电容器在电路中能够长期稳定、可靠工作时,所承受的最大直流电压称额定电压。对于结构、介质、容量相同的器件,耐压越高,体积越大。额定电压一般直接标注在电容器外壳上,如果工作电压超过电容器的耐压,电容器将被击穿,造成不可修复的永久损坏。

三、电容器的规格标注方法

电容器主要参数的标注方法:

1. 直标法

由于电容体积要比电阻大,所以一般都使用直接标称法。分为字母数字混合标法和不标单位的直接表示法。

(1)字母数字混合标法

这是国际电工委员会推荐的表示方法。它用 2 ~4 位数字和一个字母表示标称容量,其中数字表示有效数值,字母表示数值的单位。字母有时既表示单位也表示小数点。如: 1p2 表示 1.2 pF; 1n 表示 1 000 pF; 10n 表示 0.01 μF; 2μ2 表示 2.2 μF。

(2)不标单位的直接表示法

它是用1~4位数字表示,如数字部分大于1时,单位为皮法(pF),当数字部分大于0小于1时,其单位为微法(μF)。如3 300表示3 300皮法(pF),680表示680皮法(pF),0.056表示0.056微法(μF)。

2. 数码表示法

一般用三位数表示容量的大小,前面两位数字为电容器标称容量的有效数字,第三位数字表示倍乘数,但第三位倍乘数是9时表示$\times10^{-1}$,单位是pF。如:102表示:$10\times10^{2}=1\ 000$ pF; 223表示:$22\times10^{3}=0.022$ μF; 159表示:$15\times10^{-1}=1.5$ pF

3. 色码表示法

在电容器上标注色环或色点来表示电容量及允许偏差。电容量单位为pF。

普通电容器为四环色标法:第一、二环表示有效数值,第三环表示倍乘数, 第四环表示允许偏差。如: 棕、黑、橙、金,表示其电容量为0.01 μF,允许偏差为±5%。

精密电容器为五环色标法:第一、二、三环表示有效数值,第四环表示倍乘数, 第五环表示允许偏差。棕、黑、黑、红、棕表示其电容量为0.01 μF,允许偏差为±1%。

四、电容器的测量与选用

1. 电容器的检测

测量电容器可采用电容表,也可采用指针式万用表。其中,电容表测量比较准确,指针式万用表一般只能判断电容是否有容量,而不能测量容量的大小。

(1)脱离线路时检测

采用万用表R×1k挡,在检测前,先将电解电容的两根引脚相碰,以便放掉电容内残余的电荷。当表笔刚接通时,表针向右偏转一个角度,然后表针缓慢地向左回转,最后表针停下。表针停下来所指示的阻值为该电容的漏电电阻,此阻值愈大愈好,最好应接近无穷大处。如果漏电电阻只有几十千欧,说明这一电解电容漏电严重。表针向右摆动的角度越大(表针还应该向左回摆),说明这一电解电容的电容量也越大,反之说明容量越小。

(2)线路上直接检测

主要是检测电容器是否已开路或已击穿这两种明显故障,而对漏电故障,由于受外电路的影响一般是测不准的。用万用表R×1挡,电路断开后,先放掉残存在电容器内的电荷。测量时若表针向右偏转,说明电解电容内部断路。如果表针向右偏转后所指示的阻值很小(接近短路),说明电容器严重漏电或已击穿。如果表针向右偏后无回转,但所指示的阻值不很小,说明电容器开路的可能很大,应脱开电路后进一步检测。

(3)线路上通电状态时检测

若怀疑电解电容只在通电状态下才存在击穿故障,可以给电路通电,然后用万用表直流挡测量该电容器两端的直流电压,如果电压很低或为0 V,则是该电容器已击穿。对于电解电容的正、负极标志不清楚的,必须先判别出它的正、负极。对换万用表笔测两次,以漏电大(电阻值小)的一次为准,黑表笔所接一脚为负极,另一脚为正极。

2. 电容器的选用

(1)一般在低频耦合或旁路,电气特性要求较低时,可选用纸介、涤纶电容器;在高频高压电路中,应选用云母电容器或瓷介电容器;在电源滤波和退耦电路中,可选用电解电容器。

(2)在振荡电路、延时电路、音调电路中,电容器容量应尽可能与计算值一致。在各种滤波网络(选频网络),电容器容量要求精确;在退耦电路、低频耦合电路中,对同两级精度的要求不太严格。

(3)电容器额定电压应高于实际工作电压,并要有足够的余地,一般选用耐压值为实际工作电压两倍以上的电容器。

(4)优先选用绝缘电阻高、损耗小的电容器,还要注意使用环境。

【任务实施】

一、电容器的识别

将发给每组的 10 个电容器编号,识别其种类、标称电感量、允许偏差、标称电流等,并将识别结果填入表 1-3-2 中。

表 1-3-2　电感器的识别与检测结果

编 号	种类	标称容量	允许误差	额定电压	检测情况说明
1					
2					
3					
4					
5					
6					
7					
8					
9					
10					

二、电容器的检测

先用指针式万用表的欧姆挡对各个电容器进行检测,判定其好坏,将结果填入表 1-3-2 备注中,再用数字式万用表的电容挡测量电容器的电容量,将测量结果填入表 1-3-2。

【知识拓展】

电容元件及其连接

一、电容元件

1. 电容定义

电容是用来表征电路中储存电场能量的理想元件,是实际电容器的电路模型。如图 1-3-2 所示。当在它两端加上电压后,在它的两个极板上就会聚集起等量异号的电荷。电压 u 越高,聚

集的电荷 q 越多,产生的电场越强,储存的能量也越多。q 与 u 的比值称为电容,用 C 表示。

$$C = \frac{q}{u}$$

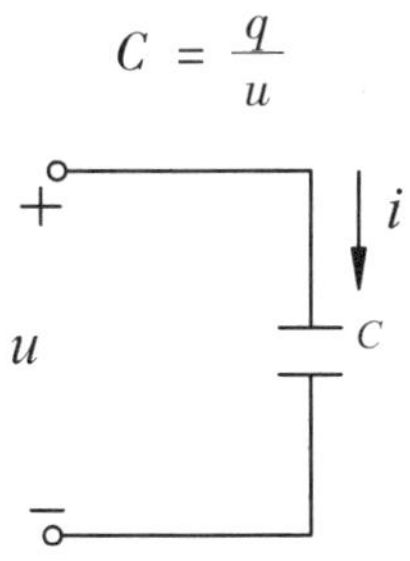

图 1-3-2　电容元件

电容的单位是法拉,简称法(F),它与 μF 和 pF 的关系如下:

$$1\ \text{F} = 10^{6}\ \mu\text{F} = 10^{12}\ \text{pF}$$

2. 电容元件瞬时值伏安特性

在图 1-3-2 中,取电容的电压 u 与电流 i 的参考方向一致,根据电流的定义 $i = \frac{\mathrm{d}q}{\mathrm{d}t}$ 可得

$$i = C\frac{\mathrm{d}u}{\mathrm{d}t} \tag{1-3-1}$$

它表明电容元件中的电流与它两端电压的变化率成正比。在稳态直流电路中,由于电容端电压 u 是恒量,所以$\frac{\mathrm{d}u}{\mathrm{d}t} = 0$,即 $i = 0$,电容相当于开路,即电容有隔直作用。

3. 电容电压的连续性

由式(1-3-1) 可知,若在某一时刻,流经电容的电流值为有限值(受电源的限制,不可能无穷大),那么$\frac{\mathrm{d}u}{\mathrm{d}t}$ 必须为有限值,这就意味着电容两端的电压不可能发生跃变,而只能连续变化,即电容电压的变化具有连续性。

4. 电容元件的储能

电容也是一个储能元件,它以电场能的形式储存电能,如果在 $t = -\infty$ 时,电容元件无电场能量,从 $-\infty$ 到 t 的时间段内电容吸收的电场能量可用下式表示:

$$W_{\mathrm{L}}(t) = \int_{-\infty}^{t} p(\tau)\mathrm{d}\tau = \int_{-\infty}^{t} Cu\frac{\mathrm{d}u}{\mathrm{d}\tau}d\tau = \int_{0}^{u(t)} Cu\mathrm{d}u = \frac{1}{2}Cu^{2}(t) \tag{1-3-2}$$

由式(1-3-2) 可见,电容电容量越大,其两端的电压越大,存储的电能也就越多。

5. 电容器的应用

电容器在电子线路中的作用一般概括为:通交流、阻直流。电容器通常起滤波、旁路、耦合、去耦、转相等电气作用,是电子线路必不可少的组成部分。电容器作为一种分立式无源元件仍然大量使用于各种功能的电路中,作储能元件也是电容器的一个重要应用领域,同电池等储能元件相比,电容器可以瞬时充放电,并且充放电电流基本上不受限制,可以为熔焊机、闪光灯等设备提供大功率的瞬时脉冲电流。电容器还常常被用以改善电路的品质因数,如节能灯用电容器。常用的各种电容符号如图 1-3-3 所示。

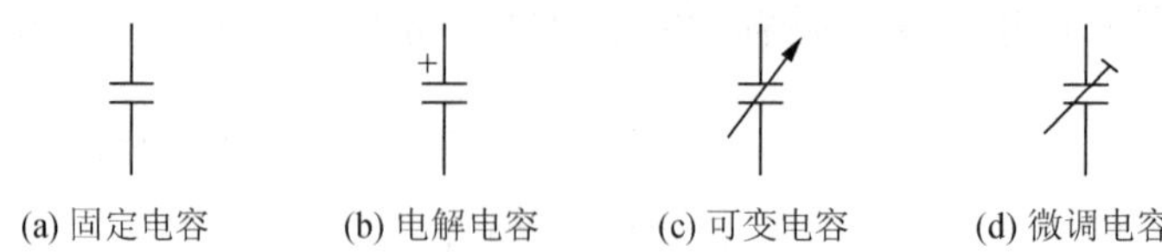

图 1-3-3 常见的电容符号

二、电容的连接

1. 电容元件的串联

图 1-3-4 为电容元件的串联电路，该电路的等效电容分析如下

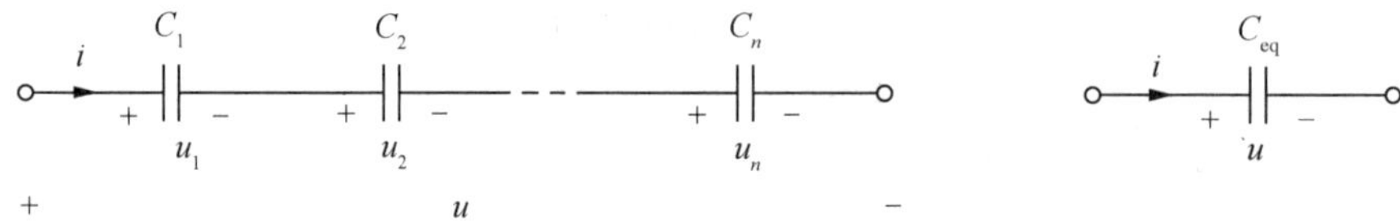

图 1-3-4 电容串联电路

因电容 C_i：$i = C_1 \dfrac{du_1}{dt}$；电容 C_2：$i = C_2 \dfrac{du_2}{dt}$；… 电容 C_n：$i = C_n \dfrac{du_n}{dt}$

而等效电容 C_{eq}：$i = C_{eq} \dfrac{du}{dt}$，把 $u = u_1 + u_2 + \cdots + u_n$ 代入上式

$$i = C_{eq} = \frac{du_1 + du_2 + \cdots + du_n}{dt} = C_{eq}\left(\frac{i}{C_1} + \frac{i}{C_2} + \cdots + \frac{i}{C_n}\right) = iC_{eq}\left(\frac{1}{C_1} + \frac{1}{C_2} + \cdots + \frac{1}{C_n}\right)$$

故等效电容 $$\frac{1}{C_{eq}} = \frac{1}{C_1} + \frac{1}{C_2} + \cdots + \frac{1}{C_n} \tag{1-3-3}$$

可见，对于电容元件的串联电路，等效电容的倒数应等于各串联电容倒数之和。这一点和电阻并联电路的等效电阻计算形式相一致。

2. 电容元件的并联

图 1-3-5 为电容元件的并联电路，该电路的等效电容分析如下

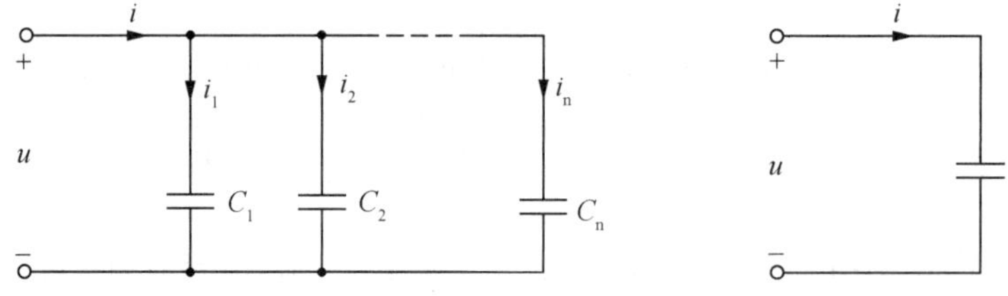

图 1-3-5 电容并联电路

因电容 C_i：$i_1 = C_1 \dfrac{du}{dt}$；电容 C_2：$i_2 = C_2 \dfrac{du_2}{dt}$；… 电容 C_n：$i_n = C_n \dfrac{du}{dt}$

而等效电容 C_{eq}：$i = C_{eq} \dfrac{du}{dt}$，把 $i = i_1 + i_2 + \cdots + i_n$ 代入上式

$$C_{eq}\frac{du}{dt} = C_1\frac{du}{dt} + C_2\frac{du}{dt} + \cdots + C_n\frac{du}{dt} = (C_1 + C_2 + \cdots + C_n)\frac{du}{dt}$$

故等效电容 $C_{eq} = C_1 + C_2 + \cdots + C_n$ (1-3-4)

可见,对于电容元件的并联电路,等效电容等于各并联电容之和。这一点和电阻串联电路的等效电阻计算形式相一致。

例1-3-1　已知 $C_1 = C_2 = C_3 = 200\ \mu F$,额定工作电压为50 V,电源电压 $U = 120$ V,求这组串联电容器的等效电容是多大?每只电容器两端的电压是多大?在此电压下工作是否安全?

解:三只电容串联后的等效电容为:

$$C = \frac{1}{\frac{1}{C_1} + \frac{1}{C_2} + \frac{1}{C_3}} = \frac{200}{3} \approx 66.67\ \mu F$$

每只电容器上所带的电荷量为:

$$q = q_1 = q_2 = q_3 = CU = 8\ 000\ C$$

每只电容上的电压为:

$$U_1 = U_2 = U_3 = \frac{q}{c} = 40\ V$$

电容器上的电压小于它的额定电压,因此电容在这种情况下工作是安全的。

工作任务四　直流电源的识别与使用

【任务描述】

直流电源是一种把其他形式的能量转换为电能,以维持电路中形成稳恒电流的装置。如干电池、蓄电池、直流发电机等。本任务主要是识别和检测直流电源。

【知识准备】

直流电源的种类·参数和电压源、电流源及其电路模型

一、直流电源的种类和参数

(一)直流电源的种类

直流稳定电源按习惯可分为化学电源、线性稳定电源和开关型稳定电源。我们平常所用的干电池,铅酸蓄电池,镍镉、镍氢、锂离子电池均属于化学电源;下图1-4-1为常用的各类型直流电源。

(二)直流电源的参数

表现电源本身的一个重要特征量是电源的电动势,它等于单位正电荷从负极通过电源内部移到正极时非静电力所做的功。当电源给电路提供能量时,所供给的功率 P 等于电源的电动势 E 与电流 I 两者的乘积,$P = EI$。

电源的另一个特征量是它的内电阻(简称内阻)R_0,当通过电源的电流为 I 时,电源内部损

锌锰干电池

层叠方电池

铅酸蓄电池

锂离子电池

钮扣电池(镍镉电池)

开关电源

光电池

直流稳压电源

图 1-4-1 常用的各类型直流电源

耗的热功率(即单位时间内产生的焦耳热)等于 I^2R_0。

二、电压源、电流源及其电路模型

实际电源有两种不同的类型,一种是电压源,一种是电流源。这两种电源都不受其电路中任意支路电流或电压的控制,称为独立电源。

(一)电压源及其电路模型

1. 理想电压源

电压源是能向外电路提供比较稳定电压的电源装置。当电压源的端电压是直流电压时,称为直流电压源;当端电压是交流电压时,称为交流电压源。

理想电压源是在理想情况下,认为内阻 R_i 时的电压源,也简称恒压源,直流恒压源的符号如图 1-4-2 所示,其电压用 U_S 表示。

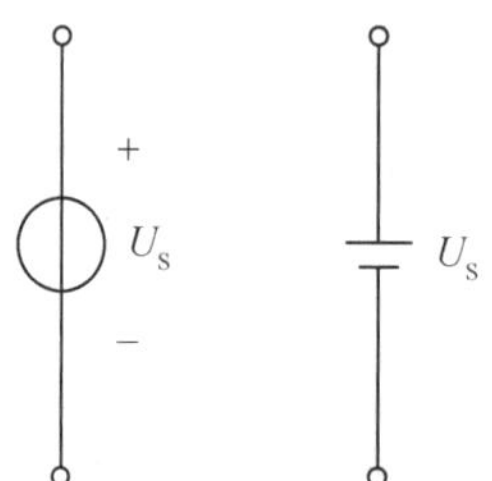

图 1-4-2 恒压源符号

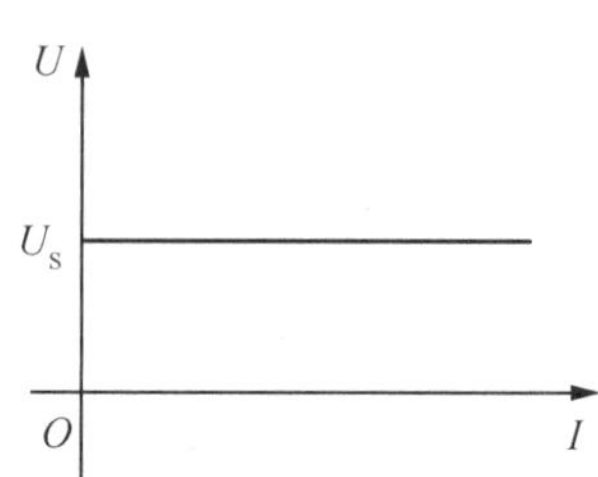

图 1-4-3 恒压源伏安特性

理想电压源的伏安特性如图 1-4-3 所示,它是一条平行于 I 轴的直线,表明其电流由外电

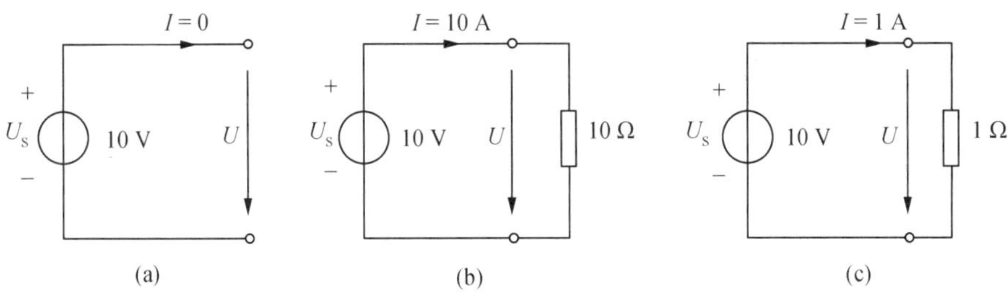

图 1-4-4　恒压源电路

路决定，不论电流为何值，直流电压源端电压总为 U_S。例如在图 1-4-4 中，有一个 $U_S=10\ \text{V}$ 的恒压源向外电路供电，当它的两端开路时，如图 1-4-4(a)，输出电流 $I=0$，输出电压 $U=U_S=10\ \text{V}$；当外接一个 1 Ω 的电阻时，如图 1-4-4(b)，输出电流 $I=10\ \text{A}$，输出电压 U 仍为10 V；当外接一个 10 Ω 的电阻时，如图 1-4-4(c)，输出电流 $I=1\ \text{A}$，输出电压 U 仍然为 10 V。

从上面讨论可以得到理想电压源的特点是：

(1)无论它的外电路如何变化，它两端的输出电压为恒定值 U_S，即 $U=U_S$。

(2)通过电压源的电流取决于外电路和它本身电压的大小。其中，恒压源一旦短路，电流会趋向于无穷大而把电源烧坏，因此电压源不允许短路。

(3)当电压源的电压值等于零时，可将电压源等效为一个短路元件。

在实际应用中，注意不能将 U_S 不相等的电压源并联，也不能将 $U_S\neq0$ 的电压源短路。

2. 实际电压源

理想的电压源实际上是不存在的，因此对于实际的电压源来说，由于有内阻，其端电压都是随着电流的变化而变化的。例如，当电池接通负载后，其电压就会降低，这是因为电池内部存在电阻的缘故。由此可见，实际的直流电压源可以用一个数值为 U_S 的恒压源和一个内阻 R_i 相串联的模型来表示。实际电压源(简称电压源)的模型及伏安特性如图 1-4-5 所示。

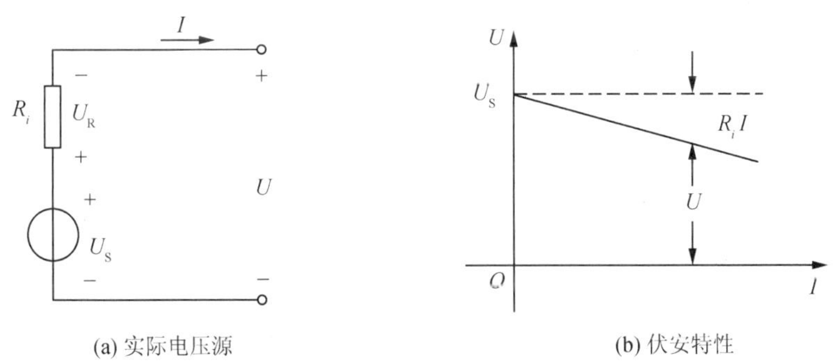

图 1-4-5　实际电压源模型及其伏安特性

由图 1-4-5 可以得到实际直流电压源的端电压为：

$$U=U_S-U_R=U_S-IR_i \tag{1-4-1}$$

即：内阻 R_i 越大，同样电流下，电压降得越多，电源的特性就越差。

(二)电流源及其电路模型

1. 理想电流源

电流源是向外电路提供比较稳定电流的一种装置，例如光电池在一定光线的照射下，被激发产生一定大小的电流，这个电流与光度有关，与它的端电压无关。理想电流源简称为恒流源，符号及伏安特性如图 1-4-6(a)、(b)所示。

从伏安特性中可以看出，它是一条以 I 为横坐标且垂直于 I 轴的直线，表明其端电压由外电路决定，不论其端电压为何值，直流电流源输出电流总为 I_S。例如图 1-4-7 中，已知恒流源 $I_S=2$ A，当外接电阻 R_L 变化时，恒流源向外电路提供的电流 $I=I_S=2$ A 不变，而端电压 $U=I_SR_L$ 由 R_L 来决定。

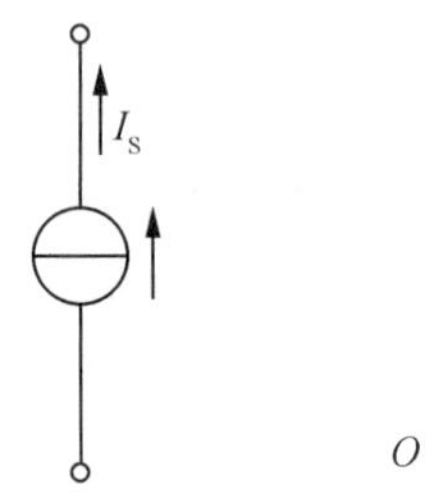

图 1-4-6　恒流源符号及伏安特性

图 1-4-7　恒流源电路

从上面讨论可以得到恒流源的特点：

(1) 无论它的外电路如何变化，它的输出电流为恒定值 I_S，即 $I=I_S$。

(2) 恒流源两端的电压 U 的大小取决于外部电路和恒流源。恒流源一旦开路，U 将趋向于无穷大，U 将会损坏恒流源，因此恒流源不允许开路。

(3) 当恒流源 $I_S=0$ 时，可将恒流源等效为一开路元件。

同样注意，在实际应用中，不能将 I_S 不相等的电流源串联，也不能将 $I_S\neq 0$ 的电流源开路。

2. 实际电流源

理想的电流源实际上是不存在的。实际的电流源，其输出的电流是随着负载的变化而变化的。例如，光电池在一定的光线照射下，被光激发产生的电流，并不能全部外流，其中的一部分将在光电池内部流动。由此可见，实际的直流电流源可以用一个理想电流源 I_S 和一个内阻 R'_i 相并联的模型来表示，如图 1-4-8(a)所示。

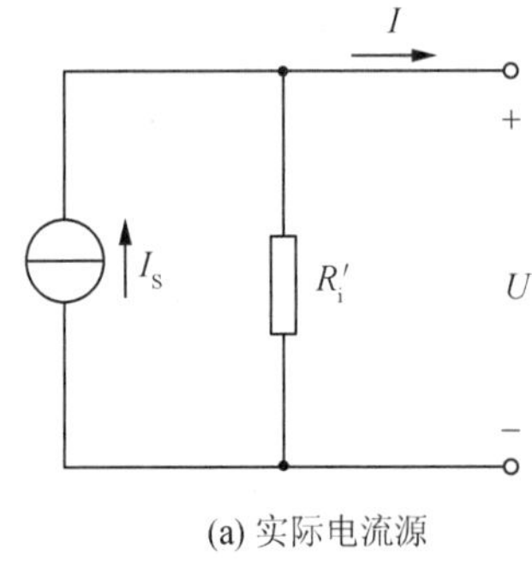

(a) 实际电流源

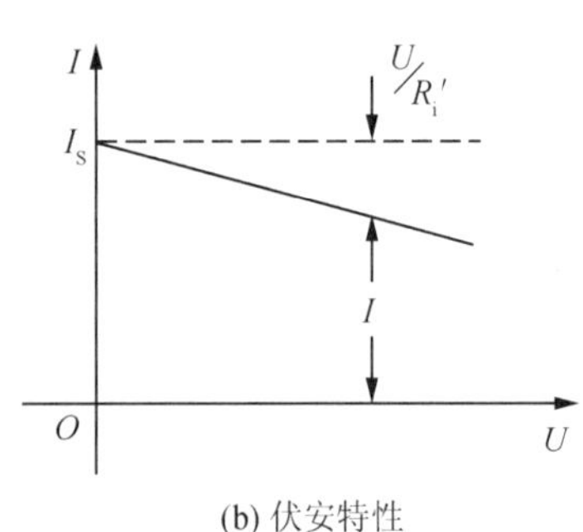

(b) 伏安特性

图 1-4-8　实际电流源模型及伏安特性

于是，实际直流电流源的输出电流为：

$$I=I_S-\frac{U}{R'_i} \tag{1-4-2}$$

其伏安特性如图 1-4-8(b)所示。

从伏安特性上可以看出：电流源的内阻越大，其分得的电流越小，输出电流就越大，特性就越好。因此理想电流源的内阻可以看成是无穷大。

例 1-4-1　如图 1-4-9 所示，已知 $U_S = 10\ \text{V}$，$I_S = 3\ \text{A}$，$R = 5\ \Omega$，$I + I_S = I_R$，求各元件的功率。

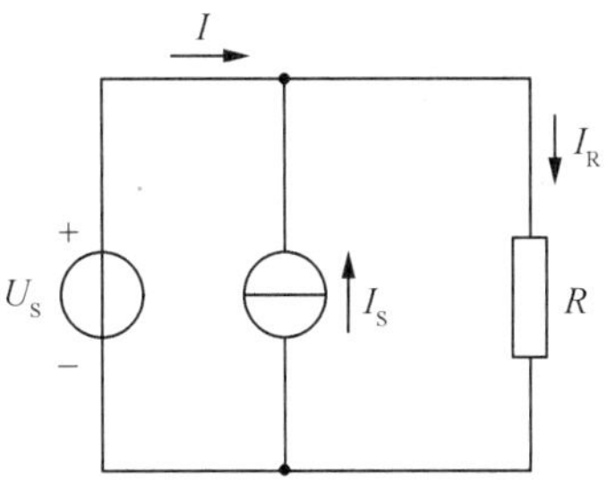

解：由图 1-4-9 可知：电阻 R 和恒流源两端的电压都等于恒压源的电压 U_S，因此

$$I_R = \frac{U_S}{R} = \frac{10}{5} = 2\ \text{A}$$

已知 $I + I_S = I_R$

可得：$I = I_R - I_S = 2 - 3 = -1\ \text{A}$　　恒压源的功率：$P_{US} = -U_S I = -10 \times (-1) = 10\ \text{W}$（消耗功率）

恒流源的功率：$P_{IS} = -U_S I_S = -10 \times 3 = -30\ \text{W}$（发出功率）

电阻 R 的功率：$P_R = I^2 R = 2^2 \times 5 = 20\ \text{W}$（消耗功率）

图 1-4-9　例 1-4-4 图

直流电源的识别与使用

一、直流电源的识别

将发给每组的 10 个直流电源编号，识别其种类和主要参数等，并将识别结果填入表 1-4-1 中。

表 1-4-1　直流电源的识别与检测结果

编号	种 类	电 动 势	容 量
1			
2			
3			
4			
5			
6			
7			
8			
9			
10			

二、直流电源的使用

在图 1-4-10 所示的电路中，电压表量程为 50 V，电流表的量程为 5 A，灯泡 L 的额定值是“25 W，24 V”。

1. 按图 1-4-10 连接电路，其中开关 S 处于断开状态。

2. 接通直流稳压电源，通过调节使直流稳压电源的输出电压示数为 24 V。

3. 合上开关 S，记录电压表读数 $U =$ ________，电流表读数 $I =$ ________。

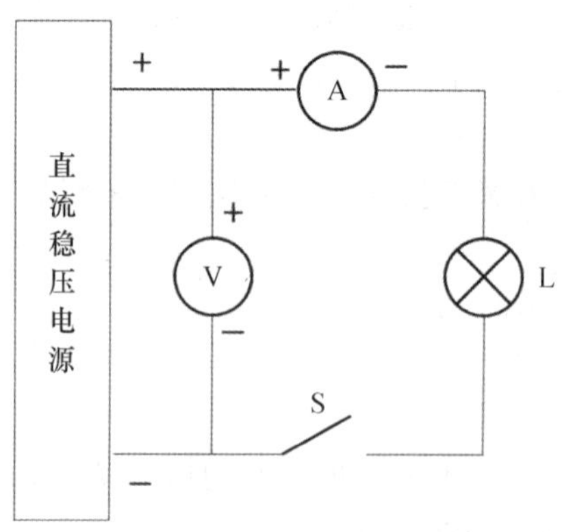

图 1-4-10　直流稳压电源测试电路

4. 调小直流稳压电源的输出电压，分别记录当其输出电压示数为 15 V 时电压表读数 $U=$ ________，电流表读数 $I=$ ________；示数为 10 V 时电压表读数 $U=$ ________，电流表读数 $I=$ ________。

5. 观察调小直流稳压电源的输出电压时，电压表、电流表读数和灯泡亮度的变化情况。

【知识拓展】

实际的电压源与实际的电流源的等效变换及受控源

一、实际的电压源与实际的电流源的等效变换

1. 等效变换的条件

电压源是以输出电压的形式向负载供电，电流源是以输出电流的形式向负载供电，比较这两种电源模型的伏安特性，不难发现它们是相同的。因此当这两种电源模型对相同的负载提供的端电压和电流相等时，它们之间可以互相替换，也就是等效变换。电压源模型和电流源模型如图 1-4-11 所示。

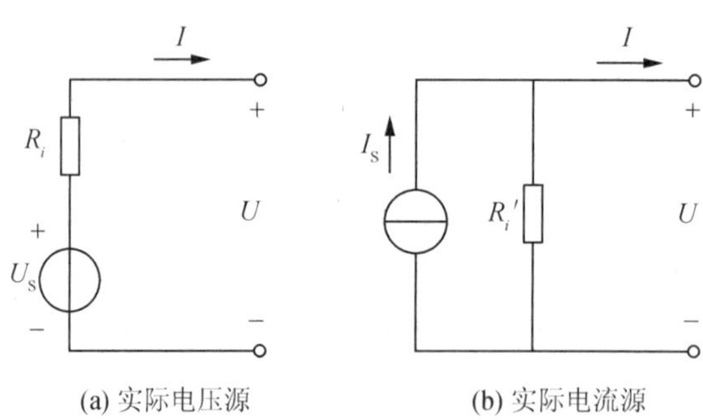

(a) 实际电压源　　(b) 实际电流源

图 1-4-11　两种电源的模型

在电压源中，由式(1-4-1)可知：

$$U = U_S - IR_i$$

在电流源中，由式(1-4-2)可知：

$$I = I_S - \frac{U}{R'_i}$$

整理后得:

$$U = I_S R'_i - IR'_i$$

由此可见,实际电压源和实际电流源若要等效互换,必须满足条件:

$$U_S = I_S R'_i$$
$$R_i = R'_i \tag{1-4-3}$$

即当实际电压源等效变换成实际电流源时,电流源的电流等于电压源的电压与其内阻的比值,电流源的内阻等于电压源的内阻;当实际电流源等效变换成实际电压源时,电压源的电压等于电流源的电流与其内阻的乘积,电压源的内阻等于电流源的内阻。

在进行等效互换时,必须注意电压源的电压极性与电流源的电流方向之间的关系,即电压源的正极对应电流源电流的流出端。

实际电源的两种模型的等效互换只能保证其外部电路的电压、电流和功率相同,对其内部电路,并无等效而言。通俗地讲,当电路中某一部分用其等效电路替代后,未被替代部分的电压、电流应保持不变。

2. 等效变换时应注意的问题

(1) 电压源与电流源的参考方向在变换前后应保持对外电路的等效,也就是说电压源的正极对应电流源电流的流出端。

(2) 等效变换只能对外电路等效,对内电路不能等效。也就是说只能保证其外部电路的电压、电流和功率相同,对其内部电路,并无等效而言。

(3) 恒压源与恒流源之间不能等效变换。

电源等效变换的方法可以推广运用,如果理想电压源与外接电阻串联,可把外接电阻作其内阻,则可互换为电流源形式;如果理想电流源与外接电阻并联,可把外接电阻看作其内阻,则可互换为电压源形式。利用电压源与电流源的等效变换可以把一个复杂电路化简成一个简单电路,在进行复杂电路的分析与计算时可以带来很大的方便。

例 1-4-2　分别求图 1-4-12 中 ab 端的等效电路。

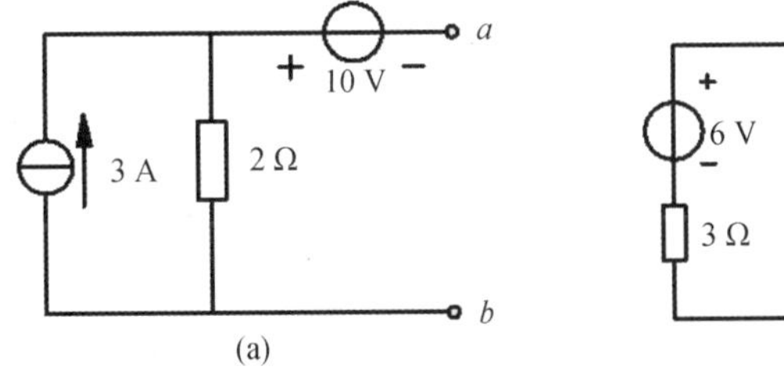

图 1-4-12　例 1-4-2 图

解:(1) 求 a 图 1-4-12(a):

在图 1-4-12(a) 中,先将 3 A 和 2 Ω 组成的电流源等效成一个电压源,如图 1-4-13(b),

$$U_{S1} = 2 \times 3 = 6\ \text{V}, R_i = 2\ \Omega$$

再将两个恒压源合并成一个恒压源,如图 1-4-13(c),

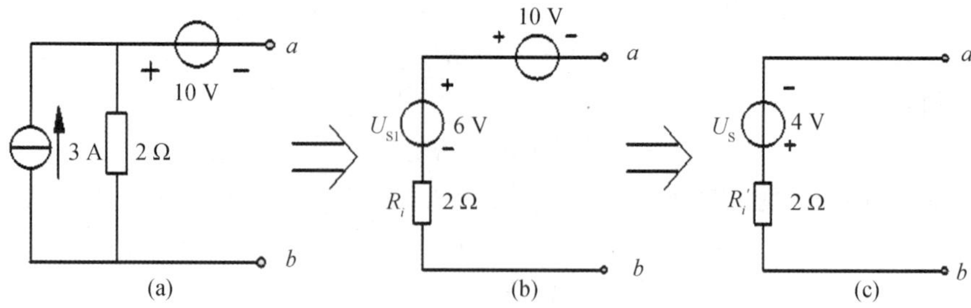

图 1-4-13　例 1-4-2 图

$$U_S = 10 - 6 = 4\ V, R_i = 2\ \Omega$$

(2) 求 b 图 1-4-12(b)：

在图 1-4-12(b) 中，先分别将两个并联的电压源等效成两个并联的电流源，如图 1-4-14(b)，

$$I_{S1} = \frac{6}{3} = 2\ A; R_1 = 3\ \Omega$$

$$I_{S2} = \frac{24}{6} = 4\ A; R_2 = 6\ \Omega$$

再将两个恒流源合并，两个电阻合并，如图 1-4-14(c)，

$$I_S = I_{S2} - I_{S1} = 4 - 2 = 2\ A$$

$$R = \frac{R_1 R_2}{R_1 + R_2} = \frac{3 \times 6}{3 + 6} = 2\ \Omega$$

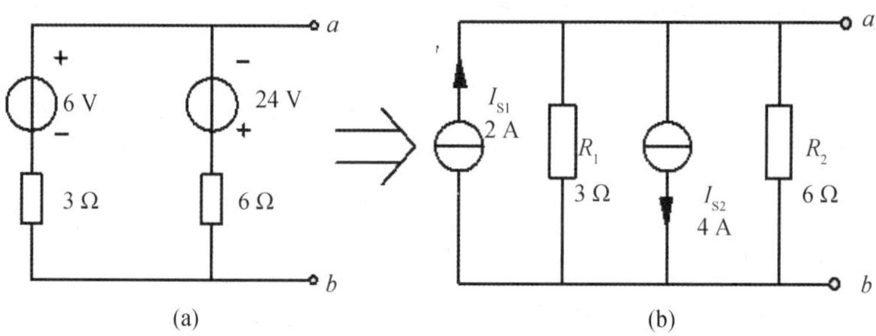

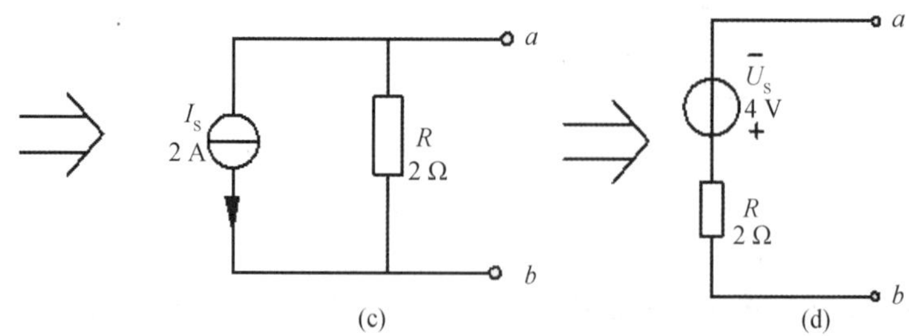

图 1-4-14　例 1-4-2 图

如果化简成电压源的话，再接着化简成 1-4-14(d) 图。

$$U_S = I_S R = 2 \times 2 = 4\ \text{V}, R = 2\ \Omega$$

例 1-4-3　已知电路如图 1-4-15(a) 所示，其中 $R_L = 8\ \Omega$，求电流 I。

解：

由于电源等效只对外电路等效，因此可以把待求量 I 所在的支路 R_L 看作外电路，则剩下的都可以看作内电路，这样就可以利用等效变换来对内电路进行化简。

(1) 求电流 I。

首先根据恒流源的特点，先将电路化简成 1-4-15(b)，再将 12 V 和 4 Ω 组成的电压源化简成电流源，如图 1-4-15(c)

$$I_S = \frac{12}{4} = 3\ \text{A}$$

最后将两个恒流源合并，可得 1-4-15(d) 的电流源或 1-4-15(e) 的电压源。

在图 1-4-15(d) 中：

$$I = \frac{4}{4+8} \times 9 = 3\ \text{A}$$

或图 1-4-15(e) 中：

$$I = \frac{36}{4+8} = 3\ \text{A}$$

从上面的例题中可以看出，电源等效实际上就是把复杂电路最后化简成一个简单的电路。由于电源等效只对外电路等效，对内电路不能等效，因此在利用电源等效变换化简内电路时，外电路始终要保持不变(如 R_L 支路)，只能对内电路进行化简。当要分析内电路中的未知量时，比如求 6 A 恒流源的功率，这时要回到原电路中求。

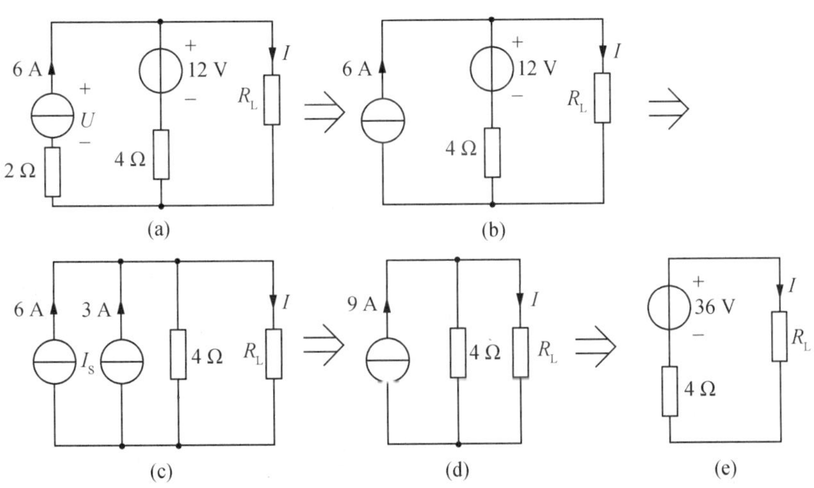

图 1-4-15　例 1-4-3 图

二、受控源

1. 受控源的定义与种类

受控源又称为非独立源。一般来说，一条支路的电压或电流受本支路以外的其他因素控制时统称为受控源。

受控源是一种四端元件,它含有两条支路,一条是控制支路,另一条是受控支路。受控支路为一个电压源或为一个电流源,它的输出电压或输出电流(称为受控量),受另外一条支路的电压或电流(称为控制量)的控制,该电压源:电流源分别称为受控电压源和受控电流源,统称为受控源。

根据控制支路的控制量的不同,受控源分为四种:电流控制电压源(CCVS)、电流控制电流源(CCCS)、电压控制电流源(VCCS)、电压控制电压源(VCVS)。

2. 受控源的符号与控制系数

上述四种类型受控源的符号如图1-4-16,它们在实际应用中的例子如下:

他励直流发电机:输出电压要受励磁线圈电流的控制(CCVS);

场效应管:栅源极电压控制漏极电流(VCCS);

三极管:基极电流控制集电极电流(CCCS);

变压器:副边输出电压受控于原边输入电压(VCVS)。

各受控源的受控量与控制量之间的关系如下:

电流控制电压源(CCVS):$u_2 = r \cdot i_1$(r 为转移电阻);

电流控制电流源(CCCS):$i_2 = a \cdot i_1$(a 为电流放大系数);

电压控制电流源(VCCS):$i_2 = g \cdot u_1$(g 为转移电导,也称为跨导);

电压控制电压源(VCVS):$u_2 = \mu \cdot u_1$(μ 为电压放大系数)。

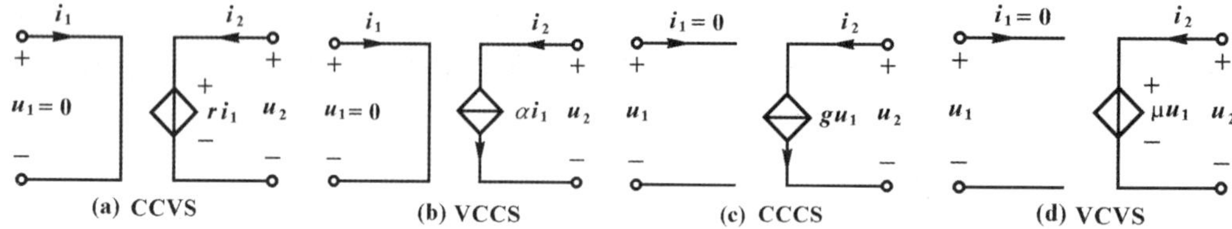

图1-4-16 四种类型受控源的符号

3. 受控源与独立电源的比较

在电路中,受控源与独立源本质的区别在于受控源不是激励,它只是反映电路中某处的电压或电流控制另一处的电压或电流的关系。独立电源是电路的输入或激励,它为电路提供按给定时间函数变化的电压和电流,从而在电路中产生电压和电流。受控源则描述电路中两条支路电压和电流间的一种约束关系,它的存在可以改变电路中的电压和电流,使电路特性发生变化。

4. 含受控源电路的等效变换

一个受控电压源(仅指其受控支路,以下同)和电阻串联单口,也可等效变换为一个受控电流源和电阻并联单口,如图1-4-17(a)、图1-4-17(b)所示;一个受控电压源和电阻的并联单口,也可等效变换为一个受控电压源和电阻串联单口,如图1-4-17(c)、图1-4-17(d) 所示。

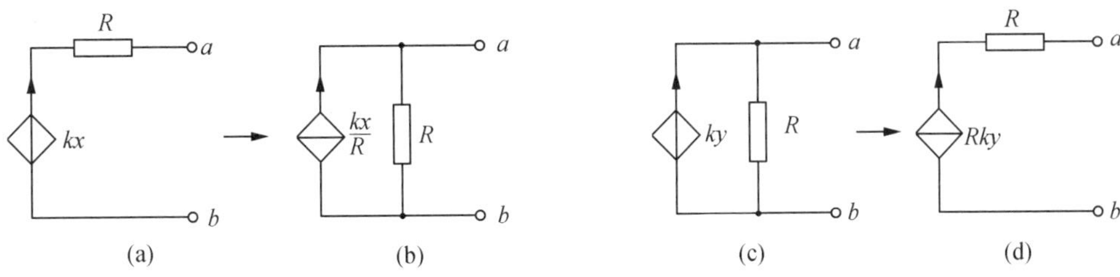

图 1-4-17　含受控源电路

巩固练习

习题 1-5-1　如图 1-5-1 所示电路，方框表示电路元件。试按图中标出的电压、电流参考方向及数值计算元件的功率，并判断元件是吸收还是发出功率。

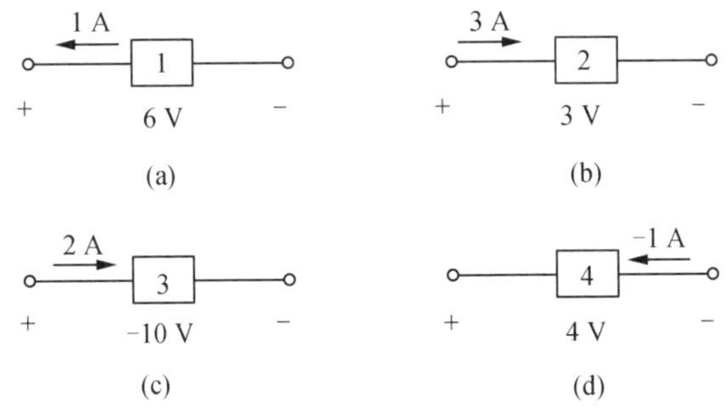

图 1-5-1　习题 1-5-1 图

习题 1-5-2　已知图 1-5-2 所示的电路，求图中 A 点的电位。

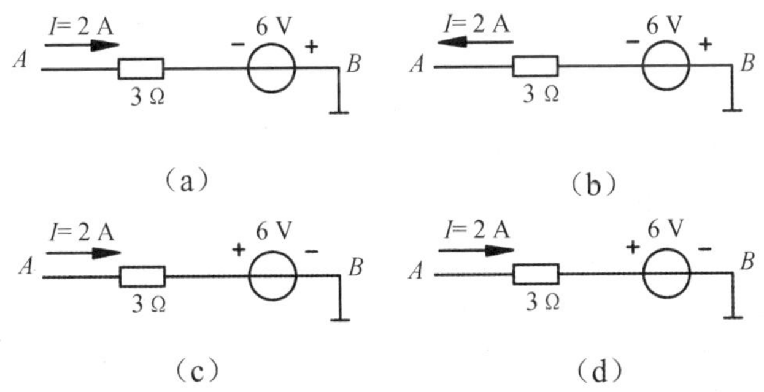

图 1-5-2　习题 1-5-2 图

习题 1-5-3　求图 1-5-3 所示各电路中的 R、U 及 i。

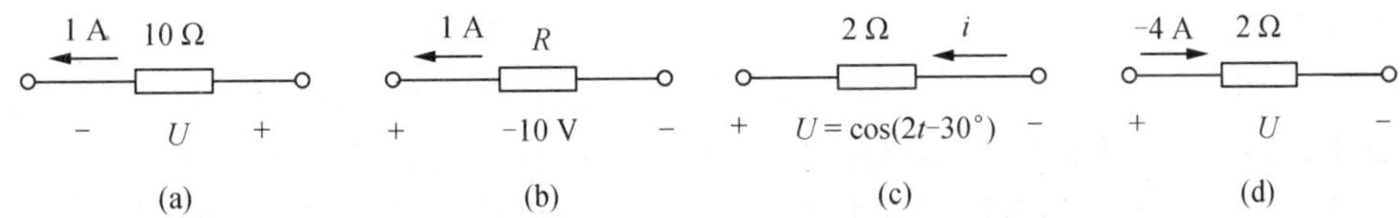

图 1-5-3　习题 1-5-3 图

习题 1-5-4　求图 1-5-4 中开关断开和合上时 A 点的电位。

习题 1-5-5　在图 1-5-5 中指定的电压 u 和电流 i 参考方向下，写出电感元件 u 和 i 的约束方程(元件的伏安关系)。

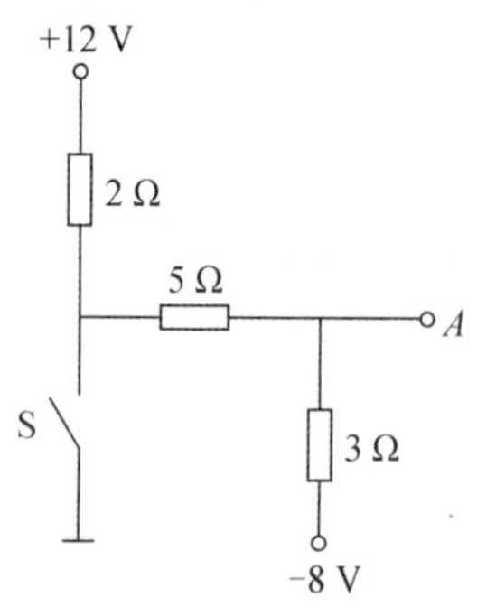

图 1-5-4　习题 1-5-4 图

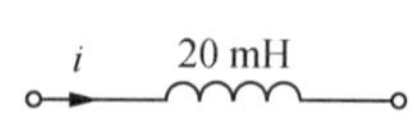

图 1-5-5　习题 1-5-5 图

习题 1-5-6　已知某电感元件如图 1-5-6 所示,$L=0.5$ H,流过它的电流 $i=100e^{-0.02t}$ mA,求其电压表达式以及 $t=0$ 时的电感电压和磁场能量。

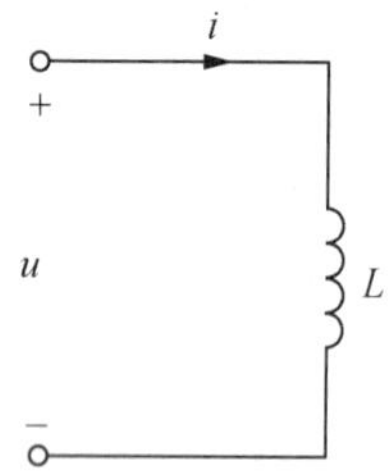

图 1-5-6　习题 1-5-6 图

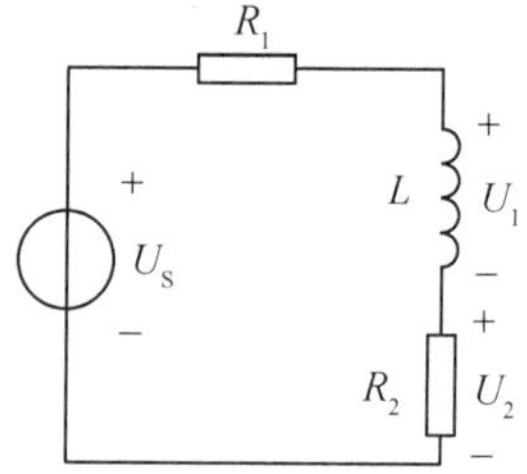

图 1-5-7　习题 1-5-7 图

习题 1-5-7　如图 1-5-7 所示电路,已知电压 $U_S=10$ V,$R_1=5$ Ω,$R_2=10$ Ω,电感 $L=0.1$ H,求电压 U_1、U_2。

习题 1-5-8　在图 1-5-8 中指定的电压 u 和电流 i 参考方向下,写出电容元件 u 和 i 的约束方程(元件的伏安关系)。

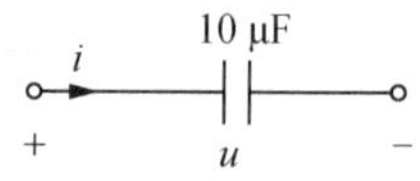

图 1-5-8　习题 1-5-8 图

习题 1-5-9　现有两只电容器,其中一只电容器的电容为 $C_1=2$ μF,额定工作电压为 160 V,另一只电容器的电容为 $C_2=10$ μF,额定工作电压为 250 V,若将这两个电容器串联起来,接在 300 V 的直流电源上,问每只电容器上的电压是多少?这样使用是否安全?

习题 1-5-10　电容器 A 的电容为 10 μF,充电后电压为 30 V,电容器 B 的电容为 20 μF,充电后电压为 15 V,把它们并联在一起,其电压是多少?

习题 1-5-11　如图 1-5-9 所示电路,已知电压 $U_S=10$ V,$R_1=5$ Ω,$R_2=10$ Ω,电容 $C=0.1$ F,求电压 U_1、U_2。

习题 1-5-12　蓄电池 A 的电源电动势 $U_{S1}=10$ V、内阻 $R_{S1}=0.2$ Ω,蓄电池 B 的电源电动势 $U_{S2}=12$ V、内阻 $R_{S1}=0.5$ Ω,试分别计算当负载电流为 10 A 时的输出电压。

习题 1-5-13　如图 1-5-10 所示电路,已知电压 $U_S=20$ V,电流 $I_S=10$ A,电阻 $R=5$ Ω,计算通过电压源的电流 I、电流源两端的电压 U,并判断电路中哪一个元件作为电源使用。

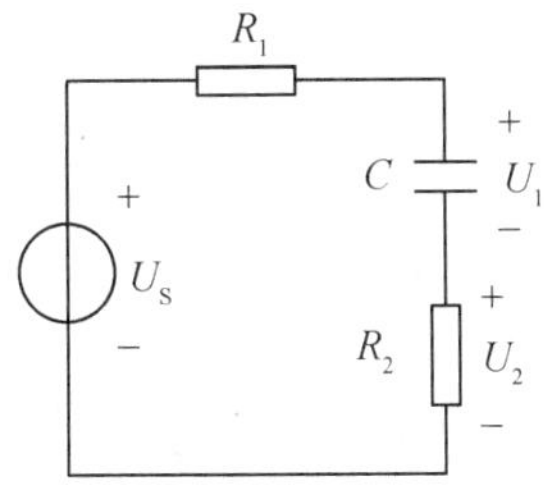

图 1-5-9　习题 1-5-11 图

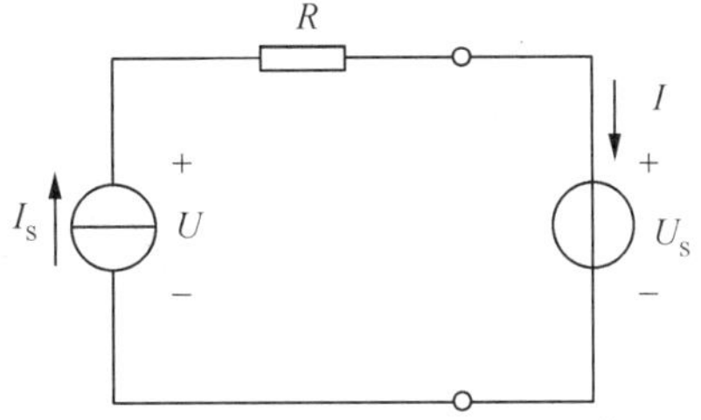

图 1-5-10　习题 1-5-13 图

习题 1-5-14　求图 1-5-11 所示各电路 *AB* 端的等效电路。

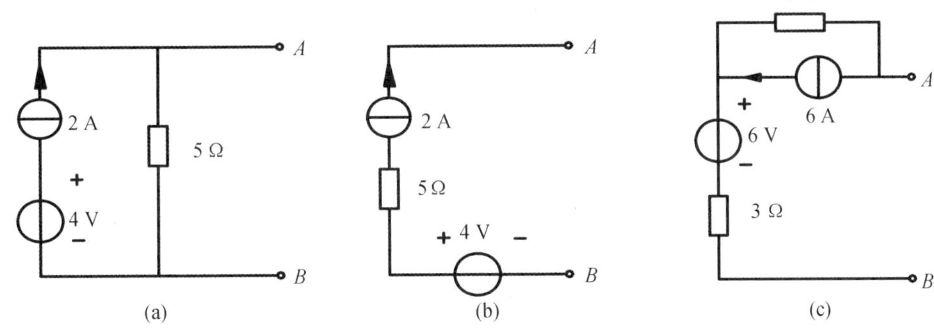

图 1-5-11　习题 1-5-14 图

习题 1-5-15　用电源等效变换法求图 1-5-12 电路中的电流 *I*。

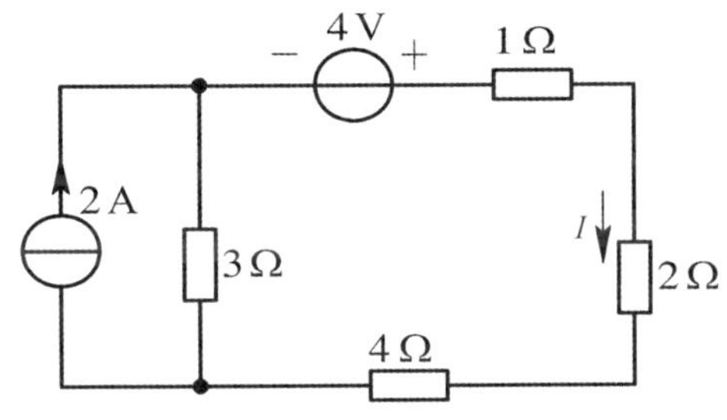

图 1-5-12　习题 1-5-15 图

习题 1-5-16　用电源等效变换法求图 1-5-13 中的电流 *I*。

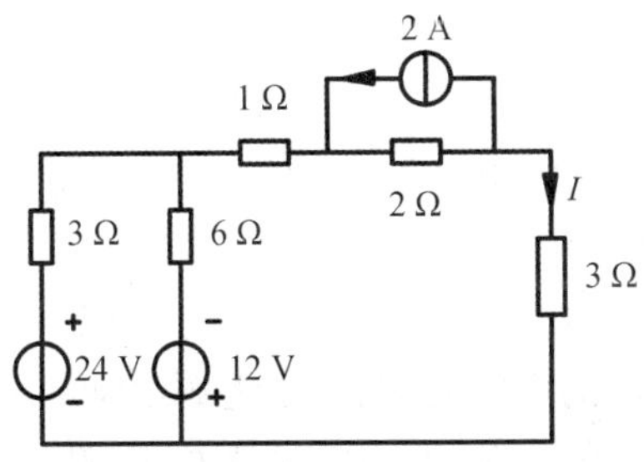

图 1-5-13　习题 1-5-16 图

项目二　直流电阻电路的分析、检测与仿真

工作任务一　简单直流电路的连接与检测

【任务描述】

电源、负载通过中间环节构成回路，根据电源的工作情况，电路有三种工作状态：有载工作状态（通路）、开路和短路状态。本任务将通过实际电路的连接与测试来学习电路的三种工作状态。

【知识准备】

电路运行状态

一、有载工作状态

将图 2-1-1(a)所示电路的开关 S 闭合，电源与负载接通，电路中有电流流过，此时电路处于有载状态。电路中的电流为

$$I = \frac{U_S}{R_0 + R_L} \tag{2-1-1}$$

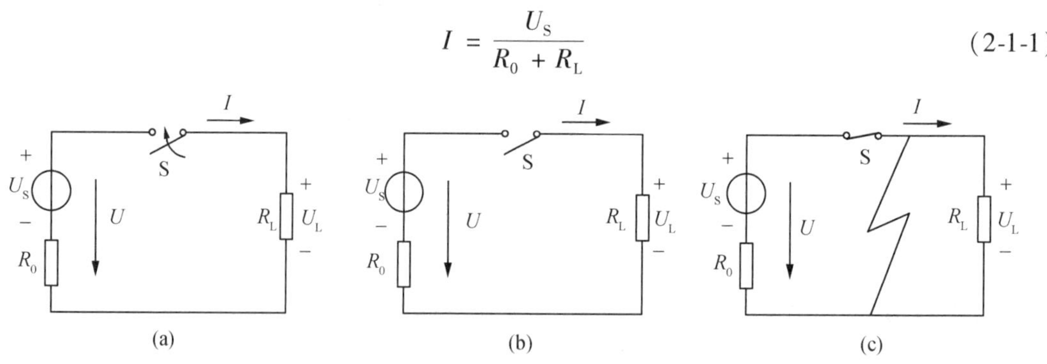

图 2-1-1　电路的工作状态

式中，U_S 为电源电动势；R_0 为电源内阻，通常很小；R_L 为负载电阻。

电源的端电压等于负载的端电压

$$U = U_L = IR_L = U_S - IR_0 \tag{2-1-2}$$

可见，电源的端电压与电源的内阻有关，等于电源电动势减去电源内阻的电压降，并且端电压恒小于电源电动势，电流 I 越大，R_0 上的压降越大，电源输出的端电压越小。

负载消耗的功率 P 为

$$P = U_S I - I^2 R_0 = I^2 R_L \tag{2-1-3}$$

在有载工作状态下，电路的特点是：电流 $I \neq 0$，端电压 $U < U_S$，电源的功率取决于负载的电流大小。

二、开路(断路)

当开关 S 断开，电源未与负载接通的状态称为开路状态，如图2-1-1(b)所示。在开路时，电路中的电流 $I = 0$，负载的电压 $U_L = 0$，这时电源的端电压 $U = U_S$，功率 $P = 0$。

三、短路

当电源两端被导线连接后，这时电流不经过负载而是直接经过导线形成闭合回路，这种情况称为短路，如图2-1-1(c)。短路时电路中的电流为

$$I = I_{SC} = \frac{U_S}{R_0} \tag{2-1-4}$$

由于电源内阻很小，所以短路电流 I_{SC} 很大，容易烧坏电源，因此通常在电源的开关后安装保险丝来保护电源。

【任务实施】

(1) 在电工电子实验台上连接如图2-1-2所示电路，其中 $U_S = 25$ V，$R_0 = 2\ \Omega$，R_L 为25 W的白炽灯泡。

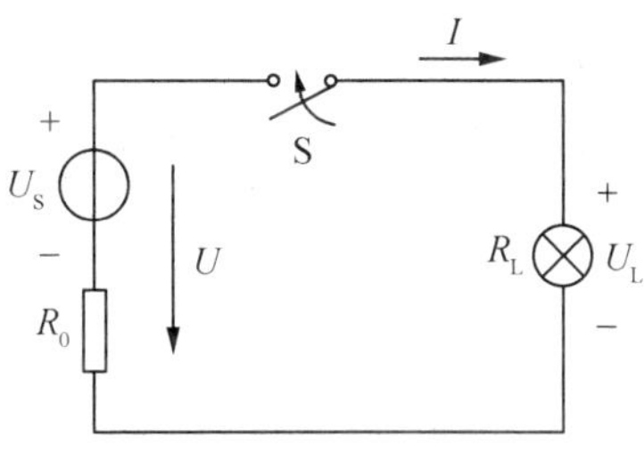

图2-1-2　电路的工作状态

(2) 合上开关S，测量电源的端电压 U、负载 R_L 两端的电压 U_L 和电路中的电流 I，并记录在表2-1-1中。

(3) 断开开关S，测量电源的端电压 U、负载电阻 R_L 两端的电压 U_L 和电路中的电流 I，并记录在表2-1-1中。

(4) 对比所测数据并进行总结。

表2-1-1　电路的工作状态测量结果

测量参数	I	U	U_L	P
断路				
有载工作状态				

【知识拓展】

万用表的原理与使用

一、指针式万用表

1. 结构

指针式万用表由表头、测量电路及转换开关等三个主要部分组成。

(1)表头

它是高灵敏度的磁电式直流电流表,见图 2-1-3。万用表的主要性能指标基本上取决于表头的性能。表头的灵敏度是指表头指针满刻度偏转时流过表头的直流电流值,这个值越小,表头的灵敏度越高。测电压时的内阻越大,其性能就越好。表头上有四条刻度线,它们的功能如下:第一条(从上到下)标有“R”或“Ω”,指示的是电阻值,转换开关在欧姆挡时,即读此条刻度线。第二条标有“∽”和“VA”,指示的是交、直流电压和直流电流值,当转换开关在交流电压或直流电流挡,量程在除交流 10 V 以外的其他位置时,即读此条刻度线。第三条标有 10 V,指示的是 10 V 的交流电压值,当转换开关在交流电压挡,量程在交流 10 V 时,即读此条刻度线。第四条标有“dB”,指示的是音频电平。

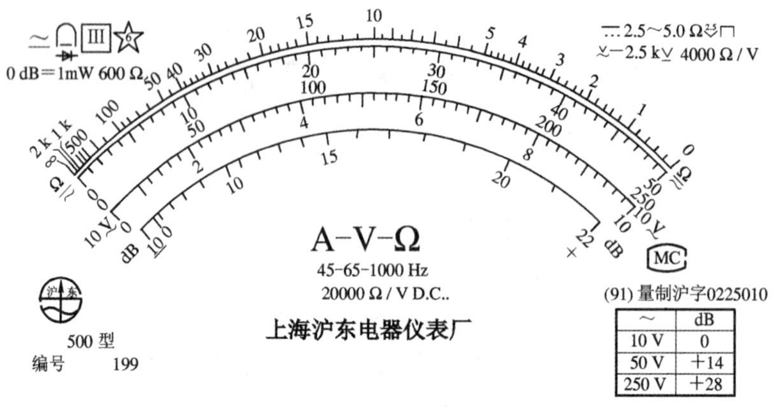

图 2-1-3　指针式表头结构

(2)测量线路

测量线路是用来把各种被测量转换到适合表头测量的微小直流电流的电路,它由电阻、半导体元件及电池组成。它能将各种不同的被测量(如电流、电压、电阻等)、不同的量程,经过一系列的处理(如整流、分流、分压等)统一变成一定量限的微小直流电流送入表头进行测量。

(3)转换开关

其作用是用来选择各种不同的测量线路,以满足不同种类和不同量程的测量要求。转换开关一般有两个,分别标有不同的挡位和量程。

2. 符号含义

(1)“∽”表示交直流。

(2)“V—2.5 kV 4 000 Ω/V”表示对于交流电压及 2.5 kV 的直流电压挡,其灵敏度为

4 000 Ω/V。

(3)“A－V－Ω”表示可测量电流、电压及电阻。

(4)“45－65－1000 Hz”表示使用频率范围为 1 000 Hz 以下,标准工频范围为 50 Hz。

(5)“2000 Ω/VDC”表示直流挡的灵敏度为 2 000 Ω/V。

二、数字万用表

现在,数字式测量仪表已成为主流,有取代指针式仪表的趋势。与指针式仪表相比,数字式仪表灵敏度高,准确度高,显示清晰,过载能力强,便于携带,使用更简单,如图 2-1-4 所示。

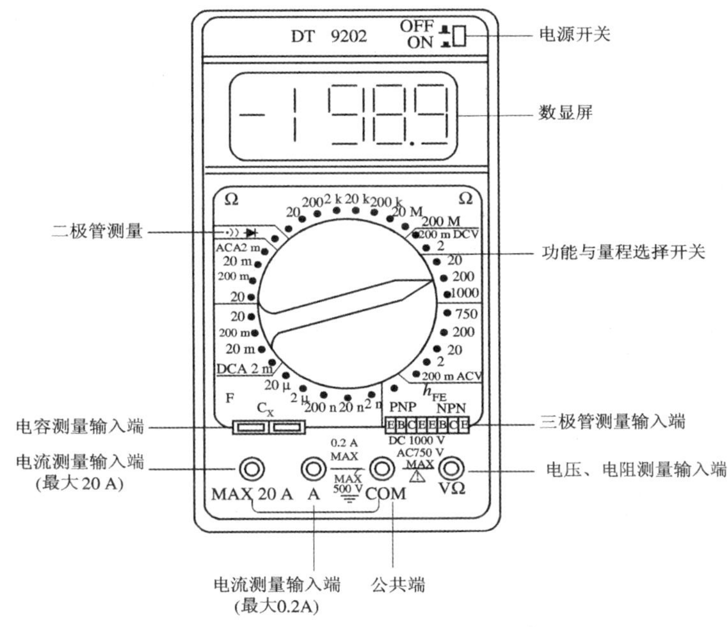

图 2-1-4　数字万用表

1. 结构

数字万用表主要由直流数字电压表(DVM)和功能转换器构成,数字电压表是数字万用表的核心。数字电压表由数字部分及模拟部分构成,主要包括 A/D(模拟/数字)转换器、显示器(LCD)、逻辑控制电路等。被测量经功能转换器(电阻/电压、电压/电压、电流/电压)后都变成直流电压量,再由 A/D 转换器转换成数字量,最后以数字形式显示出来。

2. 各部分作用

以 DT 9202 型数字万用表为例,它由 LCD 液晶显示屏、电源开关、测量选择开关、表笔插孔、电容器插孔和晶体管插孔等部分构成。各部分的作用如下。

(1)LCD 液晶显示屏

DT 9202 型数字万用表的 LCD 液晶显示屏有 3 位数字,可以直接显示三位半数字字符,小数点根据需要自动移动,负号“－”根据测量结果自动显示,最大可显示“1999”或“－1999”。

(2)电源开关

按下接通电源,万用表处于准备状态;弹出则切断电源,万用表不工作。

(3)三极管插孔

控制面板的右下角是晶体管插孔,插孔左边标注为“PNP”,检测 PNP 型三极管时插入此孔;插孔右边标注为“NPN”,检测 NPN 型三极管时插入此孔。将转换开关置于 hFE 挡,根据管子是 PNP 或 NPN 型,将其引脚插入对应的插孔中,按下电源开关,即可读出该管子的 hFE 值。

(4)测量选择开关

按下电源开关,转动此开关可分别测量二极管的好坏、电阻、直流电压、交流电压、直流电流、交流电流、电容、晶体管的 hFE 及环境温度。

(5)表笔插孔

从左到右,四个表笔插孔依次为“20A”、“mA”、“COM”、“VΩ”。“COM”是负表笔插孔,即公共端插孔;“VΩ”是电压、电阻测量插孔;“mA”是毫安级电流测量插孔;“20A”是安培级电流测量插孔。使用时,通常将黑表笔插入“COM”插孔,红表笔根据测量需要插入相应的正表笔插孔。

(6)电容器插孔

控制面板的左下角是电容器插孔,插孔上边标注为“CX”,检测电容器时插入此孔,将转换开关根据电容器的容量置于相对应的挡位,按下电源开关,即可读出该电容器的容量值。

三、用指针式万用表对电流、电压和电位的测量

1. 操作步骤

(1)熟悉表盘上各符号的意义及各个旋钮和选择开关的主要作用。

(2)进行机械调零。

(3)根据被测量的种类及大小,选择转换开关的挡位及量程,找出对应的刻度线。

(4)选择表笔插孔的位置。

2. 电压测量

测量电压(或电流)时要选择好量程,如果用小量程去测量大电压,则会有烧表的危险;如果用大量程去测量小电压,那么指针偏转太小,无法读数。量程的选择应尽量使指针偏转到满刻度的 2/3 左右。如果事先不清楚被测电压的大小时,应先选择最高量程挡,然后逐渐减小到合适的量程。

交流电压的测量:将万用表的一个转换开关置于交、直流电压挡,另一个转换开关置于交流电压的合适量程上,万用表两表笔和被测电路或负载并联即可。

直流电压的测量:将万用表的一个转换开关置于交、直流电压挡,另一个转换开关置于直流电压的合适量程上,且“+”表笔(红表笔)接到高电位处,“-”表笔(黑表笔)接到低电位处,即让电流从“+”表笔流入,从“-”表笔流出。若表笔接反,表头指针会反方向偏转,容易撞弯指针。

3. 电流测量

测量直流电流时,将万用表的一个转换开关置于直流电流挡,另一个转换开关置于 50 μA 到 500 mA 的合适量程上,电流的量程选择和读数方法与电压一样。测量时必须先断开电路,然后按照电流从“+”到“-”的方向,将万用表串联到被测电路中,即电流从红表笔流入,从黑表笔流出。如果误将万用表与负载并联,则因表头的内阻很小,会造成短路烧毁仪表。其读数方法如下:

实际值 = 指示值 × 量程/满偏

4. 注意事项

(1) 在测电流、电压时，不能带电换量程。

(2) 选择量程时，要先选大的，后选小的，尽量使被测值接近于量程。

(3) 用毕，应使转换开关在交流电压最大挡位或空挡上。

四、用数字式万用表对电流、电压和电位的测量

以 DT 9202 型数字万用表为例，介绍其使用方法和注意事项。

1. 操作前注意事项

(1) 将 ON-OFF 开关置于“ON”位置，检查 9 V 电池，如果电池电压不足，在显示器上将显示“[− +]”，这时则应更换电池。

(2) 测试表笔插孔旁边的“⚠”符号，表示输入电压或电流不应超过标示值，这是为保护内部线路免受损伤。

(3) 测试前，功能开关应置于所需量程上。

2. 电压测量

(1) 如果不知道被测电压范围，将功能开关置于大量程并逐渐降低量程，不能在测量中改变量程。

(2) 如果显示“1”，表示过量程，功能开关应置于更高的量程。

(3) “⚠”表示不要输入高于万用表要求的电压，显示更高的电压值是可能的，但有损坏内部线路的危险。

(4) 当测高压时，应特别注意避免触电。

3. 电流测量

(1) 如果使用前不知道被测电流范围，将功能开关置于最大量程并逐渐降低量程，不能在测量中改变量程。

(2) 如果显示器只显示“1”，表示过量程，功能开关应置于更高量程。

(3) “⚠”上表示最大输入电流为 200 mA 或 20 A，取决于所使用的插孔，过大的电流将烧坏保险丝，20 A 量程无保险丝保护。

4. 保养注意事项

数字万用表是一种精密电子仪表，不要随意更改线路，并注意以下几点：

(1) 不要超量程使用。

(2) 不要在电阻挡或“→⊢”挡时，测量电压信号。

(3) 在电池没有装好或后盖没有上紧时，请不要使用此表。

(4) 只有在测试表笔从万用表移开并切断电源后，才能更换电池和保险丝。电池更换，注意 9 V 电池的使用情况，如果需要更换电池，打开后盖螺丝，用同一型号电池更换；更换保险丝时，请使用相同型号的保险丝。

工作任务二　简单电阻电路的连接与检测

【任务描述】

在实际电路中,电阻采用的连接方式多数是既有串联又有并联的电路形式,即电阻的混联电路形式。本次任务是进行电阻串联、并联和混联电路的连接和测量。

【知识准备】

电阻的连接

具有两个端钮的部分电路,称为二端网络,如图 2-2-1 所示。

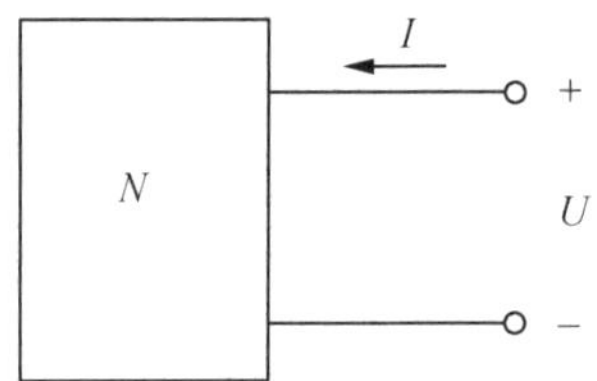

图 2-2-1　二端网络

如果电路结构、元件参数完全不同的两个二端网络具有相同的电压、电流关系即相同的伏安关系时,则这两个二端网络称为等效网络。等效网络在电路中可以相互代换。内部没有独立电源的二端网络,称为无源二端网络,它可用一个电阻元件与之等效。这个电阻元件的电阻值称为该网络的等效电阻或输入电阻,也称为总电阻,用 R_i 表示,如图 2-2-2 所示。

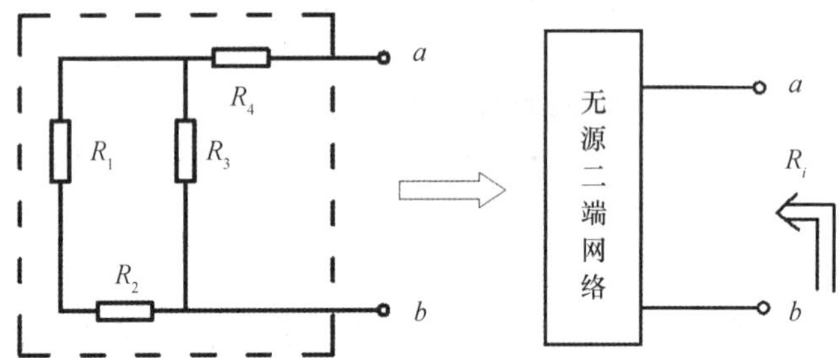

图 2-2-2　无源二端网络等效

一、电阻的串联

各电阻元件顺次连接起来,所构成的二端网络称为电阻的串联网络,如图 2-2-3(a)所示。

在图 2-2-3(a)中,串联的各个电阻的电流相等,均等于 I,则:

$$U = U_1 + U_2 + \cdots + U_n \tag{2-2-1}$$

即电阻的串联网络的端口电压等于各电阻电压之和。

又由欧姆定律可得:

$$U_1 = R_1 I, U_2 = R_2 I, \cdots, U_n = R_n I \tag{2-2-2}$$

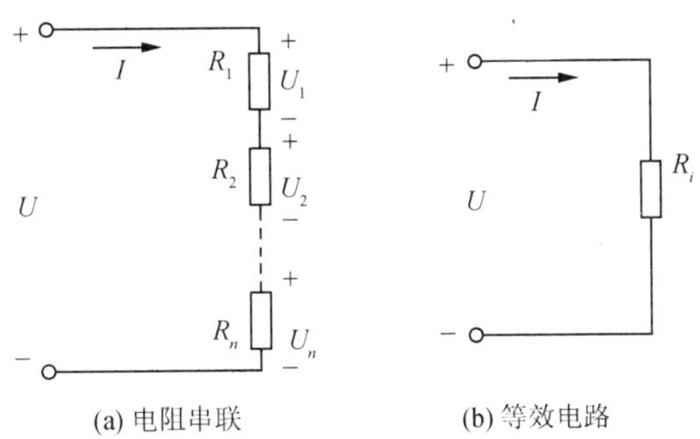

图 2-2-3　电阻串联及等效电路

于是，

$$U = R_1 I + R_2 I + \cdots + R_n I = (R_1 + R_2 + \cdots + R_n) I \tag{2-2-3}$$

图 2-2-3(b) 是图 2-2-3(a) 的等效网络，根据等效的概念，在图 2-2-3(b) 中有：

$$U = R_i I,$$

因此

$$R_i = R_1 + R_2 + \cdots + R_n \tag{2-2-4}$$

即：电阻的串联网络的等效电阻等于各电阻之和。

串联电阻的等效电阻比每个电阻都大，在端口电压一定时，串联电阻越多，电流则越小，因此串联电阻有"限流"作用。

串联电阻的电流相等，则各电阻的电压之比等于它们的电阻之比，即：

$$U_1 : U_2 : \cdots : U_n = R_1 : R_2 : \cdots : R_n \tag{2-2-5}$$

在端口电压一定时，适当选择串联电阻，可使每个电阻得到所需要的电压，因此串联电阻有"分压"作用。

同理，串联的每个电阻的功率也与它们的电阻成正比，即：

$$P_1 : P_2 : \cdots : P_n = R_1 : R_2 : \cdots R_n \tag{2-2-6}$$

二、电阻的并联

各电阻元件的两端钮分别连接起来所构成的二端网络称为电阻的并联网络，如图 2-2-4(a) 所示。

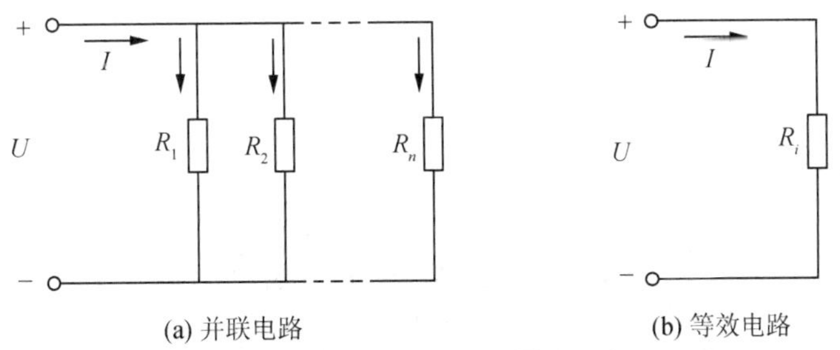

图 2-2-4　电阻并联及等效电路

在图 2-2-4(a) 中，并联的各个电阻的电压相等，均等于 U，则：

$$I = I_1 + I_2 + \cdots + I_n \tag{2-2-7}$$

即:电阻的并联网络的端电流等于各电阻电流之和。

又由欧姆定律可得:

$$I_1 = \frac{U}{R_1}, I_2 = \frac{U}{R_2}, \cdots, I_n = \frac{U}{R_n},$$

$$I = I_1 + I_2 + \cdots + I_n = \frac{U}{R_1} + \frac{U}{R_2} + \cdots + \frac{U}{R_n} = \left(\frac{1}{R_1} + \frac{1}{R_2} + \cdots + \frac{1}{R_n}\right) U$$

图 2-2-4(b) 是图 2-2-4(a) 的等效网络,根据等效的概念,在图 2-2-4(b) 中有:

$$I = \frac{1}{R_i} U$$

因此

$$\frac{1}{R_i} = \frac{1}{R_1} + \frac{1}{R_2} + \cdots + \frac{1}{R_n} \text{ 或 } G_i = G_1 + G_2 + \cdots + G_n, \tag{2-2-8}$$

即:电阻的并联网络的等效电阻的倒数等于各电阻倒数之和或电阻的并联网络的等效电导等于各电阻的电导之和。且并联电阻的等效电阻比每个电阻都小。

并联电阻的电压相等,则各电阻的电流与它们的电导成正比,与它们的电阻成反比,即:

$$I_1 : I_2 : \cdots : I_n = \frac{1}{R_1} : \frac{1}{R_2} : \cdots : \frac{1}{R_n} = G_1 : G_2 : \cdots : G_n, \tag{2-2-9}$$

同理,并联的每个电阻的功率也与它们的电导成正比,与它们的电阻成反比。即:

$$P_1 : P_2 : \cdots : P_n = \frac{1}{R_1} : \frac{1}{R_2} : \cdots : \frac{1}{R_n} = G_1 : G_2 : \cdots G_n, \tag{2-2-10}$$

若只有 R_1、R_2 两个电阻并联,如图 2-2-5 所示,由

$$\frac{1}{R_i} = \frac{1}{R_1} + \frac{1}{R_2} = \frac{R_1 + R_2}{R_1 R_2} \tag{2-2-11}$$

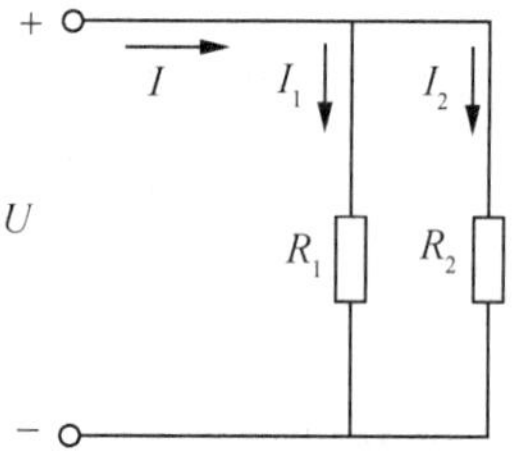

图 2-2-5　两个电阻并联

可得等效电阻 R_i 为:

$$R_i = \frac{R_1 R_2}{R_1 + R_2} \tag{2-2-12}$$

两个电阻的电流分别为:

$$I_1 = \frac{U}{R_1} = \frac{R_i I}{R_1} = \frac{R_2}{R_1 + R_2} I$$

$$I_2 = \frac{U}{R_2} = \frac{R_i I}{R_2} = \frac{R_1}{R_1 + R_2} I \tag{2-2-13}$$

如果 $R_1 = R_2 = R$,则有:

$$R_I = \frac{R}{2}, I_1 = I_2 = \frac{I}{2} \tag{2-2-14}$$

三、电阻的混联

既有电阻串联又有电阻并联的电阻电路称电阻混联电路。

将电阻混联电路等效变换成一个电阻的方法是:改画原电路以清晰体现电阻之间的串联与并联,然后化简局部串联电阻和并联电阻,直到得到一个等效电阻为止。

分析混联电阻网络的一般步骤如下:

1. 求出等效电阻或等效电导。

2. 应用欧姆定律求出总电压或总电流。

3. 根据欧姆定律、串联电阻的分压关系、并联电阻的分流关系逐步计算各部分电压、电流。

因此,分析串并联电路的关键问题是判别电路的串、并联关系。

判别电路的串并联关系的基本方法:

1. 看电路的结构特点。若两电阻是首尾相联就是串联,是首首尾尾相联就是并联。

2. 看电压电流关系。若流经两电阻的电流是同一个电流,那就是串联;若两电阻上承受的是同一个电压,那就是并联。

3. 对电路作变形等效。如左边的支路可以扭到右边,上面的支路可以翻到下面,弯曲的支路可以拉直等;对电路中的短线路可以任意压缩与伸长;对多点接地可以用短路线相连。一般,如果真正是电阻串并联电路的问题,都可以判别出来。

4. 找出等电位点。对于具有对称特点的电路,若能判断某两点是等电位点,则根据电路等效的概念,一是可以用短接线把等电位点联起来;二是把连接等电位点的支路断开(因支路中无电流),从而得到电阻的串并联关系。

例 2-2-1　化简以下电阻混联电路。

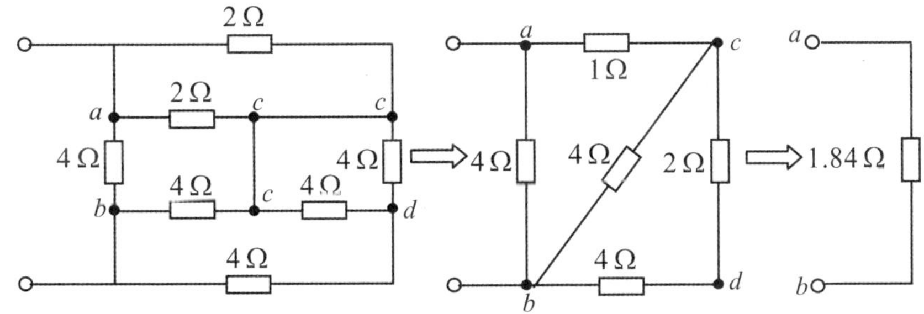

图 2-2-6　例 2-2-1 图

例 2-2-2　图 2-2-7 所示的是一个常用的利用滑线变阻器组成的简单分压器电路。电阻分压器的固定端 a、b 接到直流电压源上。固定端 b 与活动端 c 接到负载上。利用分压器上滑动触头 c 的滑动可在负载电阻上输出 $0 \sim U_S$ 的可变电压。已知直流理想电压源电压 $U_S = 9$ V,负载电阻 $R_L = 800\ \Omega$,滑线变阻器的总电阻 $R = 1\ 000\ \Omega$,滑动触头 c 的位置使 $R_1 = 200\ \Omega$,$R_2 = 800\ \Omega$。

(1) 求输出电压 U_2 及滑线变阻器两段电阻中的电流 I_1、I_2;

(2) 若用内阻为 $R_{V1} = 1\ 200\ \Omega$ 的电压表去测量此电压,求电压表的读数;

(3) 若用内阻为 $R_{V2} = 3\ 600\ \Omega$ 的电压表再测量此电压,求这时电压表的读数。

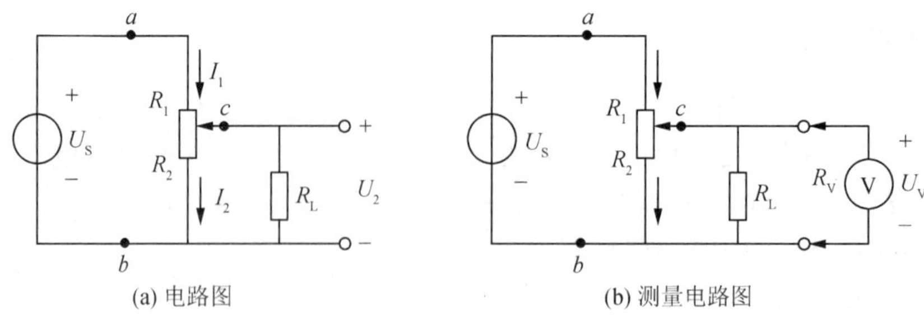

(a) 电路图　　　　(b) 测量电路图

图 2-2-7　例 2-2-2 图

解：

（1）图 2-2-7（a）中，电阻 R_2 与 R_L 并联后再与 R_1 串联。

$$R_i = R_1 + \frac{R_2 R_L}{R_2 + R_L} = 200 + \frac{800 \times 800}{800 + 800} = 600\ \Omega$$

$$I_1 = \frac{U_S}{R_i} = \frac{9}{600} = 0.015\ \text{A}$$

$$I_2 = \frac{R_L}{R_2 + R_L} I_1 = \frac{800}{800 + 800} \times 0.015 = 0.007\ 5\ \text{A}$$

$$U_2 = R_2 I_2 = 800 \times 0.007\ 5 = 6\ \text{V}$$

（2）图 2-2-7（b）中，电阻 R_2、R_L 与电压表内阻 R_{V1} 并联后再与 R_1 串联。

$$R_{i1} = R_1 + \frac{1}{\frac{1}{R_2} + \frac{1}{R_L} + \frac{1}{R_{V1}}} = 200 + \frac{1}{\frac{1}{800} + \frac{1}{800} + \frac{1}{1\ 200}} = 500\ \Omega$$

$$U_{V1} = \frac{U_S}{R_{i1}} \times \frac{1}{\frac{1}{R_2} + \frac{1}{R_L} + \frac{1}{R_{V1}}} = \frac{9}{500} \times \frac{1}{\frac{1}{800} + \frac{1}{800} + \frac{1}{1\ 200}} = 5.4\ \text{V}$$

（3）图 2-2-7（b）中，电阻 R_2、R_L 与电压表内阻 R_{V2} 并联后再与 R_1 串联。

$$R_{i2} = R_1 + \frac{1}{\frac{1}{R_2} + \frac{1}{R_L} + \frac{1}{R_{V2}}} = 200 + \frac{1}{\frac{1}{800} + \frac{1}{800} + \frac{1}{3\ 600}} = 560\ \Omega$$

$$U_{V2} = \frac{U_S}{R_{i2}} \times \frac{1}{\frac{1}{R_2} + \frac{1}{R_L} + \frac{1}{R_{V2}}} = \frac{9}{560} \times \frac{1}{\frac{1}{800} + \frac{1}{800} + \frac{1}{3\ 600}} = 5.79\ \text{V}$$

由此可见，由于实际电压表都有一定的内阻，将电压表并联在电路中测量电压时，对被测试电路都有一定的影响。电压表内阻越大，对测试电路的影响越小。理想电压表的内阻为无穷大，对测试电路才无影响，但实际中并不存在。

【任务实施】

（1）在电工电子实验台上连接如图 2-2-8 所示电路，$R_1 = 50\ \Omega$，$R_2 = 100\ \Omega$，先将电源断开，测量 AB 两端的等效电阻 R_{ab}。接入电源 $U_S = 25$ V，将电压表和电流表的读数和 R_{ab} 记录于表 2-2-1 中。

（2）在电工电子实验台上连接如图 2-2-9 所示电路，$R_1 = 50\ \Omega$，$R_2 = 100\ \Omega$，先将电源断

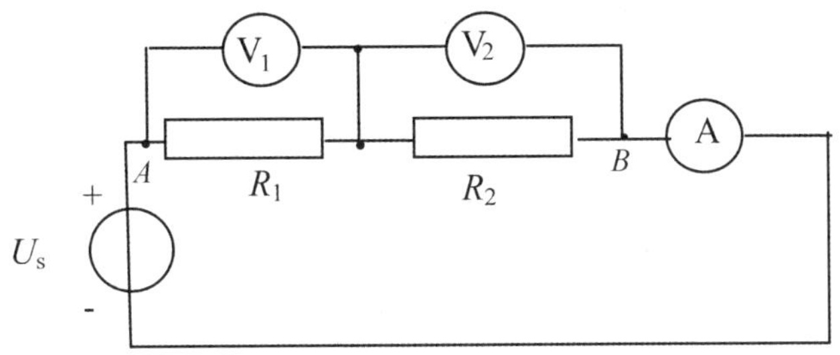

图 2-2-8　电阻串联实验电路图

开，测量 AB 两端的等效电阻 R_{ab}。接入电源 $U_S=25$ V，进行电压和电流的测量并记录于表 2-2-1 中。

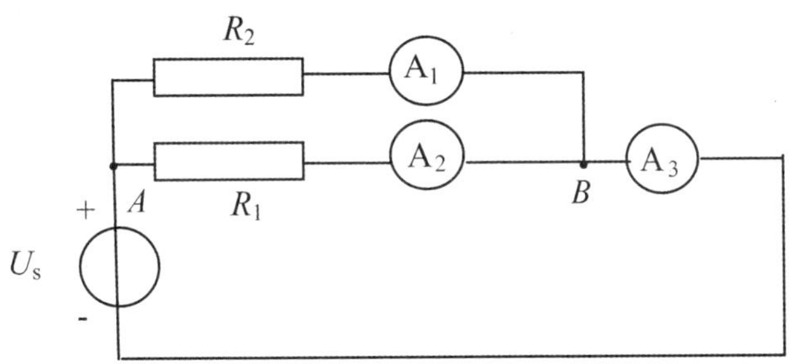

图 2-2-9　电阻并联实验电路图

表 2-2-1　电阻串并联电路测量数据

电阻串联		电阻并联	
R_{AB}		R_{AB}	
U_1		I_1	
U_2		I_2	
I		I_3	
U_{AB}/I		U_{AB}/I	

（3）在电工电子实验台上连接如图 2-2-10 所示电路，测量 ab 两端的等效电阻。在 ab 两端加电压 U_S，测量 I、U 填入表 2-2-2 中。

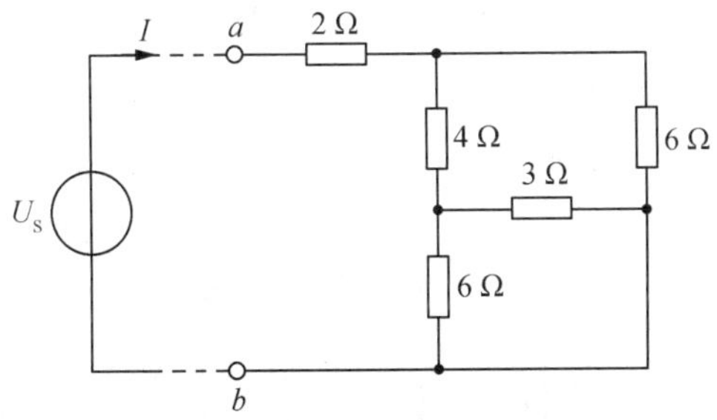

图 2-2-10　电阻混联实验电路图

表 2-2-2　电阻混联电路测量数据

电源电压 U_S	U_{ab}	I	计算值
10 V			
20 V			
30 V			

(4) 根据所测的数据总结电阻串、并联及混联电路的规律。

【知识拓展】

电阻星形连接与三角形连接的等效变换

一、电阻星形连接与三角形连接的定义

三个电阻的一端连接在一起构成一个节点 O,另一端分别为网络的三个端钮 a、b、c,它们分别与外电路相连,这种三端网络叫电阻的星形连接,又叫电阻的 Y 连接。如图 2-2-11(a)所示。

三个电阻串联起来构成一个回路,而三个连接点为网络的三个端钮 a、b、c,它们分别与外电路相连,这种三端网络叫电阻的三角形连接,又叫电阻的 △ 连接。如图 2-2-11(b) 所示。

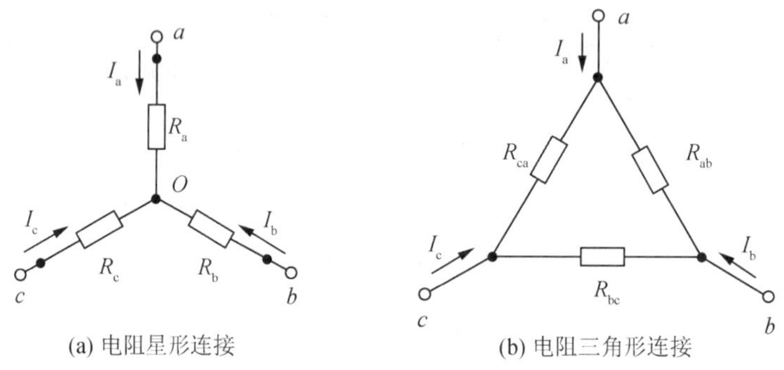

(a) 电阻星形连接　　(b) 电阻三角形连接

图 2-2-11　电阻的星形和三角形连接

二、电阻星形连接与三角形连接的等效变换

在图示参考方向下,可以证明,将 △ 连接的电阻等效变换为 Y 连接的电阻,已知电阻 R_{ab}、R_{bc}、R_{ca},则等效的电阻 R_a、R_b、R_c 为:

$$\begin{cases} R_a = \dfrac{R_{ab}R_{ca}}{R_{ab}+R_{bc}+R_{ca}} \\ R_b = \dfrac{R_{bc}R_{ab}}{R_{ab}+R_{bc}+R_{ca}} \\ R_c = \dfrac{R_{ca}R_{bc}}{R_{ab}+R_{bc}+R_{ca}} \end{cases} \tag{2-2-15}$$

将 Y 连接的电阻等效变换为 △ 连接的电阻,已知 R_a、R_b、R_c 电阻,则等效的电阻 R_{ab}、R_{bc}、

R_{ca} 为：

$$\begin{cases} R_{ab} = R_a + R_b + \dfrac{R_a R_b}{R_c} \\ R_{bc} = R_b + R_c + \dfrac{R_b R_c}{R_a} \\ R_{ca} = R_c + R_a + \dfrac{R_c R_a}{R_b} \end{cases} \tag{2-2-16}$$

三个相等电阻的 Y、△ 连接方式叫做 Y、△ 的对称连接。如果对称 Y 连接的电阻为 R_Y，则对称 △ 连接的等效电阻 $R_\triangle$ 为：$R_\triangle = 3R_Y$

例 2-2-3　图 2-2-12(a) 所示电路，$U_S = 13\ V, R_1 = R_4 = R_5 = 5\ \Omega, R_2 = 15\ \Omega, R_3 = 10\ \Omega$，(1) 试求它的等效电阻 R；(2) 试求各电阻的电流。

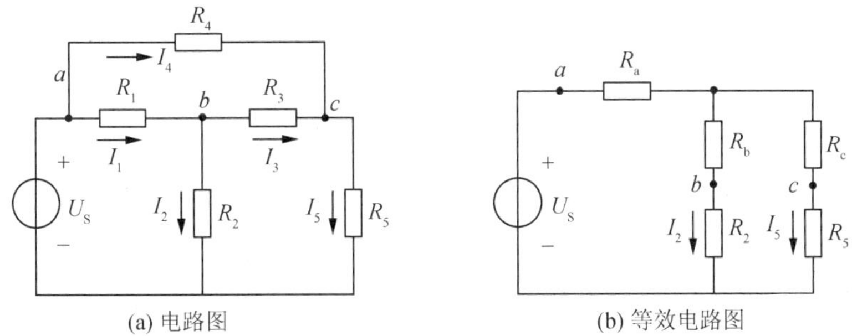

图 2-2-12　例 2-2-3 图

解：(1) 利用公式(2-2-15)，将 △ 连接的电阻 R_1、R_3、R_4 等效变换为 Y 连接的电阻 R_a、R_b、R_c，如图 2-2-12(b) 所示，则：

$$\begin{cases} R_a = \dfrac{R_1 \times R_4}{R_1 + R_3 + R_4} = \dfrac{5 \times 5}{5 + 10 + 5} = \dfrac{5}{4} = 1.25\ \Omega \\ R_b = \dfrac{R_1 \times R_3}{R_1 + R_3 + R_4} = \dfrac{5 \times 10}{5 + 10 + 5} = \dfrac{5}{2} = 2.5\ \Omega \\ R_c = \dfrac{R_3 \times R_4}{R_1 + R_3 + R_4} = \dfrac{10 \times 5}{5 + 10 + 5} = \dfrac{5}{2} = 2.5\ \Omega \end{cases}$$

图 2-2-12(b) 是电阻的混联网络，串联的 R_2、R_b 的等效电阻 R_{2b} 为：

$$R_{2b} = R_2 + R_b = 15 + 2.5 = 17.5\ \Omega$$

串联的 R_5、R_c 的等效电阻 R_{5c} 为：

$$R_{5c} = R_5 + R_c = 5 + 2.5 = 7.5\ \Omega$$

电路的等效电阻 R 为：

$$R = R_a + \frac{R_{2b} R_{5c}}{R_{2b} + R_{5c}} = 1.25 + \frac{17.5 \times 7.5}{17.5 + 7.5} = 6.5\ \Omega$$

(2) 电路中电阻 R_2、R_5 的电流 I_2、I_5 为：

$$I_2 = \frac{U_S}{R} \times \frac{R_{5c}}{R_{2b} + R_{5c}} = \frac{13}{6.5} \times \frac{17.5}{17.5 + 7.5} = 0.6\ A$$

$$I_5 = \frac{U_S}{R} \times \frac{R_{2b}}{R_{2b} + R_{5c}} = \frac{13}{6.5} \times \frac{7.5}{17.5 + 7.5} = 1.4\ A$$

为求得电阻 R_1、R_3、R_4 的电流 I_1、I_3、I_4，可从图 2-2-12(b) 分别求得电压 U_{ab}、U_{bc}、U_{ac}，再回到图 2-2-12(a) 求解，则：

$$I_1=\frac{U_{ab}}{R_1}=\frac{(I_2+I_5)R_a+I_2R_b}{R_1}=\frac{(0.6+1.4)\times 1.25+0.6\times 2.5}{5}=0.8\ \text{A}$$

$$I_3=\frac{U_{bc}}{R_3}=\frac{I_2R_2-I_5R_5}{R_3}=\frac{0.6\times 15-1.4\times 5}{10}=0.2\ \text{A}$$

$$I_4=\frac{U_{ac}}{R_4}=\frac{(I_2+I_5)R_a+I_5R_c}{R_4}=\frac{(0.6+1.4)\times 1.25+1.4\times 2.5}{5}=1.2\ \text{A}$$

工作任务三　基尔霍夫定律及其验证

【任务描述】

基尔霍夫定律是电路中电压和电流所遵循的基本规律，是分析计算电路的基础，它既适用于线性电路，也适用于非线性电路，与欧姆定律一起成为电路分析的基础。基尔霍夫定律包括两方面的内容，其一是基尔霍夫电流定律，其二是基尔霍夫电压定律。它们与构成电路的元件性质无关，仅与电路的连接方式有关。

本次任务是通过对电路的连接和测试，学习和验证基尔霍夫电流定律和基尔霍夫电压定律。

【知识准备】

基尔霍夫电流定律

为了叙述问题方便，在具体讨论基尔霍夫定律之前，首先以图 2-3-1 为例，介绍电路模型中的一些常用术语。

1. 支路

一个或几个二端元件相串联组成的没有分岔的电路称为支路。在同一支路上各元件通过的电流相同。含有电源的支路称为有源支路，不含电源的的支路称为无源支路，如图 2-3-1 中 *adc*、*ac*、*abc* 三条支路中，*adc*、*abc* 为有源支路，*ac* 为无源支路。

2. 节点

电路中三条或三条以上支路的连接点称为节点。如图 2-3-1 中 *a*、*c* 都是节点。

3. 回路

由支路构成的闭合路径称为回路。如图 2-3-1 中 *acda*、*abca*、*abcda* 都是回路。

4. 网孔

内部不含有其他支路的回路称为网孔。上面回路中的、都是网孔，因此，网孔一定是回路，但回路不一定是网孔。

一、内容

基尔霍夫电流定律（简称 KCL 定律）是描述电路中任一节点所连接的各支路电流之间的

相互约束关系。KCL 定律指出：在任一瞬间，任一节点的电流的代数和恒等于零。即：

$$\sum I = 0 \tag{2-3-1}$$

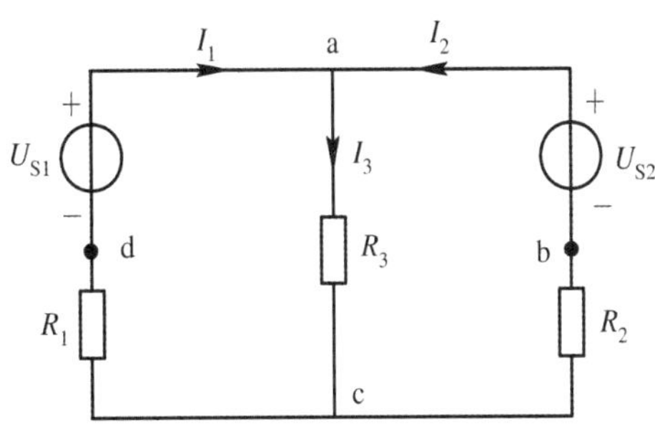

图 2-3-1　基尔霍夫定律

在图 2-3-1 中，如果规定参考方向流入节点的取正号，则流出节点者就取负号，对节点 a 可以写出 KCL：

$$I_1 + I_2 - I_3 = 0$$

若将上式改写成：

$$I_1 + I_2 = I_3$$

则该定律也可以叙述成：任一瞬间，流入电路任一节点的电流之和等于流出节点的电流之和，即：

$$\sum I_{入} = \sum I_{出} \tag{2-3-2}$$

例 2-3-1　图 2-3-2 画出了某电路中的一个节点 a。已知 $I_1 = -2\ \text{A}, I_2 = -3\ \text{A}, I_3 = 2\ \text{A}, I_4 = -4\ \text{A}$，求电流 I_5。

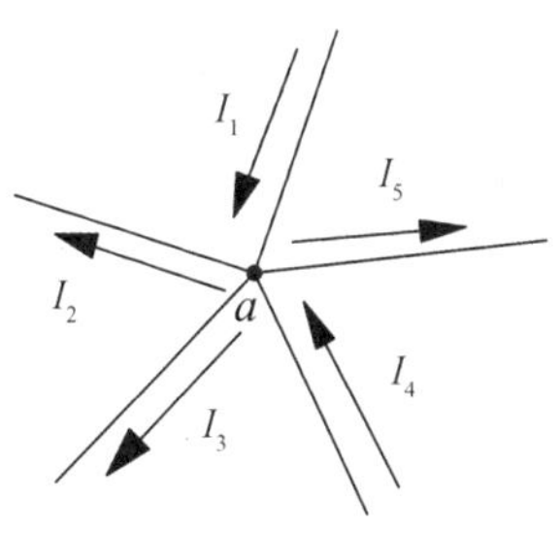

图 2-3-2　例 2-3-1 图

解：假设流入节点的电流为正，根据 KCL 定律得：

$$I_1 - I_2 - I_3 + I_4 - I_5 = 0$$

代入各数值，得

$$-2-(-3)-2+(-4)-I_5 = 0$$

$$I_5 = -5\ \text{A}$$

计算结果 $I_5 < 0$，说明该支路电流的实际方向是流入节点 a 的。

二、应用时注意问题

1. 列写 KCL 方程时首先要对各支路电流假设参考方向，然后根据图中标定的参考方向列出相应的方程。

2. KCL 定律的推广应用：KCL 定律不仅适用于电路中的节点，还可以推广应用于电路中的任一假设的封闭面，也叫广义节点。

例如：在图 2-3-3 中所示虚线框为一个封闭面，对节点 a、b、c 分别列出 KCL 方程。

节点 a：$I_1 + I_{ca} = I_{ab}$

节点 b：$I_2 + I_{ab} = I_{bc}$

节点 c：$I_3 + I_{bc} = I_{ca}$

将上面三式相加，得

$$I_1 + I_2 = I_3$$

由分析结果可证明上述结论。

图 2-3-3　KCL 的推广应用

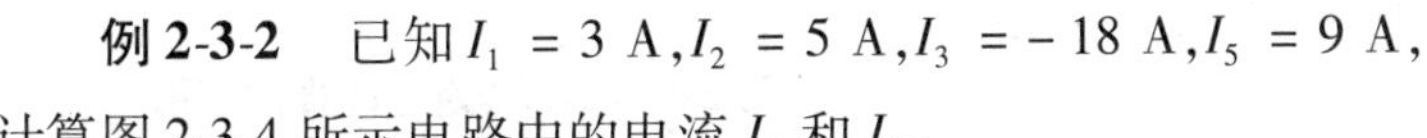

例 2-3-2　已知 $I_1 = 3\ \text{A}, I_2 = 5\ \text{A}, I_3 = -18\ \text{A}, I_5 = 9\ \text{A}$，计算图 2-3-4 所示电路中的电流 I_4 和 I_6。

解：节点 a，根据 KCL 定律可得：

$$I_1 + I_2 - I_3 - I_4 = 0$$

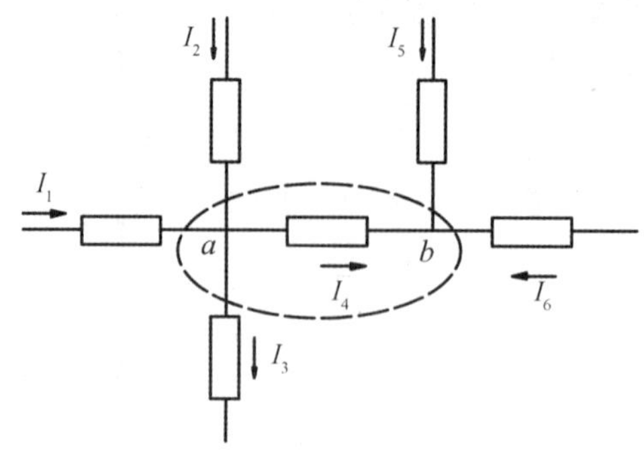

图 2-3-4　例 2-3-2 图

$$I_4 = I_1 + I_2 - I_3 = 3 + 5 - (-18) = 26\ \text{A}$$

对节点 b，根据 KCL 定律可知：

$$I_4 + I_5 + I_6 = 0$$

$$I_6 = -I_4 - I_5 = -26 - 9 = -35\ \text{A}$$

也可以根据广义节点先求出电流 I_6，再根据节点 b 求电流 I_4。

基尔霍夫电压定律

一、内容

基尔霍夫电压定律（简称 KVL 定律）是描述电路中组成任一回路的各支路（或各元件）电压之间的约束关系。KVL 定律指出：对电路中的任一回路，在任一瞬间，沿回路绕行方向，各段电压的代数和为零。即：

$$\sum U = 0 \tag{2-3-3}$$

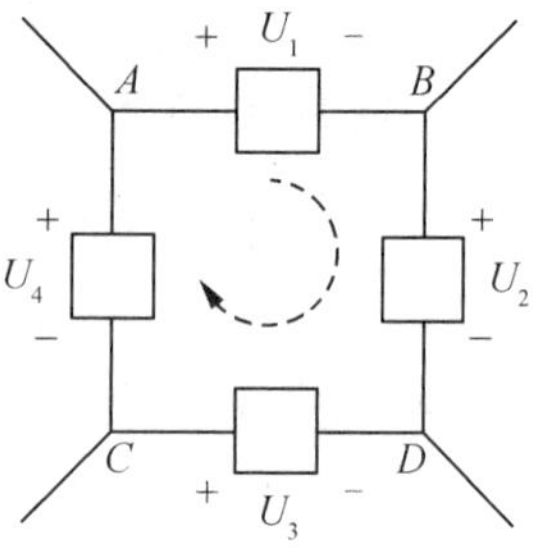

在列写回路电压方程时，首先要对回路选取一个“绕行方向”。通常规定，电压的参考方向与回路“绕行方向”相同取正号，电压参考方向与回路“绕行方向”相反取负号。其中回路的“绕行方向”是任意选定的，如图 2-3-5 中的虚线所示。则可以列出图 2-3-5 电路中 $ABDCA$ 回路的 KVL 方程：

图 2-3-5　KVL 应用

$$U_1 + U_2 - U_3 - U_4 = 0$$

二、应用时注意的问题

（1）列写 KVL 方程时要先假设方向：元件端电压的参考方向（对电阻元件来说也可用其中相关联的电流方向表示设定元件电压的方向）和回路的绕行方向。当元件端电压的参考方向与回路的绕行方向相同时取正，否则取负。

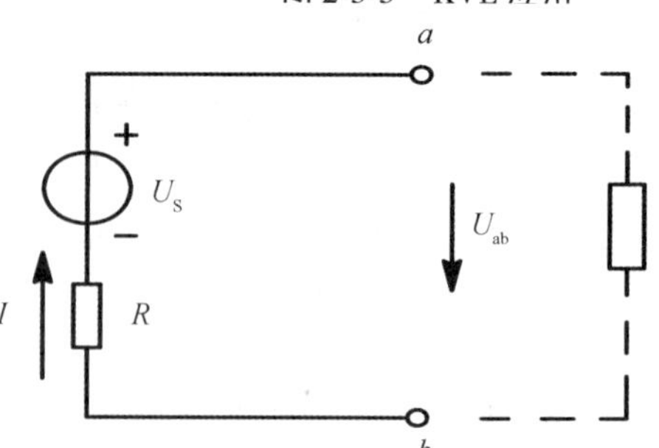

图 2-3-6　KVL 定律的推广应用

（2）KVL 定律的推广应用：KVL 定律不仅适用于电路中的具体回路，还可以推广应用于电路中的任一假想的回路。例如图 2-3-6 中，a、b 端口处没有闭合，可以假想 ab 之间有个元件，电

压是 U_{ab}，这样就可以与其他元件构成假想的闭合回路，由 KVL 定律可得：

$$U_{ab} + IR - U_S = 0$$

例 2-3-3　如图 2-3-7 中，已知 $U_{S1} = 12$ V，$U_{S2} = 18$ V，$U_{S3} = 10$ V，$R_1 = R_2 = R_3 = R_4 = 10\ \Omega$，用基尔霍夫定律求电流 I 和电压 U_{BD}。

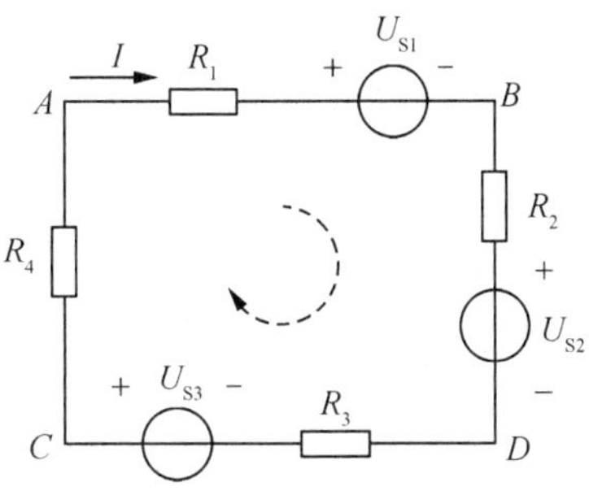

图 2-3-7　例 2-3-3 图

解：(1) 由于各元件通过的电流是一个电流(参考方向如图所示)，按照顺时针方向列出 KVL 方程：

$$IR_1 + U_{S1} + IR_2 + U_{S2} + IR_3 - U_{S3} + IR_4 = 0$$

$$I = \frac{-U_{S1} - U_{S2} + U_{S3}}{R_1 + R_2 + R_3 + R_4} = \frac{-12 - 18 + 10}{10 \times 4} = -0.5\ \text{A}$$

$I < 0$ 说明回路中电流的实际方向与参考方向相反。

(2) 计算电压 U_{BD} 可以根据两种途径来求解：$ABDA$ 回路：$IR_1 + U_{S1} + U_{BD} + IR_4 = 0$

解得：

$$U_{BD} = -IR_1 - U_{S1} - IR_4 = \frac{1}{2} \times 10 - 12 + \frac{1}{2} \times 10 = -2\ \text{V}$$

$BCDB$ 回路：$IR_2 + U_{S2} + IR_3 - U_{S3} - U_{BD} = 0$

解得：

$$U_{BD} = IR_2 + U_{S2} + IR_3 - U_{S3} = -\frac{1}{2} \times 10 + 18 - \frac{1}{2} \times 10 - 10 = -2\ \text{V}$$

从上面例题可以看出，第一条路径比第二条路径要简单一些。因此在实际计算时，一般尽量选较短的路径，以简化计算。

【任务实施】

(1) 在电工电子实验台上连接如图 2-3-8 所示电路，测量 I_1、I_2、I_3，验证基尔霍夫电流定律，并将数据填入表 2-3-1。

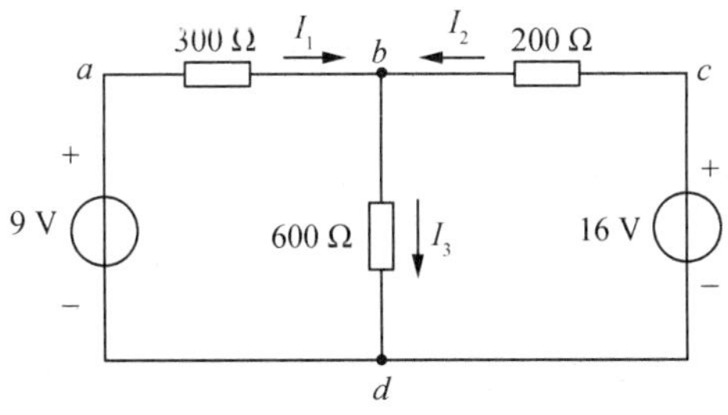

图 2-3-8　基尔霍夫定律的验证实验电路图

表 2-3-1　基尔霍夫电流定律验证数据

	计算值	测量值	误差
I_1/mA			
I_2/mA			
I_3/mA			
$\sum I$/mA			

(2) 测量电压，验证基尔霍夫电压定律，并将数据填入表 2-3-2。

表 2-3-2　基尔霍夫电压定律验证数据

	U_{ab}	U_{bd}	U_{da}	回路 Ⅰ $\sum U$	U_{bc}	U_{cd}	U_{db}	回路 Ⅱ $\sum U$
计算值								
测量值								
误　差								

(3) 对比所测数据并进行总结。

【知识拓展】

支路电流法与网孔电流法

一、支路电流法

支路电流法是以支路电流为未知量，利用基尔霍夫定律列出所需要的方程组成方程组，来求解各支路电流的方法。

现以图 2-3-9 所示电路为例，说明支路电流法的应用。在该电路中可以看到有三条支路 $b=3$，两个节点 $n=2$，两个网孔 $m=2$。假设各支路电流 I_1、I_2、I_3 的参考方向如图 2-3-9 所示。

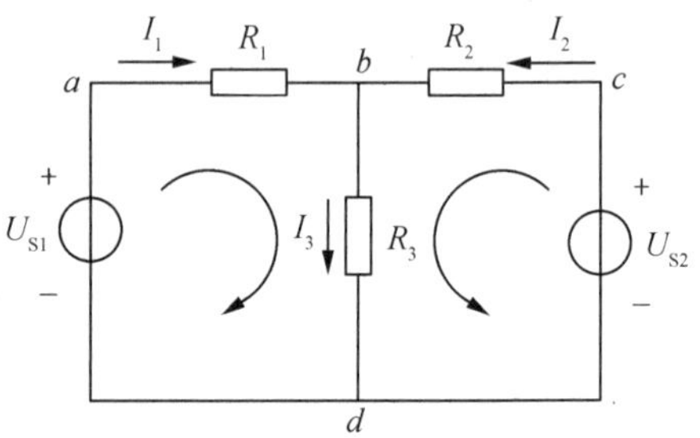

图 2-3-9　支路电流法应用示例

首先，由 KCL 定律可以列出两个节点的电流方程：

节点 b：$I_1+I_2-I_3=0$

节点 d：$-I_1-I_2+I_3=0$

观察上述两个方程可知，这两个 KCL 方程实际上是一样的，也就是说，对于节点 b、d 来说只能列出一个独立的的 KCL 方程。推而广之，对节点数为 n 的电路，根据 KCL 定律，只能列出 $(n-1)$ 个独立的节点电流方程。

其次，由 KVL 定律同样也可以对电路中的三个回路列出三个相应的回路电压方程，但这些方程也不全是独立的。可以证明，如果假设电路的支路数为 b，则独立的回路电压方程数 l 为：

$$l=b-(n-1) \tag{2-3-4}$$

从式(2-3-4)可以得到，独立的方程数正好等于网孔数。因此为了方便起见，通常只列出

网孔的 KVL 方程即可。在图 2-3-9 中，假设网孔的绕行方向如图所示，则

网孔 $adba$：$I_1R_1 + I_3R_3 - U_{S1} = 0$

网孔 $adca$：$I_2R_2 + I_3R_3 - U_{S2} = 0$

综上所述，对于一个具有 n 个节点，b 条支路的电路，利用支路电流法分析计算电路的步骤可归纳如下：

1. 确定电路的支路数、节点数和网孔数，选取并标出各支路电流的参考方向。
2. 根据 KCL 定律列出 $(n-1)$ 个独立的节点电流方程。
3. 根据 KVL 定律列出 m 个网孔的电压方程。
4. 联立求解得出各支路的电流，进而求解出电路中的其他响应。

例 2-3-4　在图 2-3-10 电路中，$U_{S1} = 15$ V、$U_{S2} = 4.5$ V、$U_{S3} = 9$V、$R_1 = 15\ \Omega$、$R_2 = 1.5\ \Omega$、$R_3 = 1\ \Omega$，试用支路法求各支路电流。

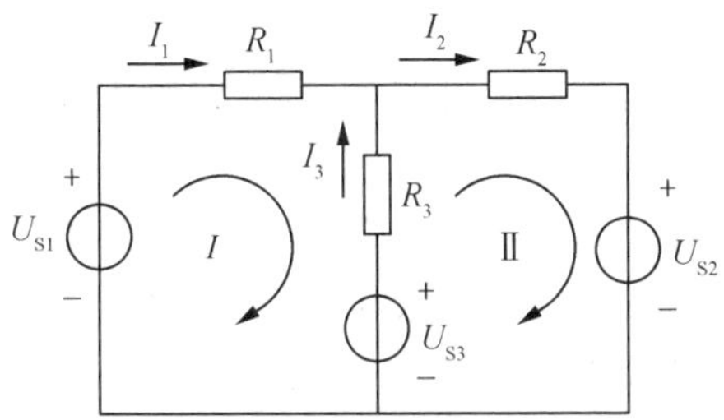

图 2-3-10　例 2-3-4 图

解：(1) 这个电路的支路数 $b = 3$，节点数 $n = 2$，网孔数 $l = 2$，各支路电流 I_1、I_2、I_3 的参考方向如图所示。

(2) 根据 KCL 定律列出独立的电流方程方程：

$$I_1 + I_3 - I_2 = 0$$

(3) 根据 KVL 定律列出网孔的电压方程：

网孔 Ⅰ：$I_1R_1 - I_3R_3 + U_{S3} - U_{S1} = 0$

网孔 Ⅱ：$I_2R_2 + U_{S2} - U_{S3} + I_3R_3 = 0$

(4) 联立解得：$I_1 = 0.5$ A，$I_2 = 2$ A，$I_3 = 1.5$ A

例 2-3-5　电路如图 2-3-11 所示，求各支路电流。

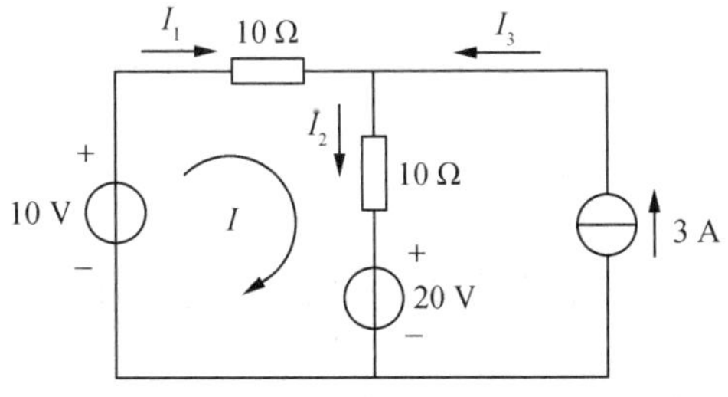

图 2-3-11　例 2-3-5 图

解：(1) 电路的支路数 $b = 3$，节点数 $n = 2$，各支路电流参考方向如图 2-3-11 所示。

(2) 根据 KCL 定律列出独立的电流方程：

$$I_1 + I_3 - I_2 = 0$$

其中理想电流源的电流 $I_3 = 3$ A，所以

$$I_1 - I_2 + 3 = 0$$

（3）根据KVL定律列出网孔的电压方程，由于理想电流源的电流已经知道，因此只需列出网孔 Ⅰ 的即可。

网孔 Ⅰ：$10I_1 + 10I_2 + 20 - 10 = 0$

（4）联立解得：$I_1 = -2$ A，$I_2 = 1$ A

其中 I_1 为负值，表明电流的实际方向与参考方向相反。

支路电流法是直接应用 KCL、KVL 定律列出相应的方程求解电流的方法，因此这种方法适合于任意电路。但当电路的支路数较多而又只需求出某一条支路电流时，用支路电流法求解就较为复杂。

二、网孔电流法

用支路电流法求解电路时，若支路数目较多，所需方程数目就较多，不便求解，由此引入网孔电流法。

1. 概念

（1）网孔电流：绕电路各网孔环行的假想电流就叫做网孔电流。

（2）网孔电流法：以网孔电流作为未知量，运用基尔霍夫定律和欧姆定律列出网孔的电压方程，联立解出各网孔电流，进而求得各支路电流，这一分析方法称为网孔电流法。

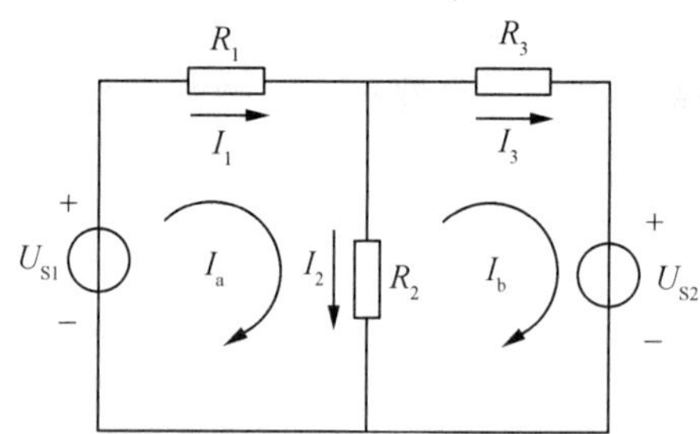

图 2-3-12　网孔电流法电路图

网孔电流的参考方向作为列写电压方程时的绕行方向。

网孔 1：

$$(R_1 + R_2)I_a - R_2 I_b = U_{S1}$$

网孔 2：

$$(R_2 + R_3)I_b - R_2 I_a = -U_{S2}$$

2. 网孔电流法的步骤

（1）选定 m 个网孔电流。网孔电流的参考方向可任意选取。一般取网孔的绕行方向与网孔电流参考方向一致。

（2）应用基尔霍夫电压定律列出 m 个网孔 KVL 方程，并解出各网孔电流。

注意：自电阻总为正，互电阻的正负取决于通过公共支路的有关网孔电流的参考方向，二者一致时取正，否则就取负。

（3）选定支路电流的参考方向，找出支路电流与相关网孔电流的关系，求出各支路电流。

例 2-3-6　在电路图 2-3-13 中，$U_{S1} = 15$ V，$R_1 = 10\ \Omega$，$U_{S2} = 5$ V，$R_2 = 15\ \Omega$，$R_3 = 20\ \Omega$，

$I_S = 1\ A$,试用网孔电流法求各支路的电流。

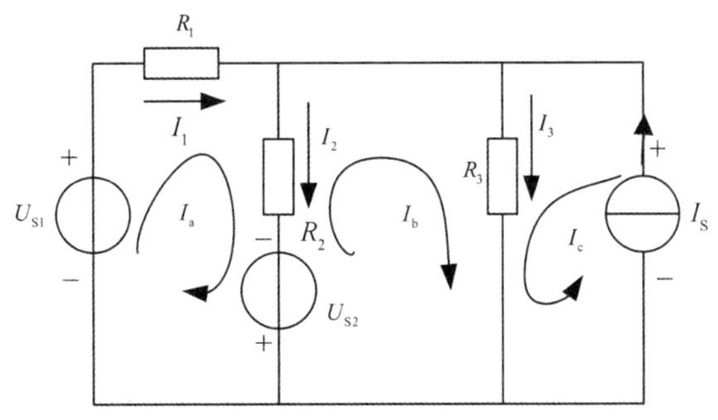

图 2-3-13　例 2-3-6 图

解:(1) 图中共有三个网孔,网孔电流分别为 I_a、I_b、I_c,参考方向如图所示。右边支路是一个电流源,其电流是 1 A。由于 I_c 是唯一流过电流源支路的网孔电流,且其参考方向与电流源电流的方向一致,故 $I_c = 1\ A$。

(2) 左边网孔的方程是

$$(R_1 + R_2)I_a - R_2 I_b = U_{S1} + U_{S2}$$

中间网孔的方程是

$$-R_2 I_a + (R_2 + R_3)I_b + R_3 I_c = -U_{S2}$$

解方程得

$$I_a = 0.5\ A$$

$$I_b = -0.5\ A$$

(3) 选定各支路电流的参考方向如图所示,则

$$I_1 = I_a = 0.5\ A$$

$$I_2 = I_a - I_b = 1\ A$$

$$I_3 = I_b + I_c = 0.5\ A$$

工作任务四　叠加原理及其验证

【任务描述】

由线性元件所组成的电路,称为线性电路。叠加原理是线性电路的一个重要定理,应用这一定理,常常使线性电路的分析变得十分方便。本次任务将学习和验证叠加原理。

【知识准备】

叠加原理

一、叠加原理的内容

叠加原理指出:在线性电路中,当有多个电源共同作用时,任一支路中的电流(或电压)等

于各个电源单独作用时在该支路中产生的电流(或电压)的代数和。当某一电源单独作用时,其他不作用的电源应置为零(电压源电压为零,电流源电流为零),即电压源用短路代替,电流源用开路代替。

例 2-4-1 如图 2-4-1(a)所示电路,已知 $U_{S1}=27\ \text{V}$,$U_{S2}=13.5\ \text{V}$,$R_1=1\ \Omega$,$R_2=3\ \Omega$,$R_3=6\ \Omega$,用叠加原理计算电流 I 和 R_3 的功率。

解:(1)应用叠加原理将图 2-4-1(a)分为两个电源单独作用的电路,如图 2-4-1(b)(c)所示,当 U_{S1} 单独作用时,如图 2-4-1(b)所示:

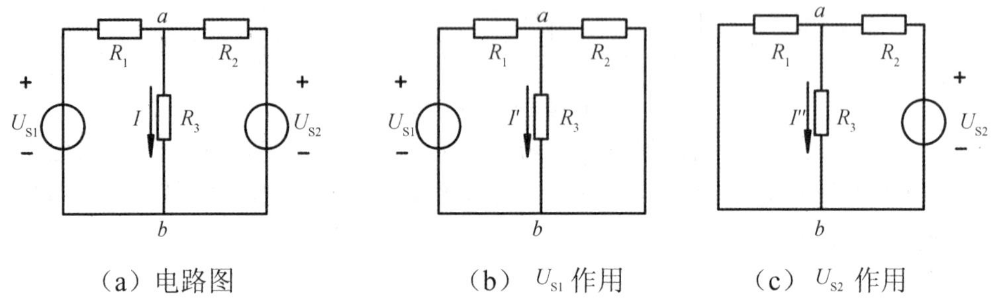

(a)电路图　　(b)U_{S1} 作用　　(c)U_{S2} 作用

图 2-4-1　例 2-4-1 图

$$I'=\frac{U_{S1}}{R_1+\dfrac{R_2R_3}{R_2+R_3}}\times\frac{R_2}{R_2+R_3}=\frac{27}{1+\dfrac{3\times6}{3+6}}\times\frac{3}{3+6}=3\ \text{A}$$

当 U_{S2} 单独作用时,如图 2-4-1(c)所示:

$$I''=\frac{U_{S2}}{R_2+\dfrac{R_1R_3}{R_1+R_3}}\times\frac{R_1}{R_1+R_3}=\frac{13.5}{3+\dfrac{1\times6}{1+6}}\times\frac{1}{1+6}=0.5\ \text{A}$$

当 U_{S1}、U_{S2} 共同作用时,由叠加原理可得:

$$I=I'+I''=3+0.5=3.5\ \text{A}$$

(2)求 R_3 的功率:

$$P=I^2R_3=3.5^2\times6=73.5\ \text{W}\neq I'^2R_3+I''^2R_3=3^2\times6+0.5^2\times6=55.5\ \text{W}$$

由此可见,叠加原理不能用来计算功率,只能用来计算电压和电流。

二、使用叠加原理应注意的问题

1. 叠加原理仅适用于线性电路,不适用于非线性电路;仅适用于电压、电流的计算,不适用于功率的计算。

2. 当电路中某一独立源单独作用时,其他电源都应为零,即电压源代之以短路,电流源代之以开路。

3. 应用叠加原理求电压、电流时,应特别注意各分量的符号。若分量的参考方向与原电路中的参考方向一致,则该分量取正号;反之取负号。

例 2-4-2 如图 2-4-2(a)所示电路,试用叠加原理计算电压 U。

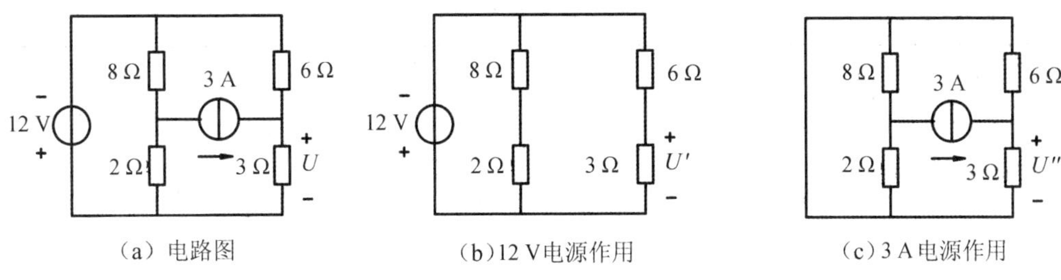

图 2-4-2　例 2-4-2 图

解：

(1) 当 12 V 电压源单独作用时，3 A 电流源断路，如图 2-4-2(b) 所示：

$$U' = \frac{12}{6+3} \times 3 = -4 \text{ V}$$

(2) 当 3 A 电流源单独作用时，12 V 电压源短路，如图 2-4-2(c) 所示：

$$U'' = 3 \times \frac{6}{6+3} \times 3 = 6 \text{ V}$$

(3) 当两电源共同作用时，由叠加原理可得：

$$U = U' + U'' = -4 + 6 = 2 \text{ V}$$

从上面的例子可以看出，叠加原理实际上是将一个多电源作用的复杂电路分解为多个单电源作用的简单电路，力求简化计算，但在求解过程中需要不断对电路进行变换，因此当电源个数较多时会使整个计算过程变得繁琐。但作为线性电路的一个普遍原理，在分析线性电路或线性系统时还是非常有用的。

【任务实施】

(1) 在电工电子实验台上连接如图 2-4-3 所示电路，$U_{S1} = 14$ V，$U_{S2} = 12$ V。

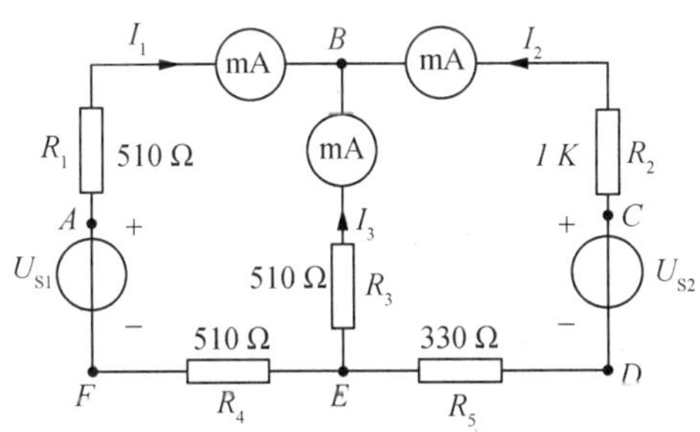

图 2-4-3　叠加原理验证实验电路

(2) 测量 U_{S1} 单独作用时各支路电流 I_1、I_2、I_3，电压 U_{FB}、U_{BD}、U_{DF}，将测量结果记入表 2-4-1，测量某一支路电流时，注意电流方向。

(3) 测量 U_{S2} 单独作用时各支路电流 I_1、I_2、I_3，电压 U_{FB}、U_{BD}、U_{DF}，将测量结果记入表 2-4-1。

(4) 接通电源 U_{S1} 和 U_{S2}，测量 U_{S1}、U_{S2} 共同作用下各支路电流 I_1、I_2、I_3，电压 U_{FB}、U_{BD}、U_{DF}，将测量结果记入表 2-4-1。

(5) 观察表 2-4-1 中数据验证叠加原理。

表 2-4-1　叠加原理验证数据

	U_{S1} 单独作用			U_{S2} 单独作用			U_{S1}、U_{S2} 共同作用		
	计算值	测量值	误 差	计算值	测量值	误 差	计算值	测量值	误 差
I_1/mA									
I_2/mA									
I_3/mA									
U_{FB}/V									
U_{BD}/V									
U_{DF}/V									

工作任务五　戴维南定理及其验证

【任务描述】

在实际的电路分析中，有时只需要研究某一条支路的电压、电流或功率，因此，对所研究的支路而言，电路的其余部分就构成一个有源二端网络。戴维南定理和诺顿定理说明的就是如何将一个线性有源二端网络等效为一个电源的重要定理。本次的任务就是进行戴维南定理的学习和验证。

【知识准备】

戴维南定理

一、有源二端网络

在二端网络中，含有电源的二端网络称为有源二端网络，如图 2-5-1 所示。任何一个有源二端网络最终也可以用一个电压源或电流源来等效。

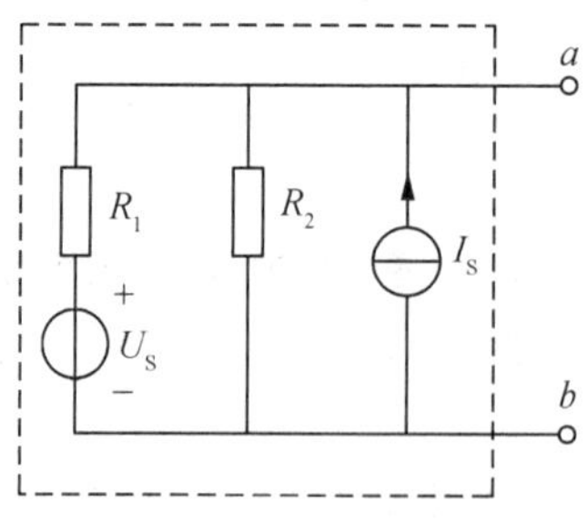

图 2-5-1　有源二端网络

二、戴维南定理

戴维南定理指出：任何一个线性有源二端网络，对于外电路而言，都可以用一个理想的电压源和内阻相串联的电路模型来等效，如图 2-5-2(a) 所示。其中等效电压源的电压 U_{OC} 等于有源二端网络的开路电压 U_{ab}(将负载 R_L 断开后 a、b 两端点之间的电压)，等效电源的内阻 R_i 等于有源二端网络中所有电源为零(恒压源短路，恒流源开路) 后所得到的无源二端网络 a、b 两端之间的等效电阻 R_{ab}，如图 2-5-2(b) 所示。

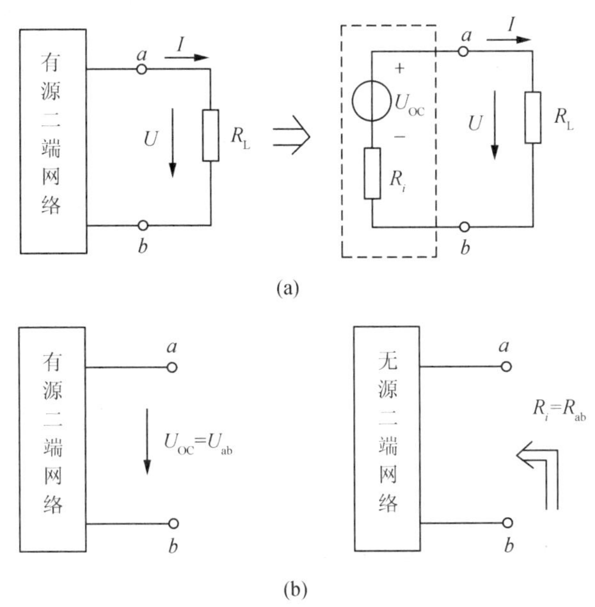

图 2-5-2　戴维南定理示意图

下面举例说明应用戴维南定理求解电路的步骤。

例 2-5-1　如图 2-5-3(a) 所示：$R_L = 3\ \Omega$，(1) 利用戴维南定理求 R_L 中的电流。(2) 若 R_L 可变，当 R_L 取多大时，可以从电路中获得最大功率。

解：(1) 用戴维南定理求 R_L 中电流的步骤：

第一步：断 R_L。先将待求元件 R_L 从 a、b 处断开，如图 2-5-3(b) 所示，则电路变成了有源二端网络，根据戴维南定理可以将它等效成电压源。

第二步：求有源二端网络的开路电压 U_{OC}。

在图 2-5-3(b) 中

$$U_{OC} = U_{ab} = U_{ac} + U_{cb} = -6 + 8 = 2\ \text{V}$$

其中 U_{ab} 利用前面讲过的支路电流法或电源等效变换法来求：

$$U_{ab} = 8\ \text{V}$$

第三步：求内电阻 R_i。将恒压源短路、恒流源断路，得图 2-5-3(c) 所示无源二端网络。

$$R_i = R_{ab} = \frac{4 \times 2}{4 + 2} = \frac{4}{3}\ \Omega$$

则有源二端网络等效成电压源的模型，如图 2-5-3(d)。

第四步：接 R_L。将 R_L 接到戴维南等效电路中，求出 I，如图 2-5-3(e) 所示。注意求出的方向要与原图的方向一致。

$$I = \frac{U_{OC}}{R_i + R_L} = \frac{2}{\frac{4}{3} + 3} = 0.46\ \text{A}$$

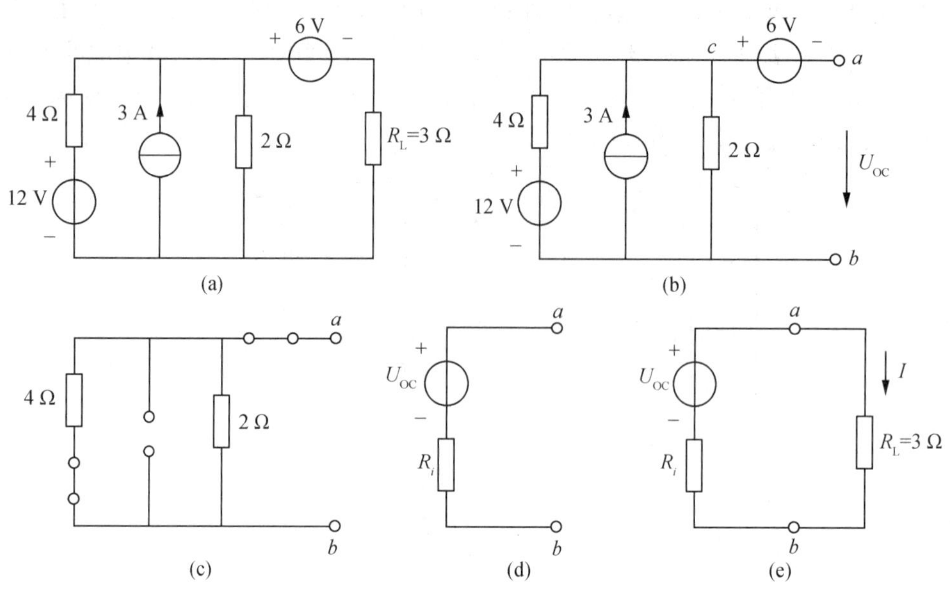

图 2-5-3　例 2-5-1 图

（2）求 R_L 多大时可以获得最大功率

在图 2-5-3(e) 中,电阻 R_L 吸收的功率为:

$$P_{R_L} = R_L I^2 = \frac{U_{OC}^2 R_L}{(R_i + R_L)^2}$$

如果 R_L 可变,则 P_{RL} 的最大值发生在$\frac{dP_{RL}}{dR_L} = 0$ 的情况下,这时 $R_L = R_i$,所以当 $R_L = \frac{4}{3}$ Ω 时电阻获得最大功率,其最大功率是

$$P_{max} = \frac{U_{OC}^2}{4R_L} = \frac{U_{OC}^2}{4R_i} = \frac{2^2}{4 \times \frac{4}{3}} = 0.75 \text{ W}$$

例 2-5-1　本题的求解中第一步只断开电阻 R_L,也可以断开整条支路6 V 电源和 R_L,如果把整条支路都断开的话,等效的电源该如何求呢?请读者自己考虑。

戴维南定理不但适合只计算某一条支路的电流或电压,同样也适合分析某一参数变化时对电流、电压产生的影响或只计算含有一个非线性元件的电路。

例 2-5-2　如图 2-5-4(a) 所示的桥式电路中,已知:$R_1 = R_2 = R_4 = 5$ Ω,$R_3 = 10$ Ω,中间是一个检流计,其中电阻 $R_G = 10$ Ω。试求检流计中的电流。

解:

分析:由于只求一个支路的电流,因此可以应用戴维南定理来求。首先把含有检流计的支路从电路中划分出来,然后剩下的部分构成了一个有源二端网络,这时就可以按照戴维南定理求解的步骤来求解。

（1）断开检流计 G,如图 2-5-4(b) 所示。

（2）求开路电压 U_{OC},在图 2-5-4(b) 中:

$$I' = \frac{U_S}{R_1 + R_2} = \frac{12}{5 + 5} = 1.2 \text{ A}$$

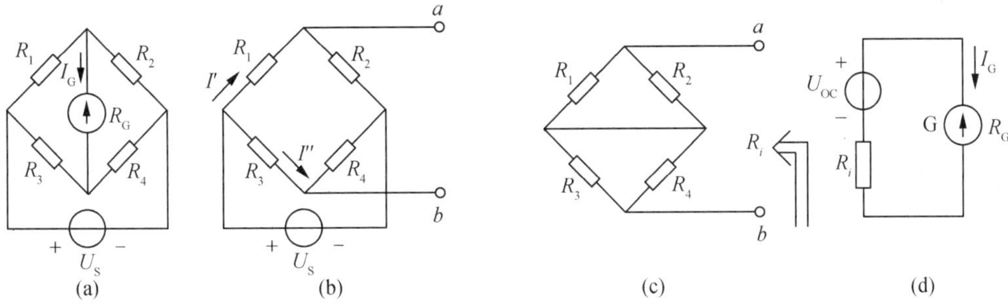

图 2-5-4　例 2-5-2 图

$$I'' = \frac{U_S}{R_3 + R_4} = \frac{12}{10+5} = 0.8\ \text{A}$$

$$U_{OC} = U_{ab} = I'R_2 - I''R_4 = 5 \times 1.2 - 5 \times 0.8 = 2\ \text{V}$$

(3) 求等效电阻 R_i，如图 2-5-4(c) 所示：

$$R_i = R_{ab} = \frac{R_1R_2}{R_1 + R_2} + \frac{R_3R_4}{R_3 + R_4} = \frac{5 \times 5}{5+5} + \frac{10 \times 5}{10+5} = 2.5 + 3.3 = 5.8\ \Omega$$

(4) 接检流计 G，如图 2-5-4(d) 所示：

$$I_G = \frac{U_{OC}}{R_i + R_G} = \frac{2}{5.8 + 10} = 0.126\ \text{A}$$

【任务实施】

(1) 在电工电子实验台上连接如图 2-5-5 所示电路，$U_S = 25$ V，选择 C、D 两端左侧为二端口含源网络。

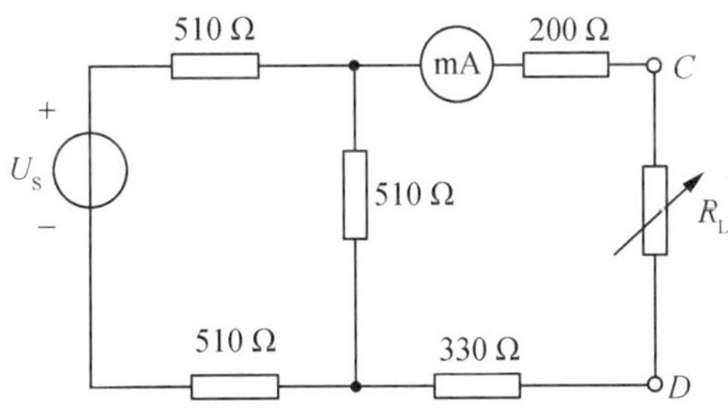

图 2-5-5　戴维南定理验证实验电路

(2) 测量含源二端口网络的外部伏安特性。改变二端口网络外接电阻 R_L 的数值，使其分别为表 2-5-1 中的数值，测量通过 R_L 的电流和 C、D 两端间的电压 U_{CD}，将测量结果填入表 2-5-1 中，其中 $R_L = 0$ 时的电流称为短路电流 I_{SC}。

表 2-5-1　二端口网络伏安特性

R_L(Ω)	0	300	500	1k	1.5k	2.2k	开路
I(mA)							
U_{CD}(V)							

(3) 利用测得的开路电压 U_{OC} 和步骤 1 中测得的短路电流 I_{SC}($R_L = 0$)，计算 C、D 间等效电阻：

$$R_{CD} = R_i = U_{OC}/I_{SC}$$

式中：R_i—— 等效内阻；

U_{OC}——$R_L = \infty$（负载开路）时的开路电压；

I_{SC}——$R_L = 0$（负载短路）时的短路电流。

（4）按图2-5-6构成戴维南等效电路，其中电压源用直流稳压电源代替，调节电源输出电压，使之等于U_{OC}，R_i用电阻箱代替，在C、D端接入负载电阻R_L，如图2-5-6所示，按和表2-5-1相同的电阻值，测取电流I和电压U_{CD}，填入表2-5-2。

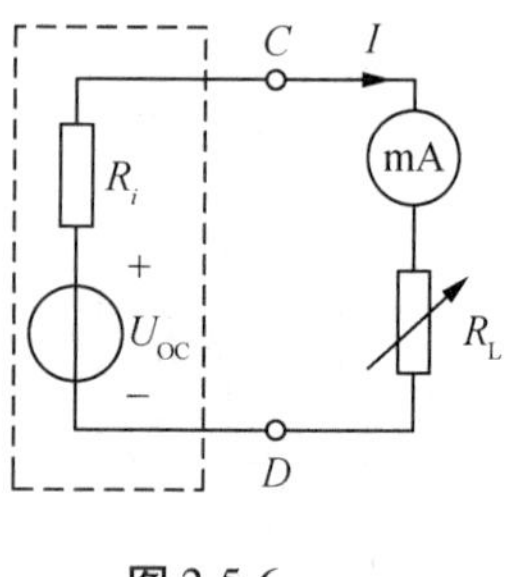

图2-5-6

表2-5-2　戴维南定理验证数据

R_L(Ω)	0	300	500	1k	1.5k	2.2k	开路
I(mA)							
U_{CD}(V)							

（5）将表2-5-1和表2-5-2中数据进行比较，验证戴维南定理。

【知识拓展】

诺顿定理

项目一已经讲过恒压源与电阻的串联组合可以等效变换为恒流源与电阻的并联组合，因此，一个线性有源二端网络既然可以用一恒压源与电阻串联组合等效，也可以用一电流源与电阻并联组合等效。

诺顿定理指出：任何一个线性有源二端网络，对外电路而言，总可以用一个恒流源和一个电阻并联的电路模型来等效，其中这个恒流源的电流等于该二端网络的短路电流，并联的电阻等于有源二端网络中所有电源为零（恒压源短路，恒流源开路）后所得到的无源二端网络两端之间的等效电阻，如图2-5-7所示。

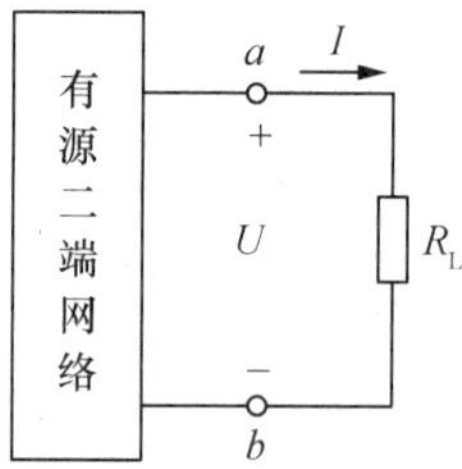

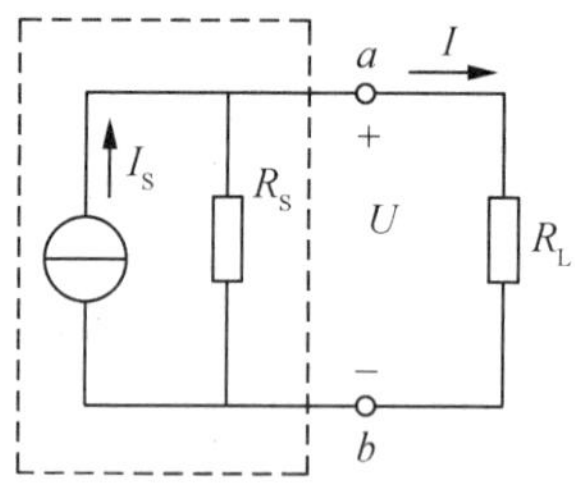

图2-5-7　诺顿定理

工作任务六　弥尔曼定理的仿真实验

【任务描述】

节点电压法是计算电路的基本方法之一，它是支路电流法的一种改进，对分析支路数较多、节点数较少的电路比较方便，尤其是仅有两个节点的电路。两个节点的节点电压法，也称弥尔曼定理，本任务就是学习弥尔曼定理，并进行如图 2-6-1 所示电路的仿真验证。

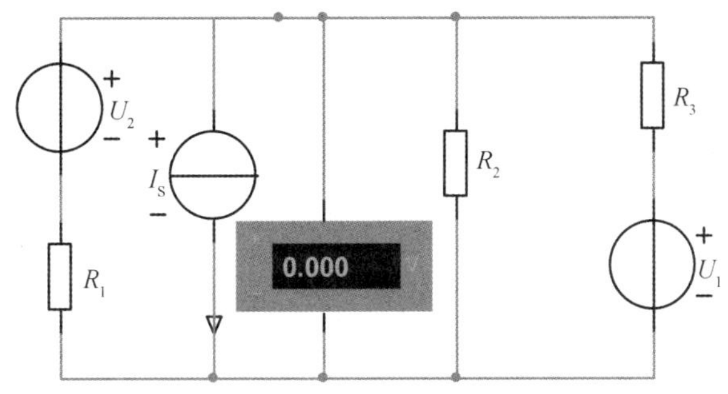

图 2-6-1　弥尔曼定理仿真图

【知识准备】

弥尔曼定理

节点电压法是以电路中的节点电压作为未知量，运用 KCL 定律来求解未知电流和电压的分析方法。所谓节点电压是指两个节点之间的电压。为了分析方便，通常选其中的一个节点作为参考点，则节点电压就等于该节点对参考点的电位。

下面以图 2-6-2 为例，来介绍弥尔曼定理。假设选 B 点作为参考点，则节点电压 $U_{AB} = V_A$。

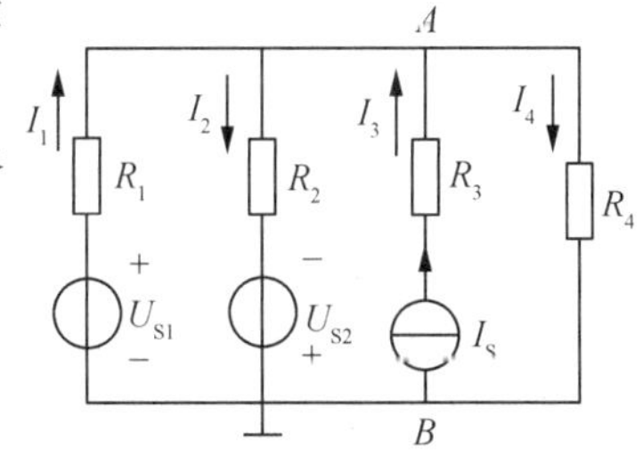

图 2-6-2　节点电压法

如果各支路电流的参考方向如图 2-6-2 所示，那么各支路电流可以用节点电压 V_A 表示如下：

$$I_1 = \frac{U_{S1} - V_A}{R_1}$$

$$I_2 = \frac{U_{S2} + V_A}{R_2}$$

$$I_3 = I_S$$

$$I_4 = \frac{V_A}{R_4} \tag{2-6-1}$$

列出节点 A 的 KCL 方程：

$$I_1 - I_2 + I_3 - I_4 = 0 \tag{2-6-2}$$

将式(2-6-1) 代入式(2-6-2) 整理可得：

$$V_A = \frac{\frac{U_{S1}}{R_1} - \frac{U_{S2}}{R_2} + I_S}{\frac{1}{R_1} + \frac{1}{R_2} + \frac{1}{R_4}} = \frac{\sum \frac{U_{SK}}{R_K} + \sum I_S}{\sum \frac{1}{R}} \tag{2-6-3}$$

其中式(2-6-3)注意的问题:

(1)本公式只适合于两个节点的电路。

(2)公式的分母是指各支路电阻的倒数之和,其中不包括恒流源支路的电阻。

(3)公式的分子是指各支路等效为电流源时各恒流源(包括原有的恒流源)的代数和,其中方向规定为:恒流源的电流与节点电压方向相反时取"+",相同时取"-"。

例 2-6-1 用弥尔曼定理求图 2-6-3 中各支路的电流。已知:$R_1 = 4\ \Omega$,$R_2 = 10\ \Omega$,$R_3 = 20\ \Omega$,$I_S = 1$ A,$U_S = 20$ V。

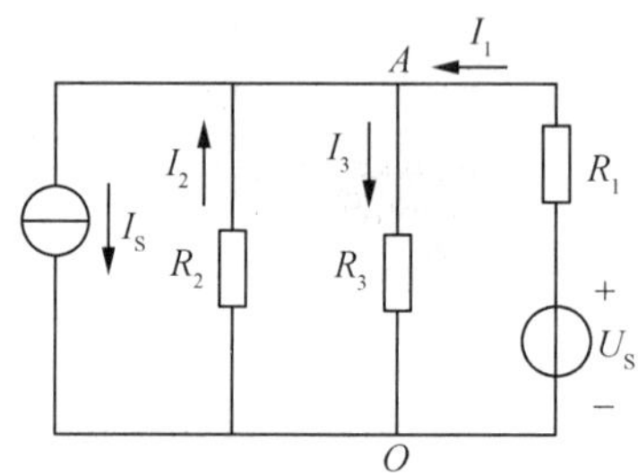

图 2-6-3 例 2-6-1 图

解:根据式(2-6-3)

$$V_A = \frac{\frac{U_S}{R_1} - I_S}{\frac{1}{R_1} + \frac{1}{R_2} + \frac{1}{R_3}} = \frac{\frac{20}{4} - 1}{\frac{1}{4} + \frac{1}{10} + \frac{1}{20}} = 10\ \text{V}$$

各支路电流为:

$$I_1 = \frac{U_S - V_A}{R_1} = \frac{20 - 10}{4} = 2.5\ \text{A}$$

$$I_2 = \frac{-V_A}{R_2} = \frac{-10}{10} = -1\ \text{A}$$

$$I_3 = \frac{V_A}{R_3} = \frac{10}{20} = 0.5\ \text{A}$$

其中 $I_2 = -1$ A 表示电流的实际方向与参考方向相反。

从上面的例题中可以看出,电路只有两个节点时用节点电压法比支路电流法要简单多了,只要根据公式求出节点电压,利用 KCL、KVL 定律就可以很容易求出未知量。

【任务实施】

(1)在 multisim 电路窗口中建立如图 2-6-4 所示电路,其中:$U_1 = 6$ V,$U_2 = 12$ V,$R_1 = R_2 = R_3 = 3\ \Omega$,$I_S = 3$ A。

(2)仿真测量出 A 点电位 U_A,即 U_{AO} 和 I_1、I_2、I 的值,填入表 2-6-1 中,并与计算值比较。

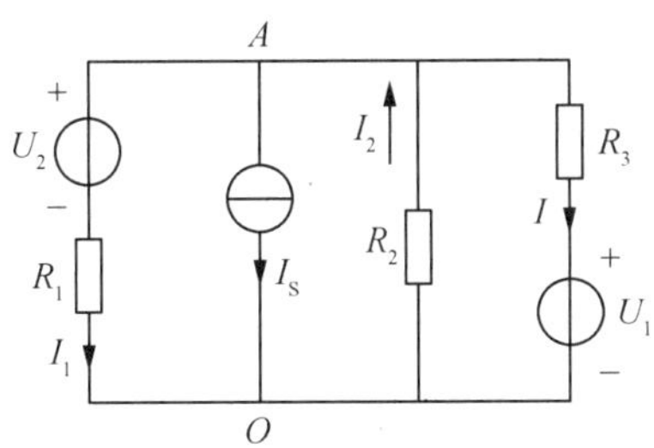

图 2-6-4　弥尔曼定理仿真验证电路

表 2-6-1　弥尔曼定理验证数据

测量值	V_A	I_1	I_2	I
$U_1 = 6$ V,$U_2 = 12$ V				
$U_1 = 4$ V,$U_2 = 6$ V				

【知识拓展】

节点电压法

一、节点电压

1. 节点电压的概念

在一个含 b 条支路、n 个节点的电路中,任选一个节点作为参考节点,其他节点(称为独立节点)与参考节点之间的电压称为节点电压。可见共有 $n-1$ 个节点电压。一般规定各节点电压的极性为:参考节点为"−",非参考节点为"+"。

2. 节点电压的性质

对于任一节点电压,一般具有以下两个性质:

(1) 各支路电流可以用节点电压来表示;

(2) 节点电压总是自动满足 KVL 定律。

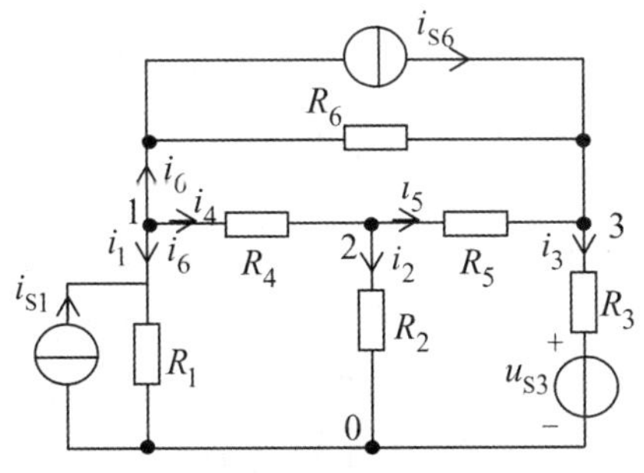

图 2-6-5　节点电压法电路

如图 2-6-5,以节点 0 为参考节点,有节点电压:u_{n1}、u_{n2}、u_{n3},并且它们自动满足 KVL 定律。

用节点电压表示支路电流:

$$i_1 = G_1 u_{n1} - i_{S1}$$

$$i_2 = G_2u_{n2}$$
$$i_3 = G_3(u_{n3} - u_{S3})$$
$$i_4 = G_4(u_{n1} - u_{n2})$$
$$i_5 = G_5(u_{n2} - u_{n3})$$
$$i_6 = G_6(u_{n1} - u_{n3}) + i_{S6}$$

二、节点电压分析法思想

由于节点电压自动满足 KVL,各支路电流又可以用节点电压来表示,因此如果以节点电压为未知变量列出除参考节点以外的其他 $n-1$ 个节点的 KCL 方程,即可求得 $n-1$ 个节点电压,最后在此基础上可进一步求取电路其他变量。这就是节点电压分析方法的基本思想。

三、节点电压法分析步骤

(1) 选择参考节点,指定各节点的节点电压;

(2) 用节点电压表示各支路电流,并根据 KCL 定律列出各独立节点的 KCL 方程(共 $n-1$ 个);

(3) 联立求解得到各节点电压,并在此基础上进一步求取其他电路变量。

如 2-6-5 图,$n-1$ 个非参考节点的 KCL 方程为:

$$\begin{cases} G_1u_{n1} + G_4(n_{n1} - u_{n2}) + G_6(u_{n1} - u_{n3}) = i_{S1} - i_{S6} \\ -G_4(u_{n1} - u_{n2}) + G_2u_{n2} + G_5(u_{n2} - u_{n3}) = 0 \\ -G_6(u_{n1} - u_{n3}) - G_5(u_{n2} - u_{n3}) + G_3u_{n3} = i_{S6} + G_3u_{S3} \end{cases}$$

在以上分析步骤中,其实 $n-1$ 个独立节点的 KCL 方程可以用观察法列出。

对于一个具有 n 个节点的电路,用观察法列出其 $n-1$ 个独立节点的 KCL 方程具有以下一般形式:

$$G_{11}u_{n1} + G_{12}u_{n2} + \cdots + G_{1(n-1)}u_{n(n-1)} = i_{S11}$$
$$G_{21}u_{n1} + G_{22}u_{n2} + \cdots + G_{2(n-1)}u_{n(n-1)} = i_{S2}$$
$$\vdots$$
$$G_{(n-1)}u_{n1} + G_{(n-1)2}u_{n2} + \cdots + G_{(n-1)(n-1)}u_{n(n-1)} = i_{S(n-1)(n-1)}$$

其中,G_{ii} 为节点 i 的自导,G_{ii} 等于连于节点 i 上的所有电导之和; G_{ij} 是节点 i 与节点 j 之间的互导,$G_{ij} = -$(节点 i 与节点 j 之间的公共电导之和);i_{Sii} 是节点 i 上的等效电流源,并且流入的电流为"+",流出的为"-"。

如上图电路中,用观察法列出 $n-1$ 个非参考节点的 KCL 方程为:

$$\begin{cases} (G_1 + G_4 + G_6)u_{n1} - G_4u_{n2} - G_6u_{n3} = i_{S1} - i_{S6} \\ -G_4u_{n1} + (G_2 + G_4 + G_5)u_{n2} - G_5u_{n3} = 0 \\ -G_6u_{n1} - G_5u_{n2} + (G_3 + G_5 + G_6)u_{n3} = i_{S6} + G_3u_{S3} \end{cases}$$

巩固练习

习题 2-7-1 电路如图 2-7-1 所示,求 a、b 两端口的等效电阻。

习题 2-7-2 如图 2-7-2 所示,为某电路的一部分,试求 I_3、U_{ab}、U_{ba} 和 U_{ca}。

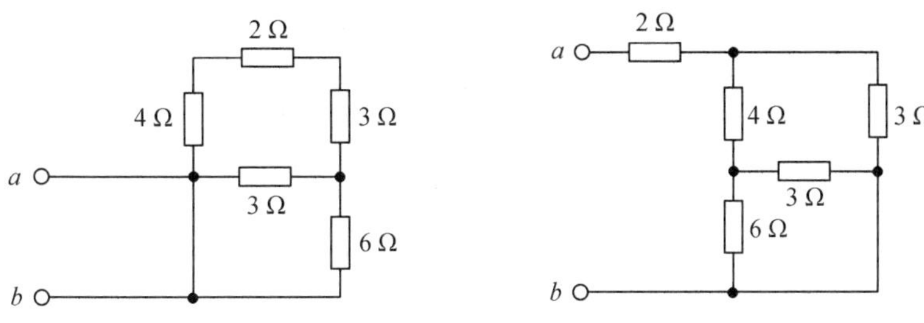

图 2-7-1　习题 2-7-1 图

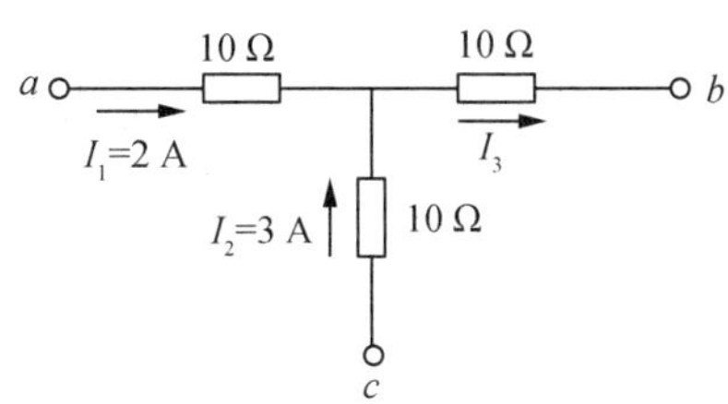

图 2-7-2　习题 2-7-2 图

习题 2-7-3　如图 2-7-3 所示电路，求 I_1、U_{ab}、I_2。

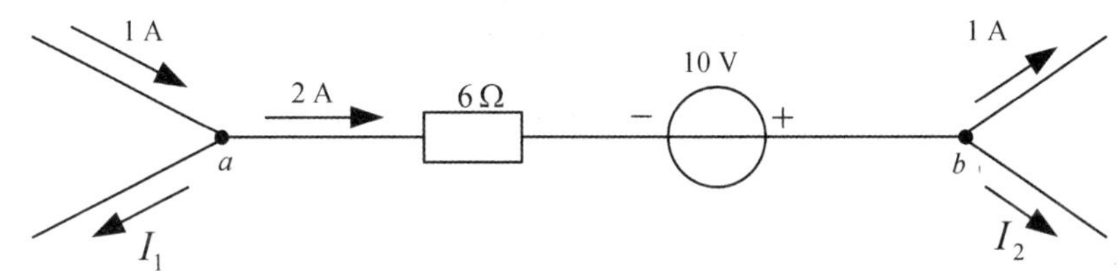

图 2-7-3　习题 2-7-3 图

习题 2-7-4　图 2-7-4 中电路元件上的电流和电压取关联参考方向。已知 $U_1 = 1$ V，$U_3 = 2$ V，$U_4 = 4$ V，$U_S = 8$ V，求 U_2、U_5、U_6。

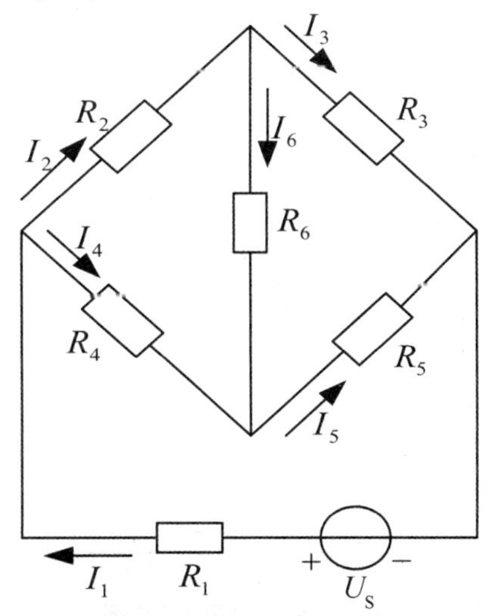

图 2-7-4　习题 2-7-4 图

习题 2-7-5　求图 2-7-5 电路中各支路电流。

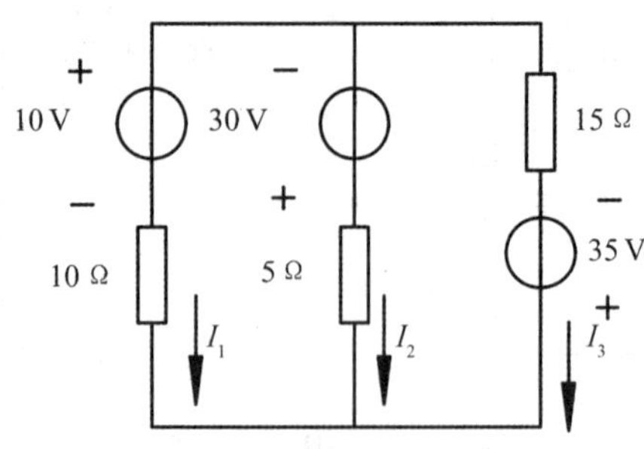

图 2-7-5　习题 2-7-5 图

习题 2-7-6　用支路电流法和节点电压法求图 2-7-6 电路中各支路电流。

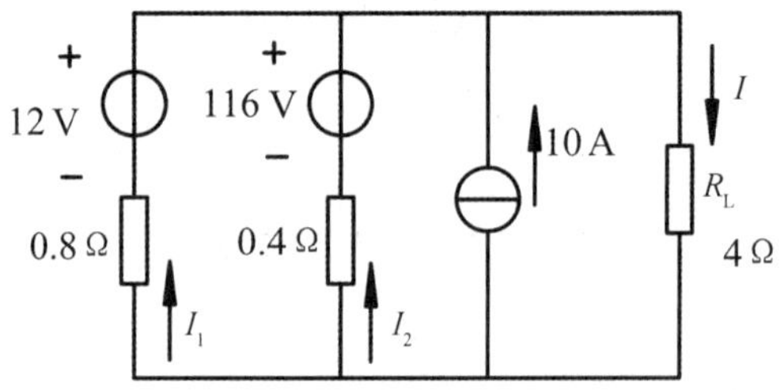

图 2-7-6　习题 2-7-6 图

习题 2-7-7　电路如图 2-7-7 所示,已知 $U_1 = 6$ V,$U_2 = 12$ V,$R_1 = R_2 = R_3 = 3\ \Omega$,$I_S = 3$ A,求 R_3 支路的电流 I。

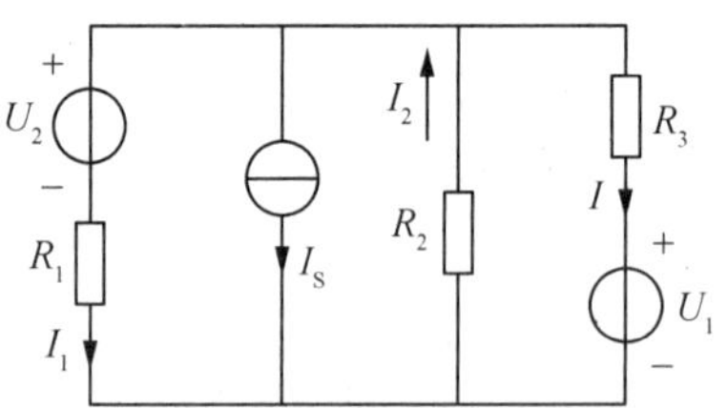

图 2-7-7　习题 2-7-7 图

习题 2-7-8　在图 2-7-8 所示电路中,已知电阻 $R_1 = R_3 = 1\ \Omega$,$R_2 = 2\ \Omega$,$R_4 = R_5 = 3\ \Omega$,电压 $U_S = 3$ V,$I_S = 9$ A,求电压 U_5。

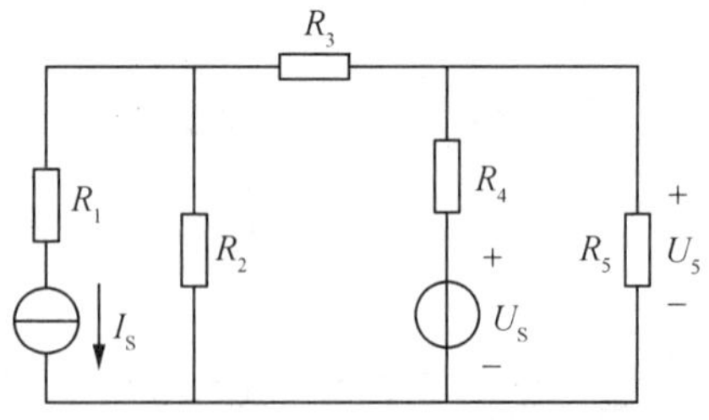

图 2-7-8　习题 2-7-8 图

习题 2-7-9　在图 2-7-9(a)(b) 所示电路中,已知电阻 $R_1 = R_2 = 2\ \Omega$,$R_3 = 50\ \Omega$,$R_4 = 5\ \Omega$,电压 $U_{S1} = 6$ V,$U_{S2} = 10$ V,$U_{S3} = 15$ V,$I_{S4} = 1$ A,求戴维南等效电路。

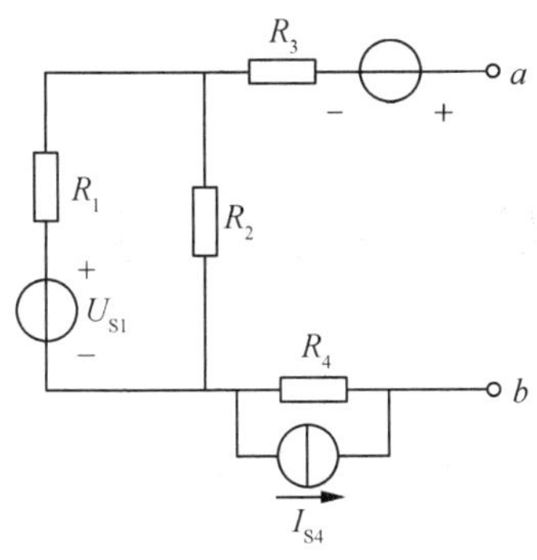

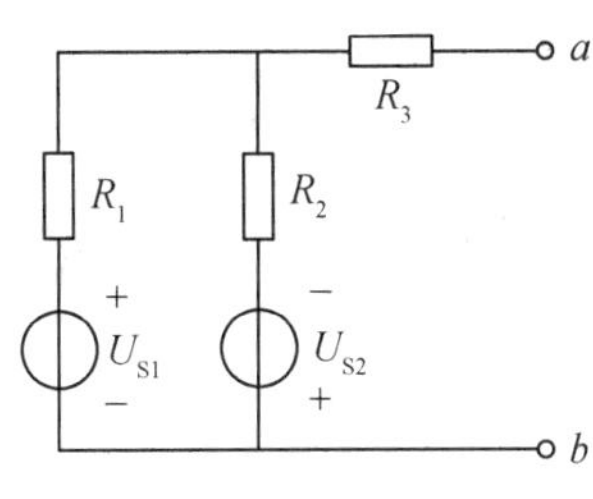

图 2-7-9　习题 2-7-9 图

习题 2-7-10　在图 2-7-10 所示电路中，已知电阻 $R_1 = 40\ \Omega$，$R_2 = 36\ \Omega$，$R_3 = R_4 = 60\ \Omega$，电压 $U_{S1} = 100\ V$，$U_{S2} = 90\ V$，用叠加原理求电流 I_2。

习题 2-7-11　在图 2-7-11 所示电路中，已知电阻 $R_1 = 3\ \Omega$，$R_2 = 6\ \Omega$，$R_3 = 1\ \Omega$，$R_4 = 2\ \Omega$，电压 $U_S = 3\ V$，$I_S = 3\ A$，试用戴维南定理求电压 U_1。

习题 2-7-12　在图 2-7-12 所示电路中，负载电阻 R_L 等于多大时可以获得最大功率，并求出其最大值。

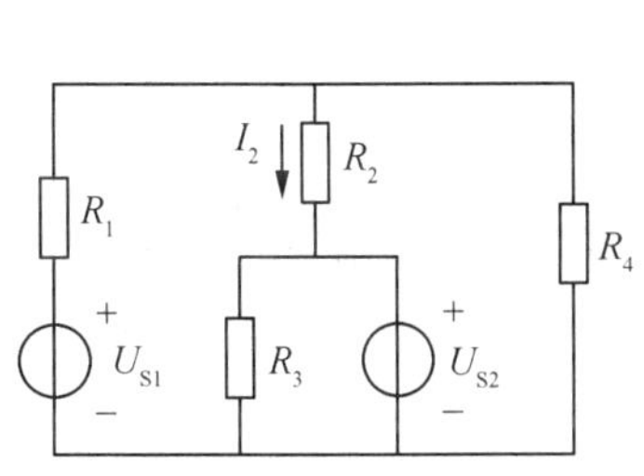

图 2-7-10　习题 2-7-10 图

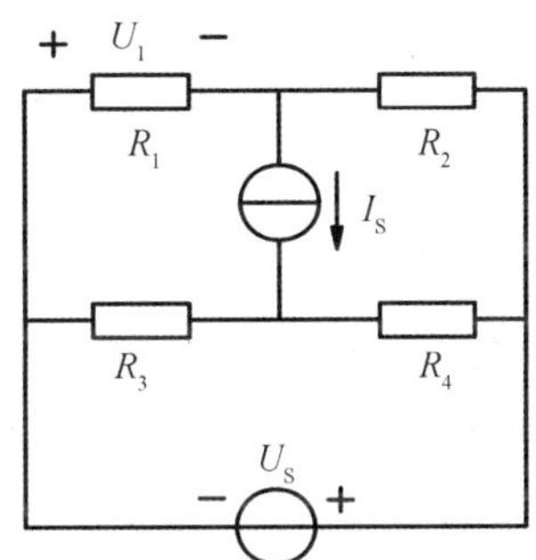

图 2-7-11　习题 2-7-11 图

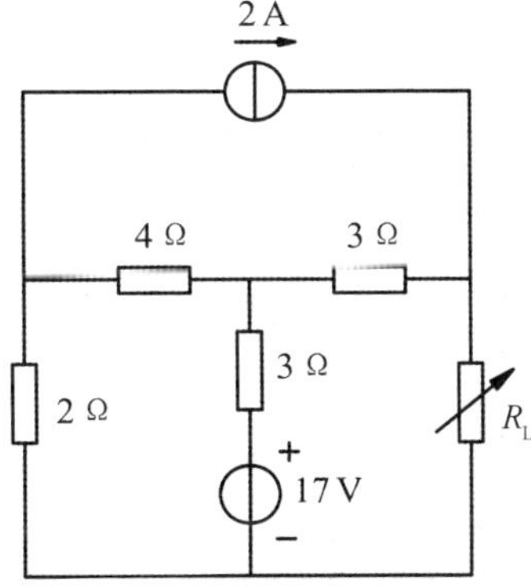

图 2-7-12　习题 2-7-12 图

项目三　日光灯电路的安装与测试

工作任务一　单相正弦交流电的波形观察与测量

【任务描述】

发电厂的发电机发出的是大小和方向都随时间按正弦规律变化的交流电。正弦交流电易于产生、变压、传输和分配,因此在生产和生活中得到广泛应用。工程中一般所说的交流电,通常都指正弦交流电。本任务主要是运用示波器和毫伏表对正弦交流电进行波形观测和相关物理量的测量。

【知识准备】

正弦量的基本概念

一、正弦量

正弦交流电是指大小和方向都随时间按正弦规律周期变化的电流、电压、电动势的总称;正弦交流电路是指含有正弦交流电源而且电路中各部分所产生的电压和电流均按正弦规律变化的电路;正弦交流电压、正弦交流电流、正弦交流电动势统称为正弦量。

从数学观点来看,正弦量实际上是一个关于时间 t 的正弦函数,其一般函数表达式如下:

$$i = I_m \sin(\omega t + \varphi_i)$$

$$u = U_m \sin(\omega t + \varphi_u)$$

$$e = E_m \sin(\omega t + \varphi_e) \tag{3-1-1}$$

上述表达式称为正弦量的瞬时值表达式,习惯上用英文小写字母表示,正弦量(以正弦交流电压为例)的波形图如图 3-1-1 所示。

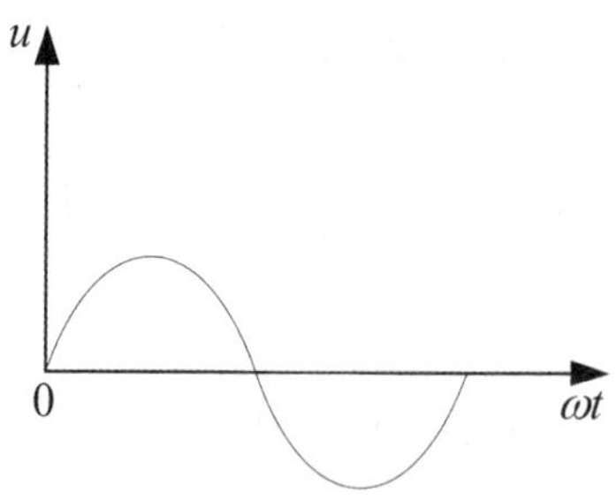

图 3-1-1　正弦交流电压的波形图

二、正弦量的三要素

从式(3-1-1)可以看出,正弦量的特征表现在变化的快慢、取值的范围及初始值三个方面,而它们分别由频率(或周期)、幅值(或有效值)和初相位来确定。所以频率、幅值和初相位就称为正弦量的三要素。

下面以电流为例介绍正弦量的三要素。设正弦交流电流的瞬时值表达式:

$$i = I_m \sin(\omega t + \varphi_i)$$

1. 周期、频率和角频率

周期是指正弦量完成一次周期性变化所需的时间,用符号 T 来表示,单位是秒(s)。图 3-1-2 中从 O 点到 a 点是一个周期,从 b 点到 c 点也是一个周期。周期的长短反映了正弦量变化的快慢。

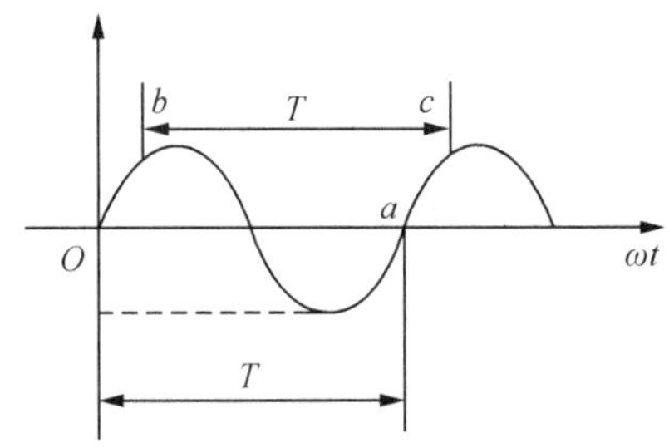

图 3-1-2　正弦交流电流的周期

频率是指正弦量在 1 s 内完成周期性变化的次数,用符号 f 表示,单位是赫兹(Hz)。

由定义可知,频率和周期互为倒数,即

$$f = \frac{1}{T} \tag{3-1-2}$$

我国和其他大多数国家都采用 50 Hz 作为电力工业的标准频率,简称工频;少数国家采用 60 Hz 作为电力工业的标准频率,如日本和美国。

角频率是指正弦量在 1 s 内变化的电角度,用 ω 表示,单位是弧度/秒(rad/s)。角频率与周期、频率的关系为

$$\omega = 2\pi f = \frac{2\pi}{T} \tag{3-1-3}$$

正弦量的周期、频率、角频率反映的是正弦量变化的快慢。

例 3-1-1　已知正弦交流电的频率 $f = 50$ Hz,试求周期 T 和角频率 ω。

解:由式(3-1-2)、式(3-1-3)可得

$$T = \frac{1}{f} = \frac{1}{50} = 0.02 \text{ s}$$

$$\omega = 2\pi f = 2\pi \times 50 = 314 \text{ rad/s}$$

2. 最大值和有效值

最大值是指交流电在一个周期的变化过程中出现的最大瞬时值,其表示方法为大写字母加小写下标 m,如 I_m、U_m 分别表示电流、电压的最大值。

正弦量的大小通常指的是正弦量的有效值,而不是最大值。如日常用电 220 V,指的就是

正弦电压的有效值;交流电压表和交流电流表的读数也是有效值。有效值用大写字母表示,如电流的有效值为 I、电压的有效值为 U。

有效值是基于热等效原理来定义的物理量。以交流电压的有效值定义为例,图 3-1-3(a)、图 3-1-3(b) 所示电路中,交流电压 u 与直流电压 U 分别作用于相同的电阻 R,若在相同的时间内产生的热量相等,则将直流电压 U 称为交流电压 u 的有效值。

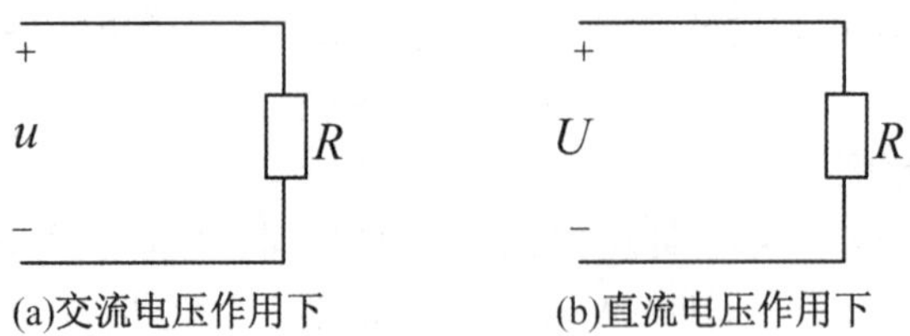

图 3-1-3　交流电的有效值

在图 3-1-3 电路中,设交流电压 $u = U_m \sin\omega t$ 作用于电阻 R 在一个周期 T 内产生的热量为 Q_1,则有

$$Q_1 = \int_0^T \frac{u^2}{R}dt = \int_0^T \frac{(U_m \sin\omega t)^2}{R}dt = \frac{U_m^2}{R}\int_0^T \frac{1 - \sin 2\omega t}{2}dt = \frac{U_m^2}{2R}T$$

直流电压 U 作用于相同的电阻 R 在时间 T 内产生的热量为 Q_2,则有

$$Q_2 = \frac{U^2}{R}T$$

若 $Q_1 = Q_2$,则可得

$$U_m = \sqrt{2}U \text{ 或 } U = \frac{U_m}{\sqrt{2}}$$

同理,对于正弦交流电流有

$$I_m = \sqrt{2}I \text{ 或 } I = \frac{I_m}{\sqrt{2}}$$

引入有效值后,正弦电流也可表示为

$$i = \sqrt{2}I\sin(\omega t + \varphi_i)$$

例 3-1-2　已知某正弦交流电压的瞬时值表达式为 $u = 220\sqrt{2}\sin\omega t$,这个交流电压的最大值和有效值分别为多少?有一耐压为 300 V 的电容,能否接在该电源上?

解:最大值

$$U_m = 220\sqrt{2} = 311.1 \text{ V}$$

有效值

$$U = \frac{U_m}{\sqrt{2}} = \frac{220\sqrt{2}}{\sqrt{2}} = 220 \text{ V}$$

由于 $U_m > 300$ V,所以这个电容不能接在该电源上。

3. 相位、初相位

已知正弦电流的瞬时值表达式为

$$i = I_m \sin(\omega t + \varphi_i)$$

式中,$\omega t + \varphi_i$ 称为该正弦量的相位角,简称相位。它反映了正弦量随时间变化的进程。当 $t = 0$

时的相位称为初相位，即

$$\omega t+\varphi_{\mathrm{i}}\mid_{t=0}=\varphi_{\mathrm{i}}$$

简称初相，初相的取值范围规定为$(-\pi,\pi)$即$|\varphi|\leqslant\pi$。

正弦量的最大值（有效值）反映正弦量的大小，角频率（频率、周期）反映正弦量变化的快慢，初相角反映正弦量的初始位置。因此，当正弦量的最大值（有效值）、角频率（频率、周期）和初相角确定时，正弦量才能被确定。也就是说这三个量是正弦量必不可少的要素，所以我们称其为正弦交流电的三要素。

三、正弦量的相位差

线性电路中，如果全部激励都是同一频率的正弦量，则电路中的响应一定是同一频率的正弦量。因此在正弦交流电路中常常遇到同频率的正弦量，设任意两个同频率的正弦量

$$u=U_{\mathrm{m}}\sin(\omega t+\varphi_{\mathrm{u}})$$

$$i=I_{\mathrm{m}}\sin(\omega t+\varphi_{\mathrm{i}})$$

这两个正弦量频率相同而振幅、初相不同。初相的差异反映了二者随时间变化时的步调不一致。用相位差表示这种“步调”不一致的情况。

两个同频率正弦量之间的相位之差称为相位差，u与i的相位差为

$$\varphi=(\omega t+\varphi_{\mathrm{u}})-(\omega t+\varphi_{\mathrm{i}})=\omega t-\varphi_{\mathrm{i}} \tag{3-1-4}$$

上式表明，两个同频率的正弦量之间的相位差等于其初相之差，与ωt无关，是个常数。

按式(3-1-4)，两个同频率正弦量之间的相位差一般有以下几种情况：

(1)$\varphi=\varphi_u-\varphi_i>0$，如图3-1-4(a)所示，$u$达到最大值后，$i$需经过一段时间才能达到最大值，即$u$先于$i$达到最大值。因此，称$u$超前$i$或$i$滞后于$u$。

(2)$\varphi=\varphi_u-\varphi_i<0$，如图3-1-4(b)所示，$i$先于$u$达到最大值，称$u$滞后$i$或$i$超前于$u$。

(3)$\varphi=\varphi_u-\varphi_i=0$，如图3-1-4(c)所示，$i$与$u$同时达到最大值，称$u$与$i$同相。

(4)$\varphi=\varphi_u-\varphi_i=\pi$，如图3-1-4(d)所示，当$i$达到最大值时，$u$达到最小值，称$u$与$i$反相。

需要指出的是：

(1) 同频率正弦量的相位差等于其初相之差，与ωt无关，是个常数。

(2) 在正弦交流电路中，常常需要分析计算相位差，而对正弦量的初相考虑不多。为了方便，往往使得电路中某一正弦量的初相为零，该正弦量称为参考正弦量。在一个电路中只允许选取一个参考正弦量，否则会造成计算上的混乱。

(3) 只有同频率的正弦量才讨论其相位差。

例 3-1-3　已知$u=220\sqrt{2}\sin(\omega t+235°)$，$i=10\sqrt{2}\sin(\omega t+45°)$，求$u$和$i$的初相及两者间的相位关系。

解：$u=220\sqrt{2}\sin(\omega t+235°)=220\sqrt{2}\sin(\omega t-125°)$

所以电压u的初相为$-125°$，电流i的初相为$45°$。

$$\varphi=-125-45=-170°<0$$

表明电压u滞后于电流i $170°$。

例 3-1-4　已知$u_1=220\sqrt{2}\sin(\omega t+120°)$，$u_2=220\sqrt{2}\sin(\omega t-90°)$，试分析二者的相位关系。

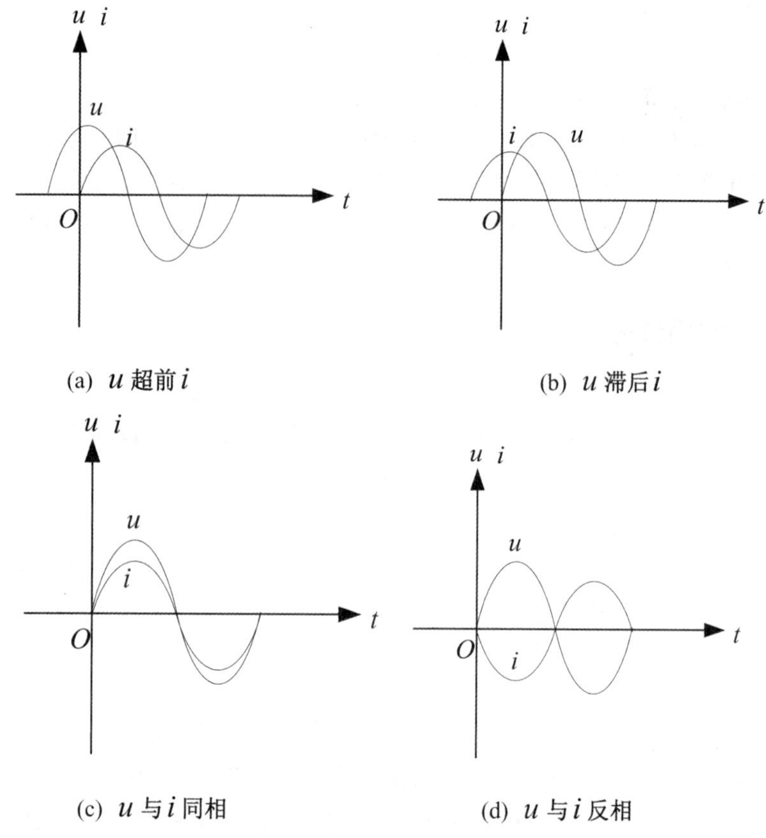

(a) u 超前 i　(b) u 滞后 i

(c) u 与 i 同相　(d) u 与 i 反相

图 3-1-4　同频率正弦交流电的相位关系

解:u_1 的初相为 120°,u_2 的初相为 -90°,u_1 和 u_2 的相位差为

$$\varphi = 120° - (-90°) = 210°$$

考虑到正弦量的一个周期为 360°,而 $|\varphi| \leqslant \pi$,故 $\varphi = 210° - 360° = -150°$,表明 u_1 滞后于 $u_2$150°。

【任务实施】

一、单相正弦交流电波形的绘制

调节信号发生器,使输出电压为 5 V(用毫伏表测量),频率为 1 kHz,用示波器观察该正弦电压,并把波形绘制到图 3-1-5 中。

二、单相正弦交流电电压的测量

调节信号发生器,使输出电压分别为 3 V、4 V(用毫伏表测量),频率分别为 $f = 1$ kHz、$f = 2$ kHz 的正弦波,用示波器观察波形,完成表 3-1-1(设 A 为垂直灵敏度;D 为被测量信号在 Y 轴方向峰—峰之间距离;B 为水平灵敏度;E 为被测量信号在 X 轴方向一个周期所占格数)。并比较 V_{p-p} 与有效值的关系。

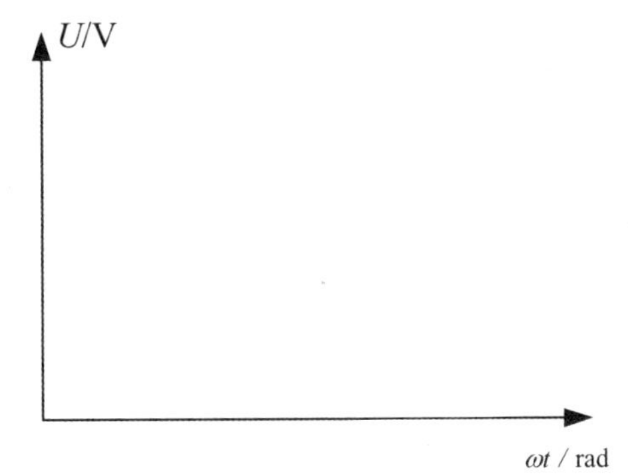

图 3-1-5　单相正弦交流电波形图

表 3-1-1　电压测量结果

输出电压和频率	3 V、1 kHz	4 V、2 kHz
D/cm		
A/v/cm		
V_{p-p}/V		
E/cm		
B/(ms/cm)		
周期 T/ms		
频率 f/Hz		
V_{p-p} 与有效值关系		

【知识拓展】

正弦量的相量表示法 · 示波器的使用

一、正弦量的相量表示法

一个正弦量由幅值、角频率、初相三个要素来确定，要完整描述一个正弦量，只要把三个要素表示清楚就可以了，表示正弦量的形式可以有多种：可用三角函数表达式表示，如 $u = U_m\sin(\omega t + \varphi_u)$，也可以用波形图表示。但是，在对电路进行定量分析时，如果直接利用正弦量的三角函数表达式或波形图来分析计算，将是非常繁琐和困难的，为此引入了相量表示法。即用复数表示正弦量，把正弦量的各种运算转化为复数运算，从而大大简化正弦交流电的分析和计算过程。

复数和复数运算是相量法的数学基础，先对复数进行必要的复习。

(一) 复数的基本知识

1. 复数

在数学中常用 $A = a + b\mathrm{i}$ 表示复数。其中 a 为实部，b 为虚部，$\mathrm{i} = \sqrt{-1}$ 叫虚数单位，因为

在电工中 i 代表电流,所以改用 j 代表虚数单位,即

$$A = a + \mathrm{j}b \tag{3-1-5}$$

式(3-1-5)称为复数 A 的代数形式(或直角坐标形式)。

一个复数除了用式(3-1-5)表示外,还可用由实轴和虚轴构成的复平面上的一个矢量表示。每一个复数,在复平面上都有一个点 $A(a,b)$ 和它对应,见图 3-1-6 所示。从复平面的原点 O 到对应的点 A 做一个矢量,该矢量也与复数 A 对应:矢量的长度 $|A|$ 称为复数 A 的模,它与实轴正向的夹角 φ 称为复数 A 的辐角。这样,在工程中,复数 A 还常简写为:

$$A = |A| \angle\varphi \tag{3-1-6}$$

这是复数 A 的又一表示形式,称为极坐标形式。

由图 3-1-6 可知,复数 A 的实部 a,虚部 b 和模 $|A|$、辐角 φ 的关系为

$$a = |A| \cos\varphi$$

$$b = |A| \sin\varphi$$

$$|A| = \sqrt{a^2 + b^2}$$

$$\varphi = \arctan\frac{b}{a}$$

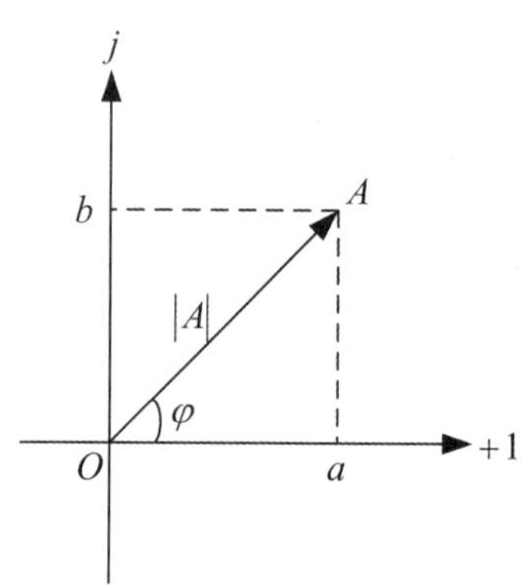

图 3-1-6　复平面的复数

A 又可以表示成:

$$A = |A| (\cos\varphi + \mathrm{j}\sin\varphi) \tag{3-1-7}$$

这是复数 A 的三角形式。

今后计算交流电路时,常常需要运用上式进行复数的代数式和极坐标式之间的相互转化,要熟练掌握二者的相互转化。

例 3-1-5　写出下列复数的代数形式

(1)$5\angle48°$;(2)$1\angle90°$;(3)$5.5\angle-90°$;(4)$22\angle180°$。

解:

(1)$5\angle48° = 5\cos48° + \mathrm{j}5\sin48° = 3.35 + \mathrm{j}3.72$

(2)$1\angle90° = \cos90° + \mathrm{j}\sin90° = \mathrm{j}$

(3)$5.5\angle-90° = 5.5\cos(-90°) + \mathrm{j}5.5\sin(-90°) = -\mathrm{j}5.5$

(4)$22\angle180° = 22\cos180° + \mathrm{j}22\sin180° = -22$

例 3-1-6　写出下列复数的极坐标形式

(1)$3+j4$;(2)$j5$;(3)$-4+j3$;(4)10。

解:

(1)$|A|=\sqrt{a^2+b^2}=\sqrt{3^2+(-4)^2}=5$

$\varphi=\arctan\frac{4}{3}=53.1^\circ$

所以$3+j4=5\angle 53.1^\circ$

(2)$|A|=5$

$\varphi=90^\circ$

所以$j5=5\angle 90^\circ$

(3)$|A|=\sqrt{a^2+b^2}=\sqrt{(-4)^2+3^2}=5$

$\varphi=\arctan(-\frac{4}{3})=143.1^\circ$

所以$-4+j3=5\angle 143.1^\circ$

(4)$|A|=10$

$\varphi=\arctan\frac{0}{10}=0^\circ$

所以$10=10\angle 0^\circ$

2. 复数的运算

一般来说,复数的加减运算用代数式进行,其实部与实部相加减,虚部与虚部相加减;乘除运算常用极坐标式,两复数的模相乘除,辐角相加减。

(1) 加减运算:将复数化成代数形式,然后实部与实部相加减,虚部与虚部相加减。

设有两个复数:

$$\begin{aligned}A_1&=a_1+jb_1=|A_1|\angle\varphi_1\\A_2&=a_2+jb_2=|A_2|\angle\varphi_2\end{aligned}\tag{3-1-8}$$

则两复数之和差为:

$$A_1\pm A_2=(a_1\pm a_2)+j(b_1\pm b_2)$$

例 3-1-7　已知$A=3+j4$,$B=10\angle 37^\circ$,求$C=A+B$。

解:需将B也化成代数形式

$$B=10\angle 37^\circ=10\cos 37^\circ+j10\sin 37^\circ=8+j6$$

则$C=A+B=(3+j4)+(8+j6)$

$=(3+8)+j(4+6)=11+j10$

例 3-1-8　已知$A=5\angle 37^\circ$,$B=10\angle -120^\circ$,求$C=A-B$和$D=B-A$。

解:A和B都应化成代数形式

$A=5\angle 37^\circ=4+j3$

$B=10\angle -120^\circ=-5-j8.66$

则$C=A-B=[4-(-5)]+j[3-(-8.66)]=9+j11.66$

$D=B-A=(-5-4)+j(-8.66-3)=-9-j11.66$

复数的加减运算也可用几何作图法——平行四边形法和三角形法,如图 3-1-7 所示。

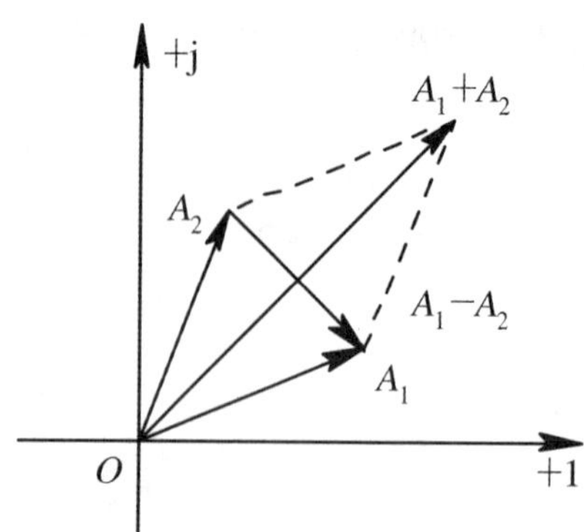

图 3-1-7　复数加减法图示

(2) 乘除运算:通常将复数化为极坐标形式,然后“模相乘除、角相加减”。

对于式(3-1-6) 中的两个复数 A_1 和 A_2 有:

$$A_1 \cdot A_2 = |A_1||A_2| \angle(\varphi_1 + \varphi_2)$$

$$\frac{A_1}{A_2} = \frac{|A_1|}{|A_2|}\angle(\varphi_1 - \varphi_2)$$

例 3-1-9　已知 $A = 5\angle 30°$,$B = 3 + j4$,求 $C = AB$。

解:需将 B 化成极坐标形式

$$B = 3 + j4 = 5\angle 53°$$

$$C = AB = 5\angle 30° \times 5\angle 53° = (5 \times 5)\angle(30° + 53°) = 25\angle 83°$$

例 3-1-10　已知 $A = 38\angle 52°$,$B = 22\angle -130°$,求 $C = \frac{A}{B}$。

解:
$$C = \frac{A}{B} = \frac{38\angle 52°}{22\angle -130°} = 1.73\angle 182°$$

如将复数 $A = |A| \angle\varphi$ 乘以另一个复数 $B = 1\angle\theta$,则得

$$A \cdot B = |A| \angle\varphi \cdot 1\angle\theta = |A| \angle(\varphi + \theta)$$

即复数 $A \cdot B$ 的大小仍为 $|A|$,但幅角变为 $\varphi + \theta$,可见一个复数乘以模为 1、幅角为 θ 的复数,就相当于将原复数所对应的矢量逆时针旋转了 θ 角。

同理,如将复数 $A = |A| \angle\varphi$ 除以另一个复数 $B = 1\angle\theta$,则得

$$\frac{A}{B} = \frac{|A| \angle\varphi}{|B| \angle\theta} = |A| \angle(\varphi - \theta)$$

即使原矢量顺时针旋转了 θ 角。

当 $\theta = \pm 90°$ 时,则

$$B = \cos(\pm 90°) + j\sin(\pm 90°) = \pm j$$

因此任意一个相量乘上 +j 后,即逆时针(向前) 旋转了 90°;乘上 -j 后,即顺时针(向后) 旋转了 90°,因此将 j 称为旋转因子。

(二) 正弦量的相量表示

一个正弦量有三要素,最大值(或有效值)、角频率(或频率) 和初相。而在线性交流电路中的电压、电流都是与电源同频率的正弦量,所以只要知道有效值和初相两个要素,就能描述一个正弦量。一个复数刚好也由两个要素构成,即“模” 和“幅角”。因此可以用一个复数来表示正

弦量,用来表示正弦量的复数叫做相量。

正弦量的相量表示方法为:用复数的模表示正弦量的有效值或最大值,用复数的辐角表示正弦量的初相,称为正弦量的有效值相量或最大值相量。

相量符号用大写字母上面加"·"的方式表示,如 $i=\sqrt{2}I\sin(\omega t+\varphi_i)$ 所对应的有效值相量为

$$\dot{I}=I\angle\varphi_i$$

采用相量表示正弦量,其目的是为了简化运算,将正弦交流电路分析时的三角函数运算转变为较为简洁的复数运算。但是,由于相量表示法中并不能反映正弦量的频率,因此只有同频率的正弦量之间才能进行复数的运算。

值得注意的是,相量可以表示正弦量,它和正弦量有一一对应的关系,但相量不等于正弦量,即 $i=\sqrt{2}I\sin(\omega t+\varphi_i)\neq\dot{I}=I\angle\varphi_i$。

例 3-1-11　已知正弦交流电 $i_1=20\sin(\omega t+\frac{1}{4}\pi)\,\text{A}$,$i_2=10\sqrt{2}\sin(\omega t-\frac{1}{6}\pi)\,\text{A}$,求 $i=i_1+i_2$。

思路:同频率正弦量的相加(或相减)所得的和(或差)仍是一个频率相同的正弦量。当用相量表示正弦量时,同频率正弦量的相加(或相减)运算转换成对应的相量相加(或相减)的运算。

解:由题意可知正弦量的相量形式为:

$$\dot{I}_1=\frac{20}{\sqrt{2}}\angle\frac{1}{4}\pi=10+\text{j}10\ \text{A}$$

$$\dot{I}_2=10\angle-\frac{1}{6}\pi=5\sqrt{3}-\text{j}5\ \text{A}$$

所以

$$\dot{I}=\dot{I}_1+\dot{I}_2=10+\text{j}10\text{A}+5\sqrt{3}-\text{j}5\text{A}$$
$$=(10+5\sqrt{3})+\text{j}5=19.3\angle15^\circ\text{A}$$

写出对应的正弦量为

$$i=i_1+i_2=19.3\sqrt{2}\sin(\omega t+15^\circ)\,\text{A}$$

通过上面的例子,可以得到下面的几个结论:

(1) 只有对同频率的正弦量,才能应用对应的相量来进行代数运算。

(2) 在应用相量分析法时,先将正弦量变换为对应的相量,通过复数的代数运算求得所求正弦量对应的相量,再由该相量写出对应的正弦量瞬时值表达式。

(3) 同样,多个同频率的正弦量的运算,也可转换成对应相量的代数运算。基尔霍夫定律的相量表达式为

$$\sum i=0\rightarrow\sum\dot{I}=0$$

$$\sum u=0\rightarrow\sum\dot{U}=0$$

即正弦量的瞬时值表达式和相量形式都满足基尔霍夫定律。

(三) 正弦量的相量图

正弦量的相量是复数表示的,所以相量和复数一样, 可以在复平面上用矢量表示。画在复

平面上表示相量的图形称为相量图。显然，只有同频率的多个正弦量对应的相量画在同一复平面上才有意义。

相量图在正弦交流电路的分析中很有用处，相量图法是正弦交流电路的分析方法之一。参考正弦量的初相为零，它所对应的相量称为参考相量，其幅角为零，在相量图中，方向与实轴的方向一致。

例 3-1-12 已知同频率的正弦量的瞬时值表达式分别为

$$i = 10\sin(\omega t + 30°)$$

$$u = 220\sqrt{2}\sin(\omega t - 45°)$$

写出电流和电压的相量 $\dot{I}$、$\dot{U}$，并绘出相量图。

解：由解析式可得

$$\dot{I} = \frac{10}{\sqrt{2}}\angle 30° = 5\sqrt{2}\angle 30°\text{A}$$

$$\dot{U} = 220\angle -45°\text{V}$$

相量图如图 3-1-8 所示。

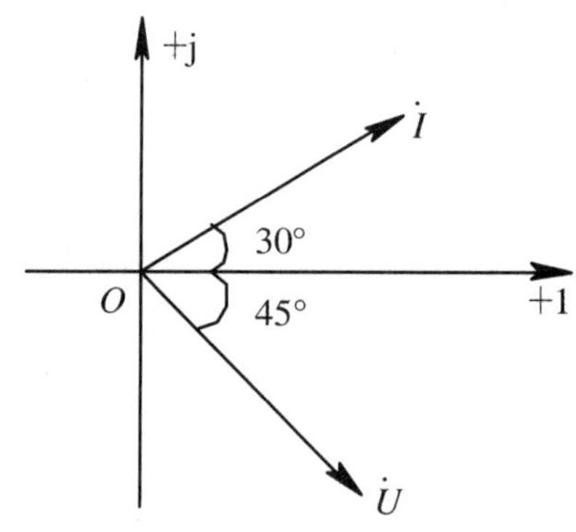

图 3-1-8　例 3-1-12 图

例 3-1-13 已知 $u_1 = 30\sqrt{2}\sin(314t + 30°)$V，$u_2 = 40\sqrt{2}\sin(314t - 60°)$V，，试画出 u_1、u_2 的相量图，并求 $u = u_1 + u_2$。

解：由题意可得

$$\dot{U}_1 = 30\angle 30°\text{V}$$

$$\dot{U}_2 = 40\angle -60°\text{V}$$

相量图如图3-1-9 所示，从相量图可以看出，根据平行四边形法来求和比较方便，因为 $\dot{U} = \dot{U}_1 + \dot{U}_2$，所以由图 3-1-9 可知

$$U = \sqrt{U_1^2 + U_2^2} = \sqrt{30^2 + 40^2} = 50\ \text{V}$$

$$\varphi = 60° - \arctan\frac{U_1}{U_2} = 60° - \arctan\frac{30}{40} = 60° - 37° = 23°$$

所以

$$u = 50\sqrt{2}\sin(314t - 23°)\text{V}$$

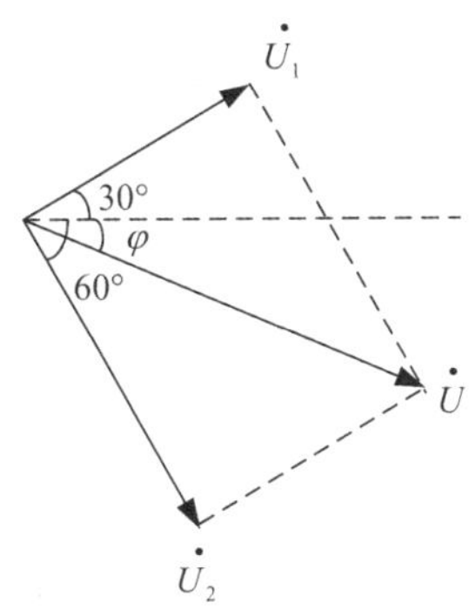

图 3-1-9　例 3-1-13 图

二、示波器使用

电子示波器是能在屏幕上以图形方式显示和观察被测信号随时间变化的仪器。它是一种最常用的电子测量/电工测量的仪器。示波器的面板如图 3-1-10 所示。

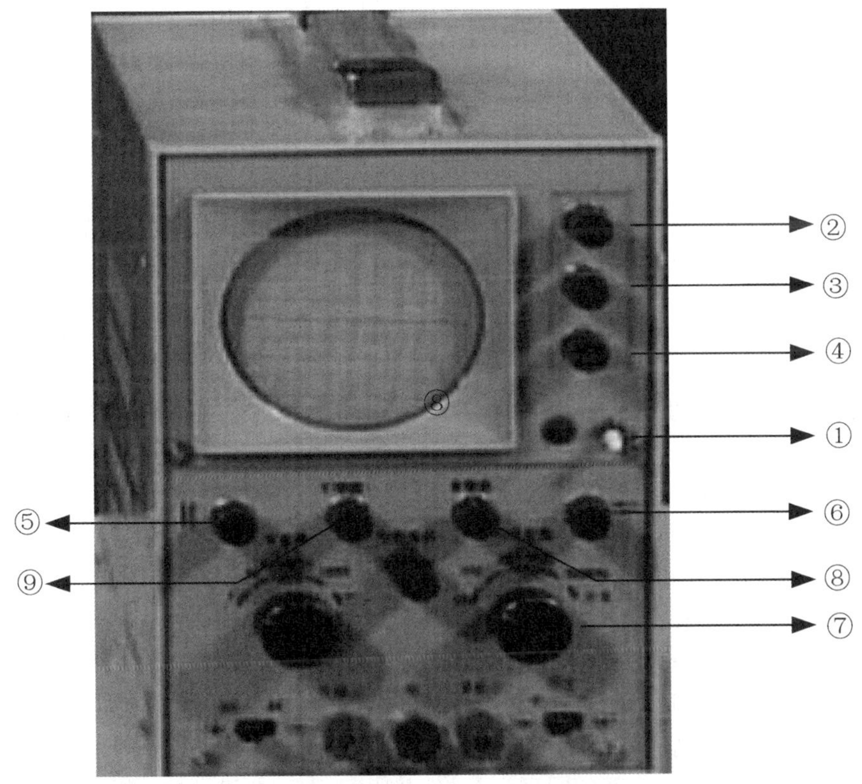

图 3-1-10　示波器结构图

1. 面板功能说明

①电源开关:打开此开关,旁边的电源指示灯变亮。

②辉度调节旋钮:用来调节图像亮度。

③聚焦调节旋钮 + ④辅助聚焦调节旋钮:二者配合使用,可使打到荧光屏上的电子束聚成一个亮点。

⑤竖直位移旋钮:调节图像的竖直位置。

⑥水平位移旋钮:调节图像的水平位置。

⑦扫描范围旋钮:可使荧屏出现一条水平线。

⑧X 增益调节旋钮:调节水平线的宽度。

⑨Y 增益调节旋钮:调节竖直方向的幅度。

2. 使用前的校准

(1)接通电源,指示灯亮,预热 10 min。

(2)调节亮度、聚焦、辅助聚焦旋钮,亮度适中,使光迹清晰。

(3)用探极将校正信号输入至 Y1 插座。调节电平旋钮,直至方波波形得到同步,然后用 Y 移位、X 移位将波形移至屏幕中间。

3. 交流电压测量

(1)Y 输入耦合选择开关置于"AC",V/cm 挡级开关和 t/cm 扫速开关根据被测信号选择适当的挡级,并将被测信号直接输入仪器的 Y 轴输入端,调节触发"电平",使波形稳定。

(2)如灵敏度 V/cm 挡级标称值为 0.1 V/cm,Y 输入使用直接输入方式,则被测信号的峰—峰值电压应为:$U=0.1\ \text{V/cm}\times D$ 格 $=0.1D(\text{V})$(如图 3-1-11)。

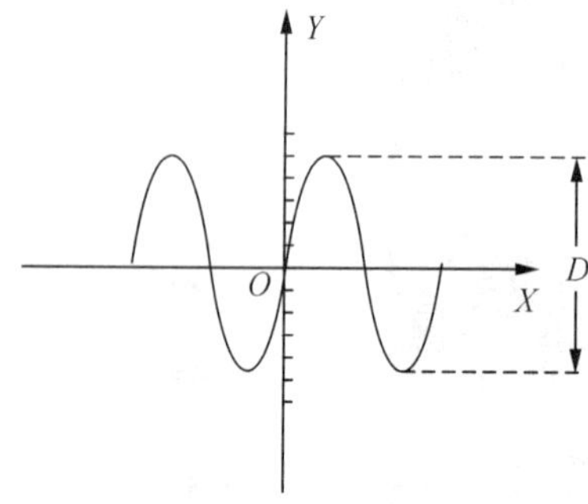

图 3-1-11 正弦交流电电压的测量

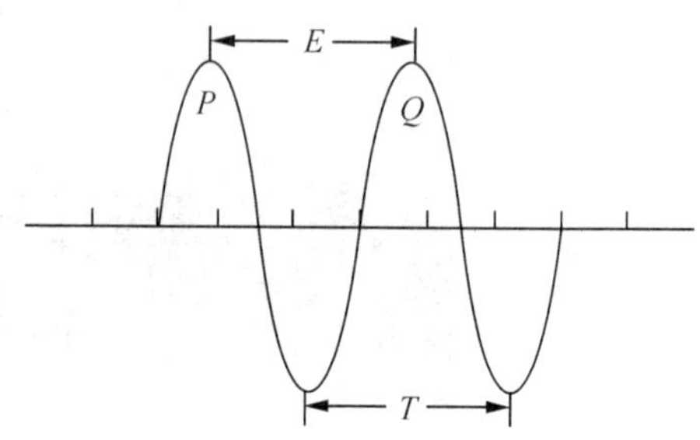

图 3-1-12 正弦交流电周期的测量

4. 周期测量(频率测量)

X 轴读数为时间测量读数,量程由 X 轴水平速度开关"t/cm"决定。对于周期性的被测信号,只要先测定一个周期的时间 T,按照 $f(\text{Hz})=1/T(\text{s})$ 就可求出被测信号的频率值。

测量方法:

(1)水平扫速开关 t/cm 进行校准(说明书中示波器校准相关部分)。

(2)适当调节 t/cm 扫速时间,使被测信号波形两点 P 与 Q 的距离,在屏幕的有效工作面积内达到最大限度,以提高测量精度。如图 3-1-12 所示。

(3)若在 X 轴线上 P 与 Q 间的距离为 E 格,并假定 t/cm 扫描开关挡级的标称值为 2 ms/cm,则:$T=2\ \text{ms/cm}\times E$ 格 $=2E(\text{ms})$。

(4)按照 $f(\text{Hz})=1/T(\text{s})$ 就可求出被测信号的频率值。

工作任务二　正弦交流电路中的R、L、C特性测试

【任务描述】

在日常工作和生活中,会碰到很多单一元件,如电阻电炉、白炽灯等。本任务用multisim对单一元件电路的交流特性进行测试,如图3-2-1所示,总结其电压与电流之间的大小及相位关系。

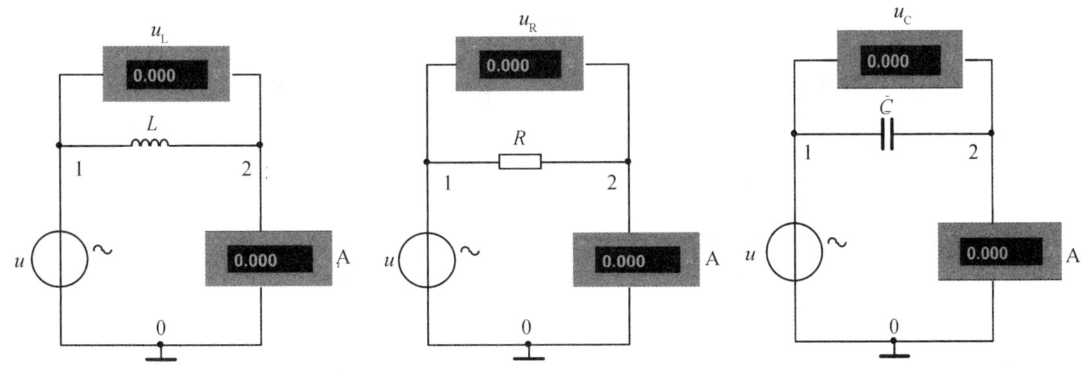

图3-2-1　单一元器件电路仿真图

【知识准备】

单一参数的交流电路

一、纯电阻电路

1. 电路结构

只含有电阻元件的交流电路称为纯电阻电路,如图3-2-2所示。

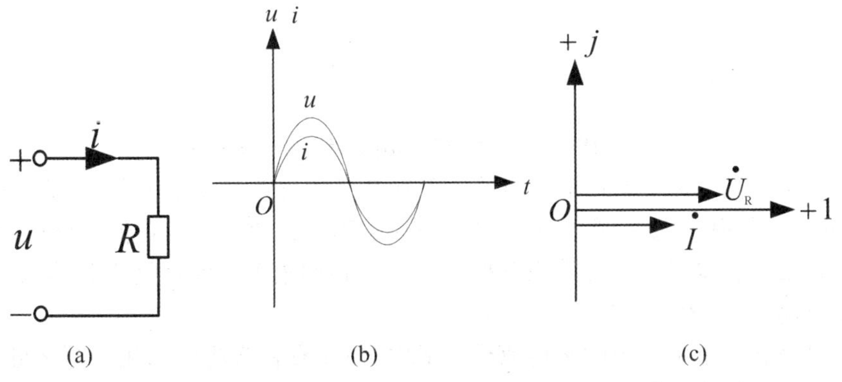

图3-2-2　纯电阻电路及其电压和电流的相位关系

2. 电阻元件上正弦电流和电压的关系

如图 3-2-2(a)所示,如果电阻元件 R 的电压为

$$u = \sqrt{2}U\sin\omega t = U_m\sin\omega t$$

由于电阻元件上的电流和电压每一瞬时都应符合欧姆定律,所以

$$i = \frac{u}{R} = \frac{U_m\sin\omega t}{R} = I_m\sin\omega t = \sqrt{2}I\sin\omega t$$

式中

$$I_m = \frac{U_m}{R} \quad I = \frac{U}{R}$$

将上式用相量表示,取 $\dot{U} = U\angle 0°$,可得:$\dot{I} = \dfrac{\dot{U}}{R} = \dfrac{U\angle 0°}{R} = I\angle 0°$

即电阻元件其电压相量和电流相量之间满足:

$$\dot{U} = \dot{I}R \tag{3-2-1}$$

上式(3-2-1) 是相量形式的欧姆定律。

因此电阻元件的电压和电流同相位,其波形图和相量图如图 3-2-2(b)、图 3-2-2(c) 所示。

3. 纯电阻电路的功率

(1) 瞬时功率(p)

电阻元件的端电压和电流是变化的,其功率也是变化的。设电阻元件的端电压和电流为:$u = \sqrt{2}U\sin\omega t$,$i = \sqrt{2}I\sin\omega t$,则它的瞬时功率为:

$$p = u \cdot i = \sqrt{2}U\sin\omega t \cdot \sqrt{2}I\sin\omega t = 2UI\sin^2\omega t = UI(1 - \cos 2\omega t) \tag{3-2-2}$$

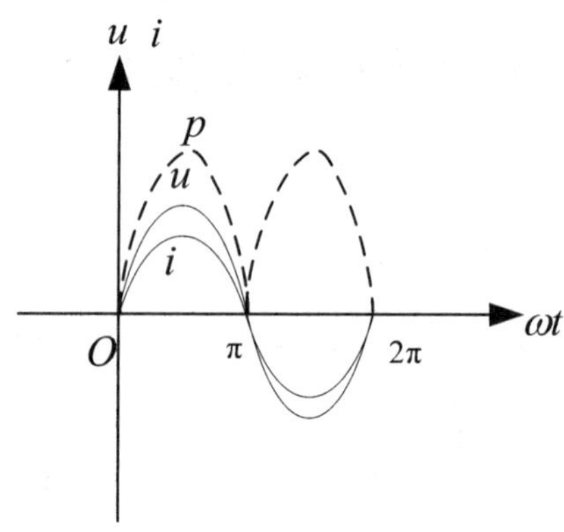

图 3-2-3 电阻元件的瞬时功率的波形图

瞬时功率的波形图如图 3-2-3 所示,两个正弦函数之积仍然是正弦函数,它是随时间以两倍于电流(或电压) 频率变化的。该曲线在(0 ~ π) 区间电流、电压都为正值,乘积为正值;在(π ~ 2π) 区间电流、电压都是负值,乘积仍然为正值,这说明电阻元件吸收功率,是耗能元件。

(2) 有功功率(P)

瞬时功率在一个周期内的平均值称为平均功率(或有功功率),用大写字母 P 来表示。由式(3-2-2) 可以看出,电阻元件的瞬时功率由两部分组成,一部分 UI 是不变的,其平均值就是 UI,另一部分($-UI\cos 2\omega t$) 是变化的,而其平均值是零,所以电阻元件的平均功率为:

$$P = U \cdot I = I^2 \cdot R = \frac{U^2}{R} \tag{3-2-3}$$

有功功率的单位和直流功率一样也是瓦(W)。

例 3-2-1　如图 3-2-2(a) 所示,电流和电压的参考方向如图,已知:$R = 10\ \Omega, I = 5\sin(\omega t + 30°)$ A。

求:(1) 电阻 R 两端电压 U 及 u。

(2) 电阻消耗的功率。

解:(1) 用相量法求解,由题得:

$$\dot{I} = \frac{5}{\sqrt{2}}\angle 30°\text{A}$$

可求得:

$$\dot{U} = \dot{I}R = \frac{50}{\sqrt{2}}\angle 30°\text{V}$$

因此

$$U = \frac{50}{\sqrt{2}}\text{V} = 25\sqrt{2}\text{V}$$

$$u = 50\sin(\omega t + 30°)\text{V}$$

(2) 电阻消耗的功率

$$P = UI = 25\sqrt{2} \cdot \frac{5}{\sqrt{2}} = 125\ \text{W}$$

二、纯电感电路

1. 电路结构

只含有电感元件的交流电路,称为纯电感电路,如图 3-2-4(a) 所示。

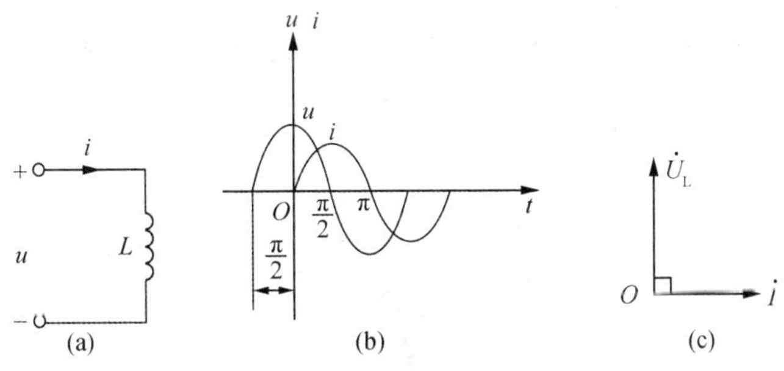

图 3-2-4　纯电感电路及其电压和电流的相位关系

2. 电感元件上正弦电流和电压的关系

如图 3-2-4(a) 所示,如果电感元件 L 的电流为

$$i = I_m\sin\omega t$$

则

$$u_L = L\frac{di}{dt} = L\frac{d(I_m\sin\omega t)}{dt} = \omega L\frac{d(I_m\sin\omega t)}{d(\omega t)}$$

$$= \omega LI_m \cos\omega t = U_{Lm}\sin(\omega t + \frac{\pi}{2})$$

式中

$$U_{Lm} = \omega LI_m, U_L = \omega LI$$

可见,电感元件的端电压和电流的大小关系为$\frac{U_L}{I} = \omega L = 2\pi fL = X_L$。

其中,X_L 叫做感抗,它反映了电感线圈对交流电流形成的阻碍作用,国际单位为欧姆(Ω)。通过 $2\pi fL = X_L$ 可知,感抗与频率 f 成正比,因为频率越高,电流变化越快,自感电动势越大,对电流的阻碍作用越大;感抗也和电感 L 成正比,因为电流一定时,电感越大,感应电动势越大。在直流情况下,其频率为零,感抗也为零,相当于短路,因为直流电流不变化,也就没有感应电动势。所以,电感元件具有"通直流、阻交流","通低频、阻高频" 的特性。

将上式用相量表示 $\dot{I} = I\angle 0°, \dot{U} = U_L\angle 90°$

则
$$\frac{\dot{U}}{\dot{I}} = \frac{U_L\angle 90°}{I\angle 0°} = X_L\angle 90° = jX_L \tag{3-2-4}$$

由式(3-2-4) 可知, 电感的端电压超前电流 $\frac{\pi}{2}$。电流与电压的波形图及相量图如图 3-2-4(b)、图 3-2-4(c) 所示。

3. 纯电感电路的功率

(1) 瞬时功率(p)

设流过电感的电流 $i = \sqrt{2}I\sin\omega t$,则 $u_L = \sqrt{2}U_L\sin(\omega t + 90°)$,电感元件的瞬时功率为

$$p = u \cdot i = \sqrt{2}U_L\sin(\omega t + 90°) \cdot \sqrt{2}I\sin\omega t = U_L I\sin 2\omega t$$

瞬时功率的波形图如图 3-2-5 所示,它是以两倍电流(电压) 的频率、按照正弦规律变化的。从波形图上可以看出在 p 的前半周期($0 \sim \frac{\pi}{2}$) 为正值,表示电感元件从外电路吸收能量,转化为电场能储存起来;在 p 的后半周期($\frac{\pi}{2} \sim \pi$) 为负值,表示电感元件向外部释放能量;而且释放的能量和储存的能量是相等的。

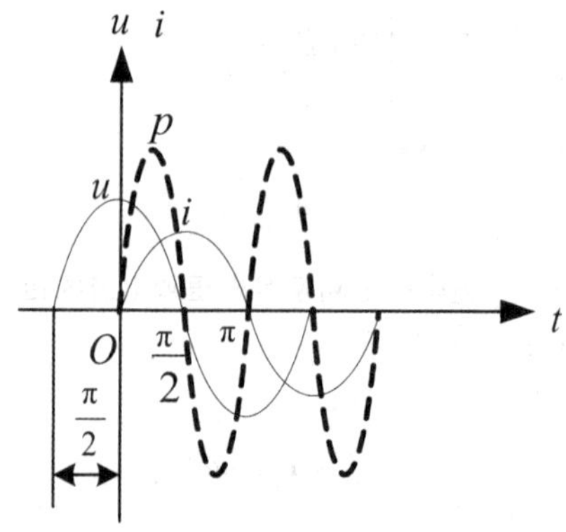

图 3-2-5　电感元件的瞬时功率的波形图

(2) 有功功率(P)

$$P = \frac{1}{T}\int_0^T p\mathrm{d}t = \frac{1}{T}\int_0^T U_L \sin 2\omega t \mathrm{d}t = 0$$

这说明在一个周期内,电感元件并没有消耗功率,因为它是一个储能元件,不消耗能量,只是与电路进行能量的交换。不同的电感元件与外界交换能量的大小是不一样的,而任何电感元件的平均功率都是零,所以平均功率不能反映电感元件的能量情况,而需要引用别的物理量。

(3) 无功功率(Q)

纯电感 L 虽不消耗功率,但是它与电源之间有能量交换。电感元件上电压有效值与电流有效值的乘积定义为“无功功率”,用 Q_L 表示:

$$Q_L = U_L I = I^2 X_L = \frac{U_L^2}{X_L} \tag{3-2-5}$$

Q_L 是 U_L、I 之积,单位也应是瓦(W),但为了与有功功率区别,把无功功率的单位改用“乏”(var) 或“千乏”(kvar)。

无功功率并不是“无用” 的功率,它的含义是表示电源与感性负载之间能量的交换。许多设备在工作中都和电源存在着能量的交换。如异步电动机、变压器等,磁场的变化会引起磁场能量的变化,这就说明设备和电源之间存在能量的交换。因此发电机除了发出有功功率以外,还要发出适量的无功功率以满足这些设备的需要。

例 3-2-2　把一个电感量为 0.35 H 的线圈,接到 $u = 220\sqrt{2}\sin(100\pi t + 60°)$ V 的电源上,求线圈中电流瞬时值表达式。

解:由线圈两端电压的解析式

$$u = 220\sqrt{2}\sin(100\pi t + 60°)\text{V}$$

可以得到

$$U = 220\ \text{V}, \omega = 100\pi\ \text{rad/s}, \varphi = 60°$$

电压 u 所对应的相量为

$$\dot{U} = 220\angle 60°\text{V}$$

线圈的感抗为

$$X_L = \omega L = 100 \times 3.14 \times 0.35\ \Omega \approx 110\ \Omega$$

因此可得

$$\dot{I}_L = \frac{\dot{U}}{\mathrm{j}X_L} = \frac{220\angle 60°}{110\angle 90°}\ \text{A} = 2\angle -30°\ \text{A}$$

通过线圈的电流瞬时值表达式为

$$i = 2\sqrt{2}\sin(100\pi t - \frac{\pi}{6})\text{A}$$

三、纯电容电路

1. 电路结构

只含有电容元件的交流电路,称为纯电容电路,如图 3-2-6(a) 所示。

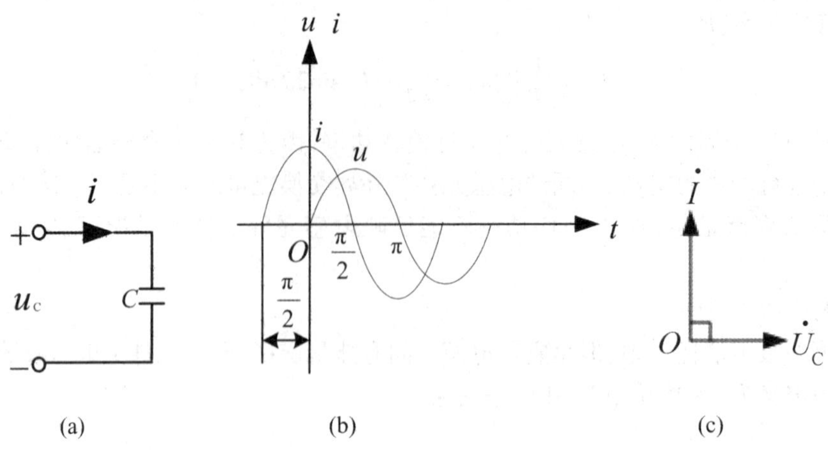

图 3-2-6　纯电容电路及其电压和电流的相位关系

2. 电容元件上正弦电流和电压的关系

如图 3-2-6(a) 所示，如果电容元件 C 的电压为

$$u_C = U_{Cm}\sin\omega t$$

则

$$i = C\frac{du_c}{dt} = C\frac{d(U_{Cm}\sin\omega t)}{dt} = \omega C U_{Cm}\frac{d(\sin\omega t)}{d(\omega t)}$$

$$= \omega C U_{Cm}\cos\omega t = I_m\sin(\omega t + \frac{\pi}{2})$$

式中

$$I_m = \omega C U_{Cm}, I = \omega C U$$

可见，电容元件的端电压和电流的大小关系

$$\frac{U_C}{I} = \frac{1}{\omega C} = \frac{1}{2\pi f C} = X_C$$

上式中，X_C 叫做容抗，它反映了电容元件对交流电流形成的阻碍作用，国际单位为欧姆(Ω)。通过$\frac{1}{2\pi f C} = X_C$ 可知，容抗与频率 f 成反比，因为频率越高，电流变化越快，充放电电流就越大；容抗也和电容成反比，因为电压一定时，电容越大，充放电电流就越大。在直流情况下，其频率为零，容抗为无穷大，相当于开路，因为直流电压不变化，也就没有充放电电流。因此，电容元件具有“隔直流、通交流”，“通高频、阻低频” 的特性。

将上式用相量表示

$$\dot{U} = U_C\angle 0^\circ \quad \dot{I} = I\angle 90^\circ$$

则

$$\frac{\dot{U}}{\dot{I}} = \frac{U_C\angle 0^\circ}{I\angle 90^\circ} = X_C\angle -90^\circ = -jX_C \tag{3-2-6}$$

由式(3-2-6) 可知，流过电容的电流超前电压$\frac{\pi}{2}$。电流与电压的波形图及相量图如图 3-2-6(b)、图 3-2-6(c) 所示。

3. 纯电容电路的功率

(1) 瞬时功率(p)

设电容端电压 $u_C = \sqrt{2}U_C\sin\omega t$,则 $i = \sqrt{2}I\sin(\omega t + 90°)$,则,电容元件的瞬时功率为

$$p = u_C \cdot i = \sqrt{2}U_C\sin\omega t \cdot \sqrt{2}I\sin(\omega t + 90°) = U_C I\sin 2\omega t$$

瞬时功率的波形图如图 3-2-7 所示,它是以两倍电流(电压)的频率、按照正弦规律变化的。从波形图上可以看出在 p 的前半周期($0 \sim \frac{\pi}{2}$)为正值,表示电容元件从外电路吸收能量,转化为电场能储存起来;在 p 的后半周期($\frac{\pi}{2} \sim \pi$)为负值,表示电容元件向外部释放能量;而且释放的能量和储存的能量是相等的。

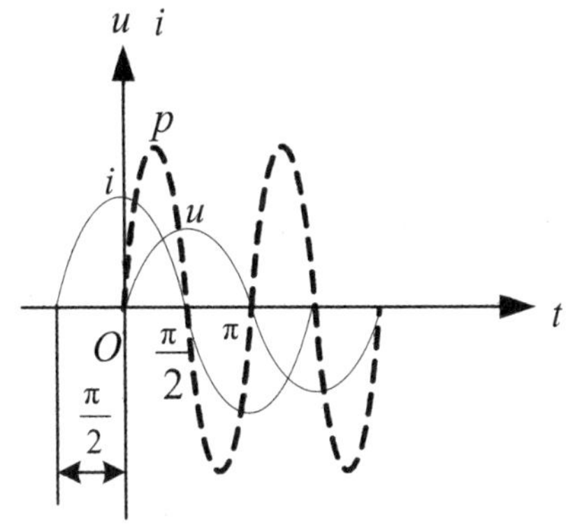

图 3-2-7　电容元件的瞬时功率的波形图

(2) 有功功率(P)

$$P = \frac{1}{T}\int_0^T p\mathrm{d}t = \frac{1}{T}\int_0^T U_C\sin 2\omega t\mathrm{d}t = 0$$

这说明在一个周期内,电容元件的平均功率也是零,它和电感元件一样,也是一个储能元件,不消耗能量,只是与电路进行能量的交换。

(3) 无功功率(Q)

也和电感一样,将电容元件上电压有效值与电流有效值的乘积定义为容性"无功功率",用 Q_C 表示:

$$Q_C = U_C I = I^2 X_C = \frac{U_C^2}{X_C} \tag{3-2-7}$$

Q_C 和 Q_L 是一样,单位也用乏(var)表示。

例 3-2-3　把电容量为 40 μF 的电容器接到交流电源上,若已知通过电容器的电流为 $i = 2.75 \times \sqrt{2}\sin(314t + 30°)$ A,试求电容器两端的电压瞬时值表达式。

解:由通过电容器的电流解析式

$$i = 2.75 \times \sqrt{2}\sin(314t + 30°)\text{ A}$$

可以得到

$$I = 2.75\text{ A}, \omega = 314\text{ rad/s}, \varphi = 30°$$

电流所对应的相量为

$$\dot{I}=2.75\angle 30°\text{A}$$

电容器的容抗为

$$X_C=\frac{1}{\omega C}=\frac{1}{314\times 40\times 10^{-6}}\Omega\approx 80\ \Omega$$

因此

$$\dot{U}=-jX_C\dot{I}=1\angle -90°\times 80\times 2.75\angle 30°\text{V}=220\angle -60°\text{V}$$

电容器两端电压瞬时表达式为

$$u=220\sqrt{2}\sin(314t-60°)\text{V}$$

单一参数交流电路的基本性质总结如表 3-2-1。

表 3-2-1　单一参数交流电路的基本性质

电路参数	电路图（参考方向）	基本关系	电阻或电抗	电压、电流关系				有功功率	无功功率
				瞬时值	有效值	向量图	向量式		
R	i, +, u, −, R	$u=iR$	R	设 $i=\sqrt{2}I\sin\omega t$ 则 $u=\sqrt{2}IR\sin\omega t$	$U=IR$	$\dot{I}$ $\dot{U}$	$\dot{U}=\dot{I}R$	$P=UI$ $P=I^2R$	0
L	i, +, u, −, L	$u=L\frac{\mathrm{d}i}{\mathrm{d}t}$	X_L	设 $i=\sqrt{2}I\sin\omega t$ 则 $u=\sqrt{2}I\omega L\sin(\omega t+90°)$	$U=IX_L$ $X_L=\omega L$	$\dot{U}$ $\dot{I}$	$\dot{U}=\dot{I}\,j\omega L$	0	$Q=UI$ $Q=I^2X_L$
C	i, +, u, −, C	$i=C\frac{\mathrm{d}u}{\mathrm{d}t}$	X_C	设 $i=\sqrt{2}I\sin\omega t$ 则 $u=\sqrt{2}I\frac{1}{\omega C}\sin(\omega t-90°)$	$U=IX_C$ $X_C=\frac{1}{\omega C}$	$\dot{I}$ $\dot{U}$	$\dot{U}=-j\dot{I}\frac{1}{\omega C}$	0	$Q=UI$ $Q=I^2X_C$

【任务实施】

一、电阻电路的测试

图 3-2-8(a) 所示的电路中 $u_s=220$ V, $R=10$ Ω, 用 multisim 进行仿真测试。

1. 在 multisim 中构建图 3-2-8(a) 所示电路，测量电路中电流为________，电阻两端电压为________。

2. 从仿真实验数据得知，电阻元件的交流特性是(电压与电流的大小关系和相位关系________。

二、电感电路的测试

图 3-2-8(b) 所示的电路中 $u_s=220$ V, $L=10$ H, 用 multisim 进行仿真测试。

1. 在multisim中构建图3-2-8(b)所示电路,测量电路中电流为________,电感两端电压为________。

2. 从仿真实验数据得知,电感元件的交流特性是(电压与电流的大小关系和相位关系________。

三、电容电路的测试

图3-2-8(c)所示的电路中 $u_s = 220$ V, $C = 10$ F,用multisim进行仿真测试。

1. 在multisim中构建图3-2-8(c)所示电路,测量电路中电流为________,电容两端电压为________。

2. 从仿真实验数据得知,电容元件的交流特性是(电压与电流的大小关系和相位关系________。

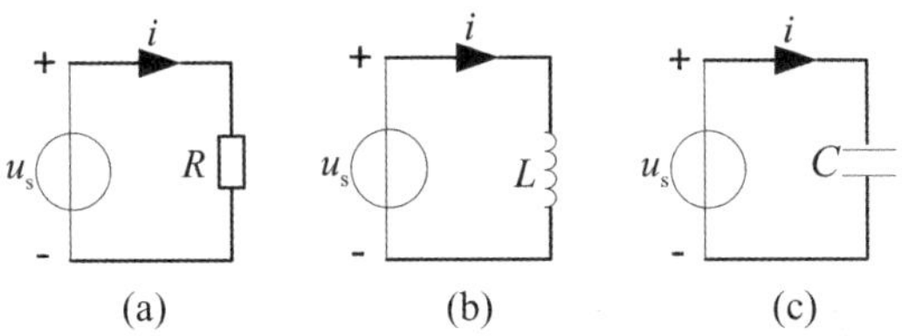

图3-2-8　单一参数交流特性测试电路

工作任务三　RLC串联电路的仿真实验

【任务描述】

在实用电路中,经常遇到R和L相串联及R、L、C串联的情况。例如,日光灯电路的镇流器和灯管就可近似等效为RL串联组合,而后面提及的串联谐振电路即为RLC三者串联。本任务用multisim对RL串联电路如图3-3-1(a)所示,RLC串联电路如图3-3-1(b)所示的交流特性进行测试,总结电路电压与电流之间的大小及相位关系。

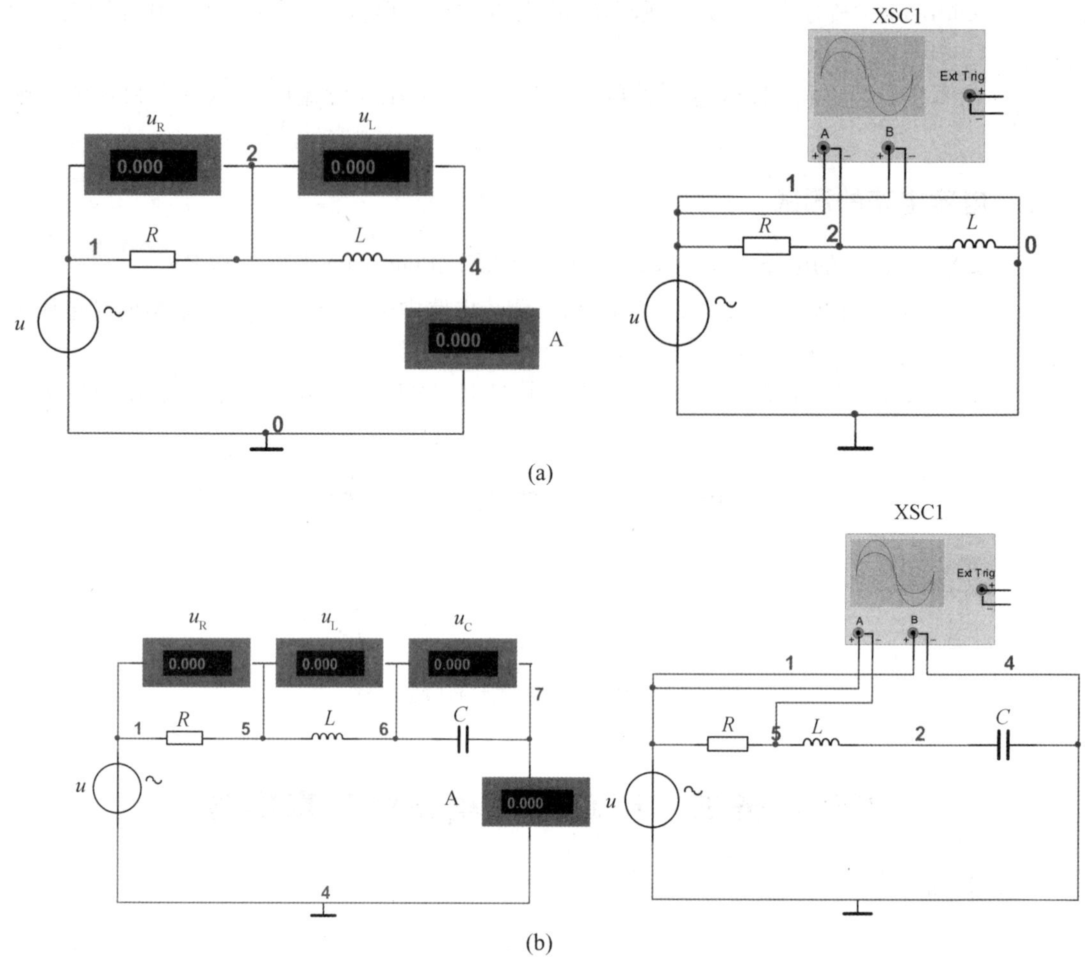

图 3-3-1　RL 串联电路及 RLC 串联电路仿真图

【知识准备】

RL 串联电路 · RLC 串联电路

一、RL 串联电路

1. RL 串联电路定义

电阻、电感串联后接入电路中，称为 RL 串联电路。如图 3-3-2（a）所示。

2. RL 串联电路电压和电流间的大小关系和相位关系

图 3-3-2（a）中，设电流为参考相量，即 $\dot{I} = I\angle 0°$，则有

$$\dot{U}_R = IR = IR\angle 0° = U_R\angle 0°$$

$$\dot{U}_L = \dot{I}\cdot jX_L = U_L\angle 90°$$

根据 KVL 定律得总电压的瞬时值为

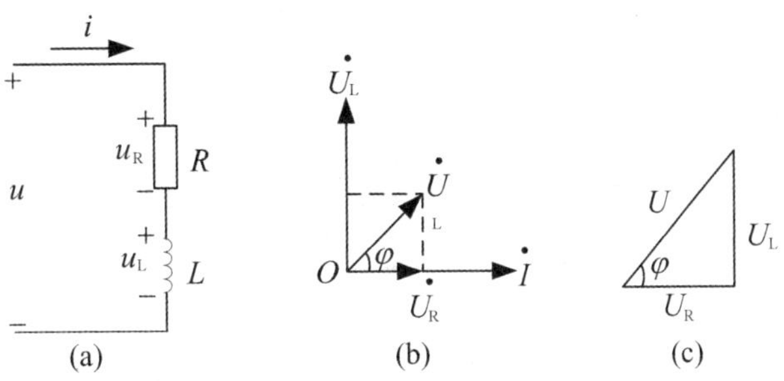

图 3-3-2　RL 串联电路的分析

$$u = u_R + u_L$$

由于 u_R、u_L 是同频率的正弦量,故可以用相量表示,即

$$\dot{U} = \dot{U}_R + \dot{U}_L = \dot{I}R + \dot{I} = I\angle 0° \cdot jX_L = \dot{I}Z \tag{3-3-1}$$

将上述电流相量及电压相量画在相量图上如图 3-3-2(b) 所示。

式中 $Z = R + jX_L$,是一个复数,它的实部是电路中的电阻,虚部为电路中的感抗,称为“复阻抗”。

根据图 3-3-2(b),端电压 $U = \sqrt{U_R^2 + U_L^2}$,此式反映了端电压和各元件电压之间的关系。该三角形关系称为电压三角形,端电压和电流间的相位差,即阻抗角 $\varphi = \arctan\dfrac{U_L}{U_R}$。若把电压三角形的三条边同时除以电流 I,则可以得到一个与其相似的三角形,如图 3-3-3 所示,称为阻抗三角形,阻抗角 $\varphi = \text{argtg}\dfrac{X_L}{R}$。

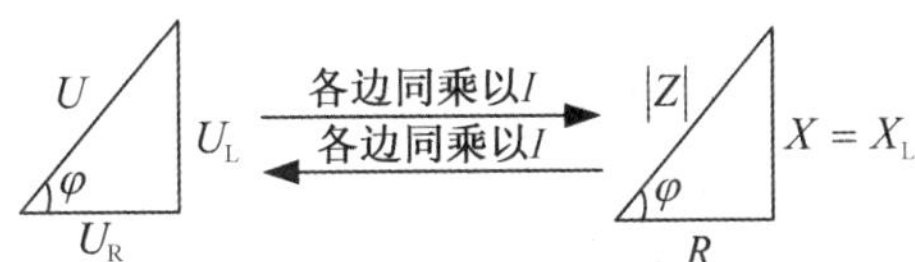

图 3-3-3　RL 串联电路电压三角形和阻抗

二、RLC 串联电路

1. RLC 串联电路定义

电阻、电感和电容串联后接入电路中,称为 RLC 串联电路。如图 3-3-4(a) 所示。

2. RLC 串联电路电压和电流间的大小关系和相位关系

图 3-3-4(b) 中,设电流为参考相量,即 $\dot{I} = I\angle 0°$,则其相量形式的电路如图 3-3-5 所示

$$\dot{U}_R = \dot{I}R = IR\angle 0° = U_R\angle 0°$$

$$\dot{U}_L = \dot{I} \cdot jX_L = U_L\angle 90°$$

$$\dot{U}_C = \dot{I} \cdot (-jX_C) = U_C\angle 90°$$

根据 KVL 定律得总电压的瞬时值为

$$u = u_R + u_L + u_C$$

由于 u_R、u_L、u_C 是同频率的正弦量,故可以用相量表示,即

$$\dot{U} = \dot{U}_R + \dot{U}_L + \dot{U}_C$$

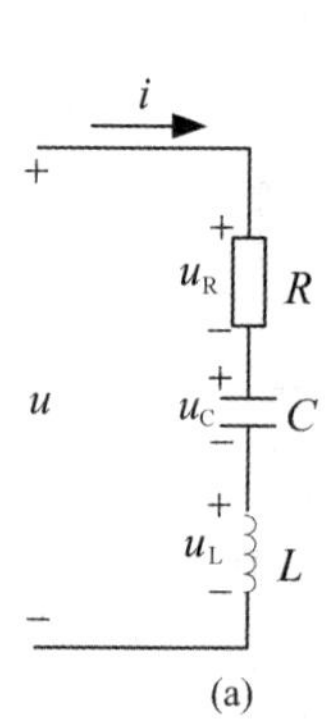

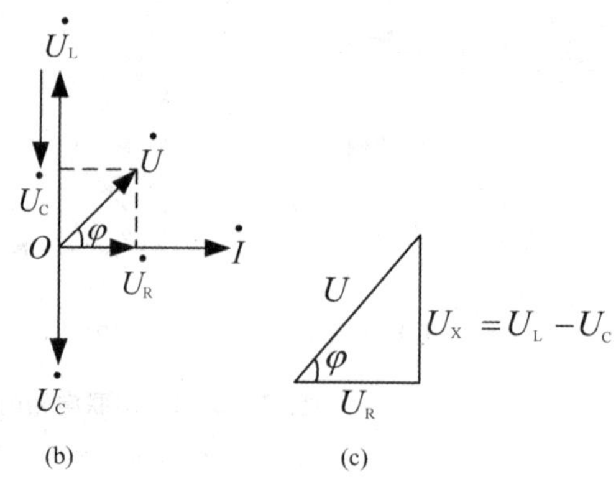

图 3-3-4　RLC 串联电路的分析

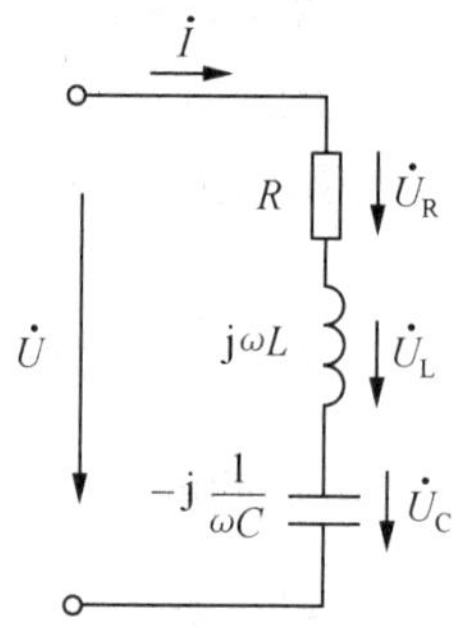

图 3-3-5　相量形式电路图

$$= \dot{I}R + \dot{I}\cdot jX_L + \dot{I}\cdot(-jX_C)$$

$$= \dot{I}[R + j(X_L - X_C)]$$

$$= \dot{I}Z \tag{3-3-2}$$

式(3-3-2) 中 $Z = R + j(X_L - X_C) = |Z|\varphi$,是 RLC 串联电路的复阻抗;$X = X_L - X_C$ 为感抗和容抗的代数和,称为“电抗”。

由式(3-3-2) 可知

阻抗模

$$|Z| = \sqrt{R^2 + X^2} = \sqrt{R^2 + (X_L - X_C)^2} \tag{3-3-3}$$

阻抗角

$$\varphi = \arctan\frac{X}{R} = \arctan\frac{X_L - X_C}{R} \tag{3-3-4}$$

由式(3-3-3) 和式(3-3-4) 可知,R、X 和 $|Z|$ 组成一个直角三角形,我们称它为阻抗三角形,如图 3-3-6(b) 所示。

电压与电流的相量关系式(3-2),也称为相量形式的欧姆定律。

由于

$$\dot{U} = \dot{I}Z$$

即

$$Z = \frac{\dot{U}}{\dot{I}}$$

则

$$|Z| \angle\varphi = \frac{U\angle\varphi_u}{I\angle\varphi_i} = \frac{U}{I}\angle\varphi_u - \varphi_i \tag{3-3-5}$$

可得电压和电流之间的关系为

① 大小关系 $|Z| = \frac{U}{I}$

② 相位关系 $\varphi = \varphi_u - \varphi_i$

由式(3-3-5)可知阻抗角 φ 就是电压与电流间的相位差，其大小由电路参数决定。根据式(3-3-4)可知，当

$X > 0$(即 $X_L > X_C$)时，$\varphi > 0$，电路总电压($\dot{U}$)超前电流($\dot{I}$)φ 角，电路呈电感性。

$X < 0$(即 $X_L < X_C$)时，$\varphi < 0$，电路总电压($\dot{U}$)滞后电流($\dot{I}$)φ 角，电路呈电容性。

$X = 0$(即 $X_L = X_C$)时，$\varphi = 0$，电路总电压($\dot{U}$)与电流($\dot{I}$)同相，电路呈电阻性。

假设 $X_L > X_C$，RLC 串联电路的电压三角形和阻抗三角形如图 3-3-6(a)、(b)所示。阻抗角 $\varphi = \arctan\frac{U_L - U_C}{U_R} = \arctan\frac{X_L - X_C}{R}$。

图 3-3-6　RLC 串联电路电压三角形和阻抗三角形

【任务实施】

一、RL 串联电路的交流特性测试

图 3-3-7 所示的电路中，工频电压 $U_S = 220$ V，$R = 10\ \Omega$，$L = 1$ mH，用 multisim 进行仿真测试。

1. 测试电压和电流大小关系

(1) 在 multisim 中构建图 3-3-7 所示电路，测量电路中电流为________。

(2) 从仿真实验数据得知，RL 串联电路中，电压与电流的大小关系是________。

2. 测试电压和电流相位关系

(1) 测试电路电流和电压之间的相位关系。其中电路中电流的波形不能观测，需要转换成电压来观测。由于电阻元件的电压和电流同相位，所以可以通过电阻电压的波形和电源电压的波形关系来比较电流和电压之间的相位关系。

(2) 用示波器观测电路中电流和电压的波形，并将波形记录在图 3-3-8 的直角坐标系中。可以得出二者之间的相位差为________。

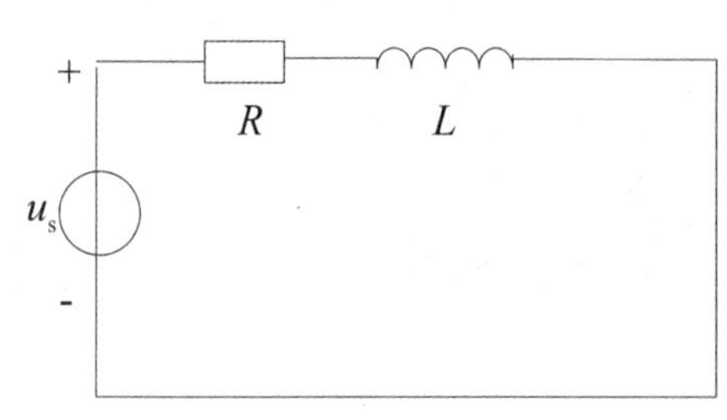

图 3-3-7　RL 串联电路原理图

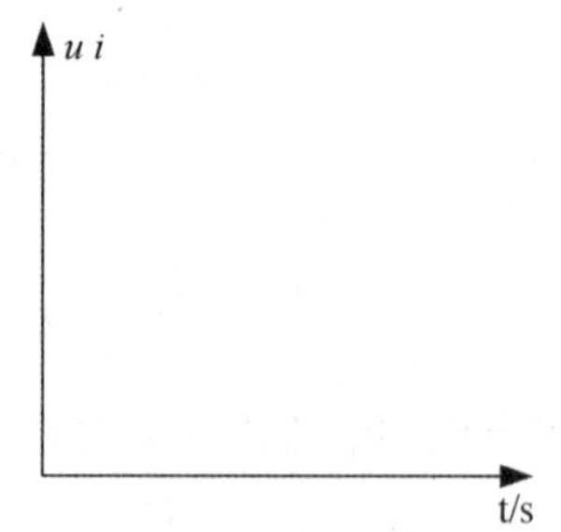

图 3-3-8　RL 串联电路电压电流相位波形图

二、RLC 串联电路的交流特性测试

图 3-3-9 所示的电路中，工频电压 $U_S = 220$ V，$R = 10\ \Omega$，$L = 0.1$ mH，$C = 400$ pF，用 multisim 进行仿真测试。

1. 测试电压和电流大小关系

(1) 在 multisim 中构建图 3-3-9 所示电路，测量电路中电流为________。

(2) 从仿真实验数据得知，RLC 串联电路中，电压与电流的大小关系是________。

2. 测试电压和电流相位关系

用示波器观测电路中电流和电压的波形，并将波形记录在图 3-3-10 的直角坐标系中。可以得出二者之间的相位差为________。

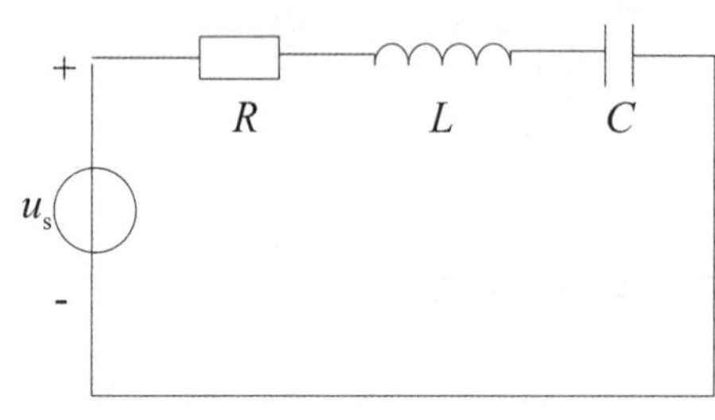

图 3-3-9　RLC 串联电路

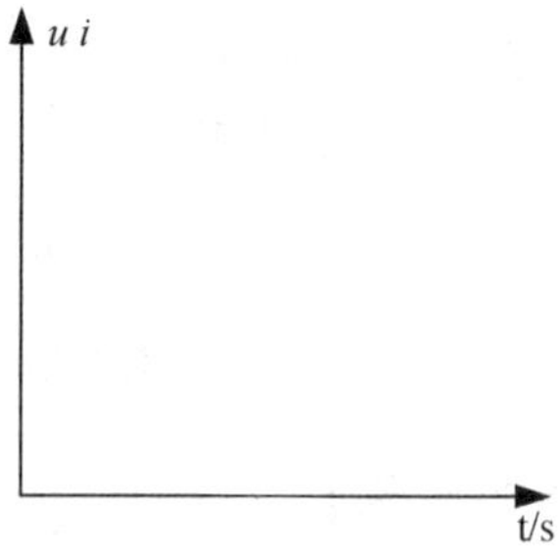

u i

t/s

图 3-3-10　RLC 串联电路电压电流相位波形图

工作任务四　RLC 串联谐振电路的仿真实验

【任务描述】

谐振是正弦交流电路中可能产生的一种特殊现象，电路的谐振在电子和无线电技术中得到广泛的应用，例如电视机和收音机的信号接收电路、振荡电路等。但是有些系统中，电路处于谐振情况会影响其正常工作，使系统的正常工作受到破坏，所以研究电路的谐振有着十分重要的意义。本任务将在 multisim 中对 RLC 串联电路的谐振进行仿真实验。如图 3-4-1 所示。

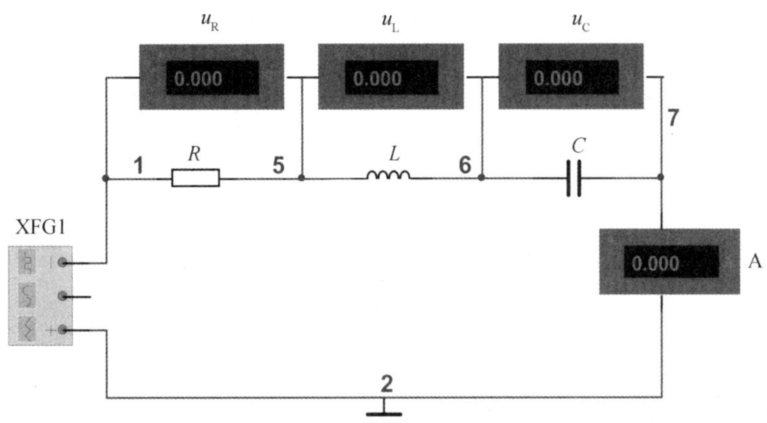

图 3-4-1　RLC 串联谐振电路仿真图

【知识准备】

谐振电路

在一个含有储能元件的单相正弦交流电路中,当端电压和总电流同相时,电路呈电阻性,我们称此时的电路发生谐振。所以,电路的谐振基本条件为:阻抗角 $\varphi=0$,电路的有功功率和视在功率相等,无功功率为零。

谐振分为串联谐振和并联谐振两种,下面分别进行讨论。

一、串联谐振

1. 谐振条件

对于 RLC 串联电路,等效复阻抗为

$$Z = R + \mathrm{j}\omega L - \mathrm{j}\frac{1}{\omega C} = R + \mathrm{j}(X_L - X_C) = R + \mathrm{j}X = |Z| \angle\varphi$$

其中

$$X = X_L - X_C = \omega L - \frac{1}{\omega C}$$

电抗

$$|Z| = \sqrt{R^2 + (\omega L - \frac{1}{\omega C})^2}$$

若电路发生谐振,应有 $X=0$,即 $\omega L = \frac{1}{\omega C}$ 或 $X_L = X_C$。

为了满足谐振条件,使电路产生谐振,通过调节 L、C、ω 三个参数任何一个即可。

(1) 改变电源频率使电路谐振

设电路产生谐振的电源角频率为 ω_0,频率为 f_0,根据谐振条件可知:

$$\omega_0 L = \frac{1}{\omega_0 C} \qquad (3\text{-}4\text{-}1)$$

从而得

$$\omega_0 = \frac{1}{\sqrt{LC}} \tag{3-4-2}$$

$$f_0 = \frac{1}{2\pi\sqrt{LC}} \tag{3-4-3}$$

对于一个电路，若电感 L 和电容 C 的参数固定，只有一个与之对应的谐振角频率 ω_0 或频率 f_0，所以 ω_0 和 f_0 又称固有角频率。当外加电源的频率与电路的固有频率相等时，电路才能产生谐振。通常可利用调频装置来得到所需的谐振频率。

（2）改变电容 C 使电路谐振

由式（3-4-1）可知，电路的电源频率和电感为一定值时，适当地改变电容 C 的大小即可满足谐振条件，使电路产生谐振。

$$C = \frac{1}{\omega_0^2 L}$$

（3）改变电感 L 使电路谐振

当电路的电源频率与电容为一定值时，适当地改变电感 L 的大小，也可使电路产生谐振。

$$L = \frac{1}{\omega_0^2 C}$$

上面介绍了获取谐振的条件，这是研究谐振问题的一个方面。如果在电路设计中不希望或要防止发生谐振，也要调整参数，使 L、C、ω 之间的关系不满足谐振条件即可。

2. 串联谐振电路的特征

由谐振条件 $\omega L = \frac{1}{\omega C}$ 或 $X_L = X_C$

可知谐振时电路的主要特征有：

（1）电路阻抗最小，相当于只有电阻

$$Z = R + j(X_L - X_C) = R$$

（2）电路中电流最大，且与电源电压同相。$I = I_0 = \frac{U_S}{|Z|} = \frac{U_S}{R}$

（3）特性阻抗

由于谐振时 $\omega_0 = \frac{1}{\sqrt{LC}}$，此时电路的感抗与容抗分别为

$$\omega_0 L = \frac{1}{\sqrt{LC}} L = \sqrt{\frac{L}{C}}$$

$$\frac{1}{\omega_0 C} = \frac{\sqrt{LC}}{C} = \sqrt{\frac{L}{C}}$$

即

$$\omega_0 L = \frac{1}{\omega_0 C} = \sqrt{\frac{L}{C}} = \rho \tag{3-4-4}$$

式（3-4-4）中

$$\rho = \sqrt{\frac{L}{C}}$$

这里ρ称为电路的特性阻抗，单位与感抗或容抗一样也是欧姆（Ω）。它的大小也只是与电路中的L、C有关，为电路所固有，而与谐振频率无关。

（4）串联谐振也称为电压谐振，因为谐振时

$$U_{L0} = I_0\omega_0 L = \frac{U_S}{R}\rho$$

$$U_{C0} = I_0\frac{1}{\omega_0 C} = \frac{U_S}{R}\rho$$

电感电压与电容电压相等，且相位相反。电源电压与电阻电压相等，如图3-4-2所示。

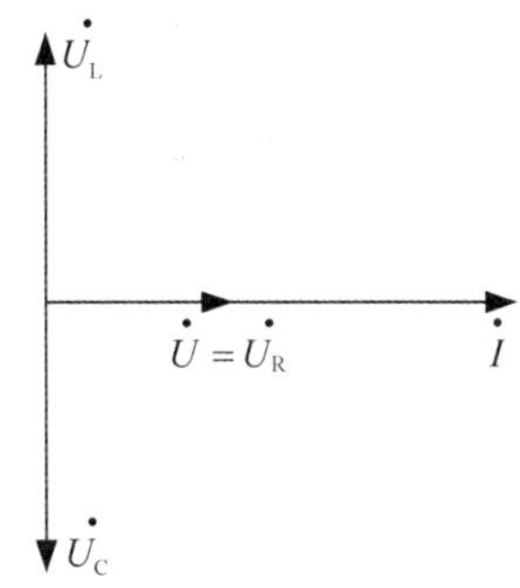

图3-4-2　RLC 串联谐振相量图

（5）品质因数：谐振时电感电压U_{L0}或电容电压U_{C0}与电源电压之比定义为电路的品质因数，用Q表示，即

$$Q = \frac{U_{L0}}{U_S} = \frac{U_{C0}}{U_S} = \frac{\omega_0 L}{R} = \frac{1}{\omega_0 CR} = \frac{1}{R}\sqrt{\frac{L}{C}} \tag{3-4-5}$$

Q值反映了谐振时电容电压或电感电压为电源电压的倍数。当Q很大时，即使外加电压不高，但在谐振情况下，电感和电容将获得较高的电压。

（6）谐振时，电路的无功功率为零，电源只提供能量给电阻元件消耗，而电路内部电感的磁场能和电容的电场能正好完全相互转换。

在RLC串联电路中，阻抗随频率的变化而改变，由于$I = \frac{U}{|Z|}$，在外加电压U不变的情况下，I也将随频率变化，这一曲线称为电流谐振曲线。从图3-4-3中可以看出，f越接近f_0，电流越大，信号越易通过。f越偏离f_0，电流越小，信号越不易通过。网络具有这种选择接近于谐振频率附近的电流通过的性能称为“选择性”。选择性与电路的品质因数Q有关，品质因数越大，电流谐振曲线越尖锐，选择性越好。

3. 串联谐振电路的应用

由于串联谐振时电容的端电压是总电压的Q倍，因此我们可以通过改变电容的大小，让电路的固有频率和信号源中的频率相同，就可以在不同频率的信号中选择出该频率的信号，收音机可以收听不同的电台信号就是根据这一原理。改变电容的过程，就是调谐的过程，可以通过图3-4-4(a)表示，图3-4-4(b)是它的等效电路。

图3-4-4中，L_1和L_2是耦合线圈，L_1通过接收天线接受电磁波耦合到L_2上，形成一个多频率的信号源。调节C，当L_2C回路对某一频率信号发生谐振时，该频率信号在回路中电流最大，在电容两端产生一个是信号电压Q倍的电压，而其他频率的信号发生谐振，形成的电流及电压

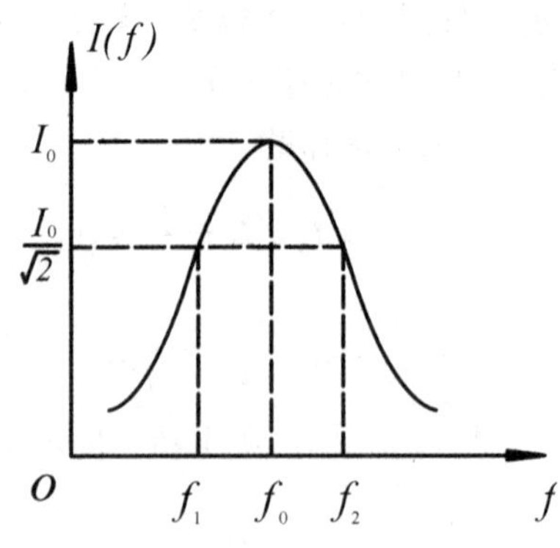

图 3-4-3　电流谐振曲线

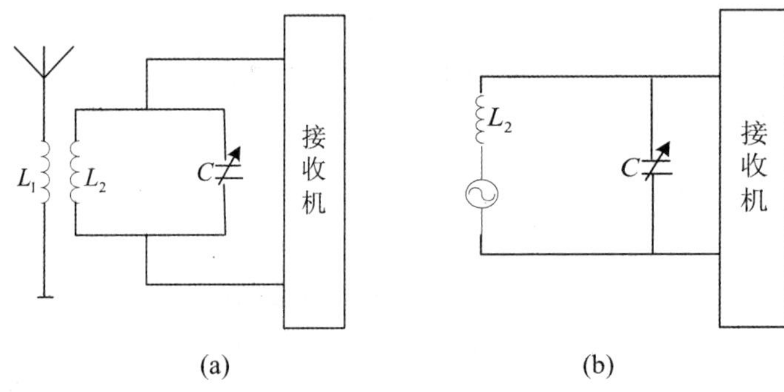

图 3-4-4　收音机调谐等效电路

均很小，从而被抑制掉。所以我们可以通过调节电容 C 来改变电路的谐振频率从而选择需要的电台信号。

二、并联谐振

1. 谐振条件

如前所述，谐振就是在 L、C 同时存在的电路中，出现电路端口处电流与电压同相的现象。并联电路的谐振也是这样。

最简单的 RLC 并联谐振电路如图 3-4-5 所示。并联电路的分析用导纳法比较方便。

由电路图 3-4-5 可知

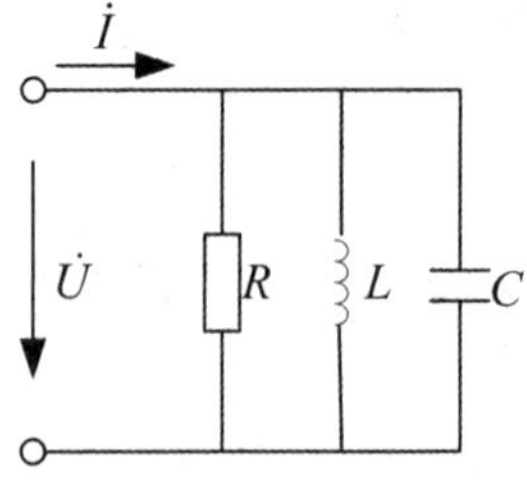

图 3-4-5　并联谐振电路图

$$Y_1 = \frac{1}{Z_1} = \frac{1}{R}$$

$$Y_2 = \frac{1}{Z_2} = \frac{1}{j\omega L} = -j\frac{1}{\omega L}$$

$$Y_3 = \frac{1}{Z_3} = \frac{1}{-j\dfrac{1}{\omega C}} = j\omega C$$

端口总导纳

$$Y = Y_1 + Y_2 + Y_3 = \frac{1}{R} + j\left(\omega C - \frac{1}{\omega L}\right)$$

根据谐振定义,显然总导纳的虚部应为零,即

$$\omega C - \frac{1}{\omega L} = 0$$

故产生并联谐振的条件为

$$\omega C = \frac{1}{\omega L}$$

也可写成

$$\omega L = \frac{1}{\omega C}$$

由上式可以推导出并联电路的谐振角频率为

$$\omega_0 = \frac{1}{\sqrt{LC}}$$

并联谐振频率为

$$f_0 = \frac{1}{2\pi\sqrt{LC}} \tag{3-4-6}$$

可见,RLC 并联电路的谐振频率和 RLC 串联电路的谐振频率的计算式是一样的。为了使 R、L、C 并联电路产生谐振,同串联电路一样,可以通过调整 L 和 C 或改变信号源(电源)频率来实现。

2. 并联谐振电路的特征

(1) 并联谐振时,$X_L = X_C$,所以谐振时电路的复阻抗为 $Z = R$,为电阻性,其阻抗值最大。

(2) 因阻抗值最大,所以在电压一定时,总电路中的电流最小,其值为

$$I_0 = \frac{U}{|Z|} = \frac{U}{R}$$

(3) 谐振时电阻中的电流 $I_R = \dfrac{U}{R} = I_0$,而电容和电感中的电流大小相等,相位相反,且

$$I_C = I_L = \frac{U}{\omega L} = \frac{I_0 R}{\omega_0 L} = \frac{R}{\dfrac{1}{\sqrt{LC}}L}I_0 = \frac{R}{\sqrt{\dfrac{L}{C}}}I_0 = \frac{R}{\rho}I_0 = QI_0$$

其中:$\rho = \omega_0 L = \dfrac{1}{\omega_0 C} = \sqrt{\dfrac{L}{C}}$,是谐振时的感抗或容抗值,称为特性阻抗,它仅由 L、C 两个参数确定:$Q = \dfrac{R}{\rho} = \dfrac{R}{\sqrt{\dfrac{L}{C}}}$,叫做电路的品质因数,当时 $R > \rho$,$Q > 1$,$I_L = I_C > I_0$,Q 越大,$I_L =$

I_C 就越大于端口电流,因此并联谐振又称电流谐振。

(4) 谐振时,电路的无功功率为零,电源只提供能量给电阻元件消耗,而电路内部电感和电容元件的磁场能与电场能正好完全相互交换。电感和电容的无功功率相等并且等于有功功率的 Q 倍($Q_L = Q_C = U \cdot QI_0 = QP$)

3. 并联谐振电路的应用

在无线电广播的发射和接收设备中,要求放大器具有选频放大能力,也就是说放大器能从含有多种频率的信号群中,选出某个频率的信号加以放大,而对其他频率信号不予放大。在实际应用中,都是用 LC 并联谐振电路来实现的,这种具有选频放大性能的放大器称为调谐放大器,如图 3-4-6 所示是其原理图。

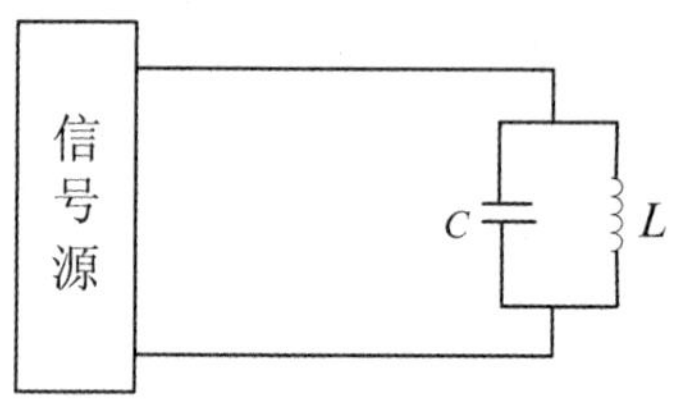

图 3-4-6 LC 并联选频电路

图 3-4-7(a)所示是 LC 并联电路的阻抗频率特性,在谐振时,阻抗最大,且呈现电阻性,此时谐振频率信号在 LC 并联电路上呈现的电压也最大。当电路失谐后电路的性质如图 3-4-7(b)所示的相位频率特性。

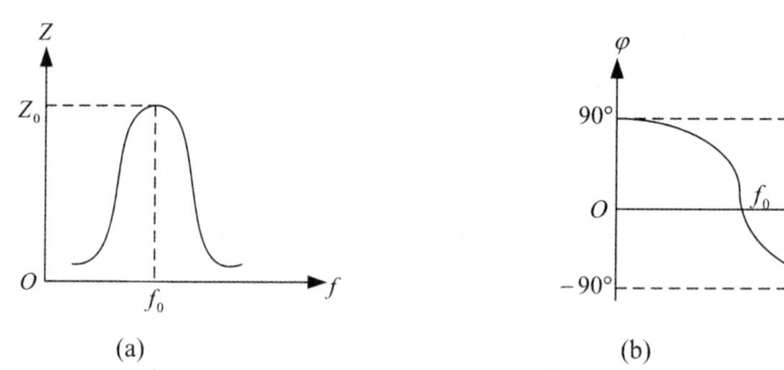

图 3-4-7 LC 并联电路的频率特性

电感线圈的直流电阻越小,电路的品质因数 Q 越高,阻抗频率特性曲线越陡峭,电路的选择性越好。LC 并联电路的品质因数一般可达几十到一二百之间。由于 LC 并联电路具有选频能力,因此,用它作为放大器的输出负载,则放大器具有选频放大能力,如图 3-4-8(a)所示。该放大器对于频率 f_0 的信号输出电压最大,也就具有最大的电压放大倍数 A_{V0},如图 3-4-8(b)所示。

【任务实施】

1. 用 multisim 构建 RLC 串联电路,如图 3-4-9 所示,其中 $R = 6\ \text{k}\Omega$,$L = 0.1\ \text{mH}$,$C = 400\ \text{pF}$。

2. 保持元件参数和电源电压不变,改变函数信号发生器的频率,测量三个元件两端的电压。将测量数据填入表 3-4-1 中。

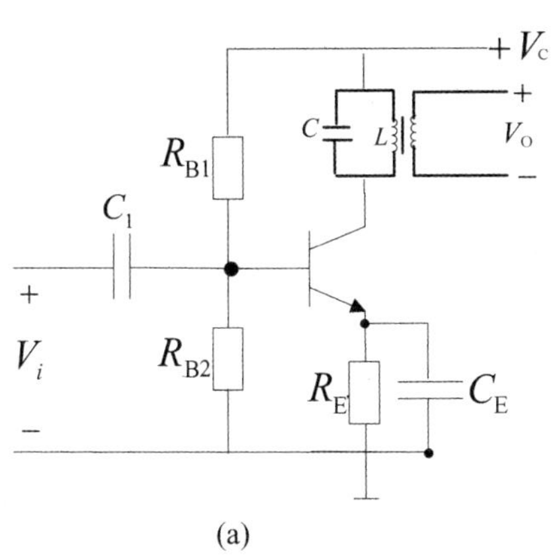

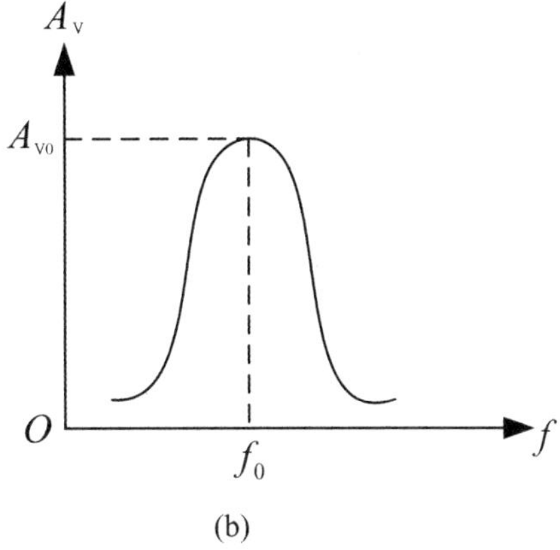

图 3-4-8　调谐放大器及其频率特性曲线

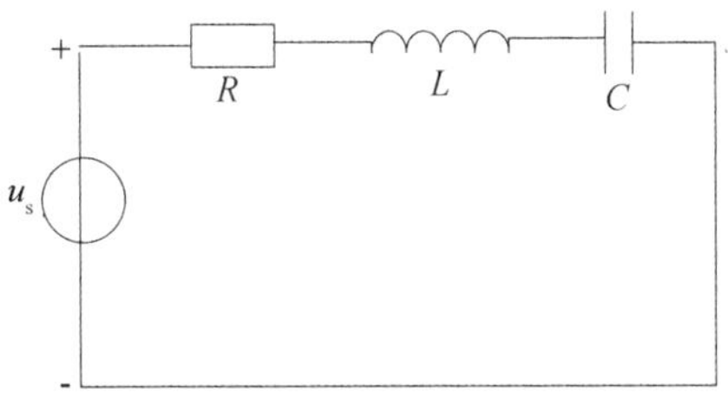

图 3-4-9　RLC 串联谐振电路

表 3-4-1　串联谐振电路测试结果

f(kHz)	60	80	91.937	100	120
U_R(V)					
U_L(V)					
U_C(V)					

可以得出，当 f = ________ Hz 时，电阻电压最大。

工作任务五　日光灯功率的测量及功率因数的提高

【任务描述】

日光灯电路是最常见的照明电路，本任务将对日光灯电路进行交流功率的测量和功率因数的提高。

【知识准备】

功率的测量与功率因数的提高

一、功率的概念

1. 瞬时功率(p)

在 RLC 串联电路中,各元件的电流相同,我们假设

$$i = \sqrt{2}I\sin\omega t$$
$$u = \sqrt{2}U\sin(\omega t + \varphi)$$

瞬时功率为

$$\begin{aligned} p = u \cdot i &= \sqrt{2}U\sin(\omega t + \varphi) \cdot \sqrt{2}I\sin\omega t = 2UI\sin(\omega t + \varphi) \cdot \sin\omega t \\ &= 2UI \times \frac{1}{2}[\cos(\omega t + \varphi - \omega t) - \cos(\omega t + \varphi + \omega t)] \\ &= UI[\cos\varphi - \cos(2\omega t + \varphi)] \end{aligned} \tag{3-5-1}$$

从式(3-5-1)可以看出,瞬时功率由两部分组成:一部分为恒定分量 $UI\cos\varphi$,是一个与时间无关的常量,不论 $\varphi > 0$,还是 $\varphi < 0$,该项永为正值;第二部分为交流分量 $UI\cos(2\omega t + \varphi)$,它的频率是电源频率的两倍。

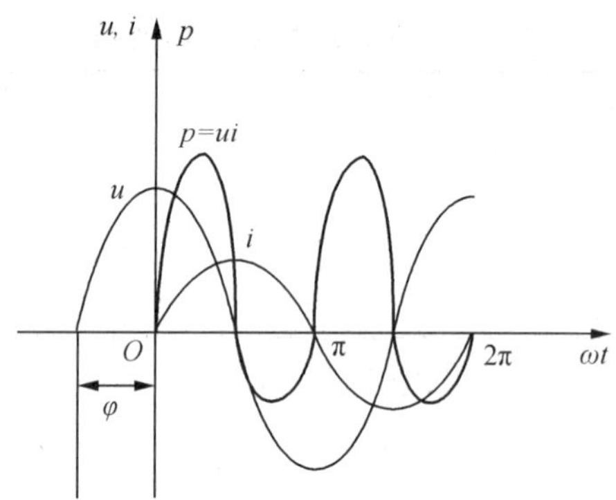

图 3-5-1　电压、电流和功率波形图

图 3-5-1 画出了电压、电流和功率的波形图(此图设 $0 < \varphi < \frac{\pi}{2}$),$i$ 的初相角为零,u 超前 i 的角度为 φ。p 为曲线上每时刻 u 和 i 的乘积,由于 φ 的存在,使在一个周期内有两个时段 u 和 i 相反。该时段内瞬时功率为负值($p < 0$),说明负载不从电源吸收电能,而是有能量送回电源,这是因为电路内不仅有耗能元件(R),还有储能元件(L 或 C)存在。

2. 有功功率(P)

上面讲的瞬时功率,是一个随时间按正弦规律变化的量。这个量无论是计算和测量都不方便,而在通常情况下,也不需要计算和测量它,但它是研究交流电功率的基础。

“有功功率”即“平均功率”为

$$P=\frac{1}{T}\int_0^T p\mathrm{d}t=\frac{1}{T}\int_0^T UI[\cos\varphi-\cos(2\omega t+\varphi)]\mathrm{d}t$$
$$=\frac{1}{T}\int_0^T UI\cos\varphi\mathrm{d}t-\frac{1}{T}\int_0^T UI\cos(2\omega t+\varphi)\mathrm{d}t$$

得

$$P=UI\cos\varphi \tag{3-5-2}$$

可见,对一般正弦交流电路来讲,电路的有功功率等于电路总电流、电压有效值和 $\cos\varphi$ 三者之积。式中 φ 角为乘积中 U 和 I 的相位差,也是负载阻抗的阻抗角。对确定的负载来讲,φ 角也是确定的,$\cos\varphi$ 是常数,称为负载的"功率因数"。

对于式(3-5-2),从电压三角形可知 $U_R=U\cos\varphi$,则

$$P=U_RI=I^2R$$

说明有功功率只消耗在电阻元件上。

3. *无功功率(Q)*

前面曾经介绍过电感元件(L)和电容元件(C),在接入正弦交流电路后的功率为"无功功率":$Q_L=U_LI,Q_C=U_CI$,(这时 $\dot{U}_L$ 或 $\dot{U}_C$ 都与 $\dot{I}$ 的相位差是90°)。

现在把 L、C 元件上无功功率的概念,推广到一般电路中。根据图3-5-2电压三角形,得

$$Q=(U_L-U_C)I=UI\sin\varphi \tag{3-5-3}$$

电路的无功功率有正负之分。感性电路 $Q>0$;容性电路为 $Q<0$。

4. *视在功率(S)*

电源为负载供电时,不仅要提供电能给电阻消耗,还要和电路中动态元件进行能量的交换。因此,我们将电源的总电压与电流的乘积定义为视在功率,用大写字母 S 表示,即 $S=UI$,单位是伏安(VA)。

在RLC串联电路中,由电压三角形可知

$$P=U_RI=UI\cos\varphi$$
$$Q=(U_L-U_C)I=UI\sin\varphi$$
$$S=UI=\sqrt{P^2+Q^2} \tag{3-5-4}$$

可以看出,有功功率、无功功率和视在功率三者之间也满足一个三角形关系,叫做功率三角形,如图3-5-2所示。

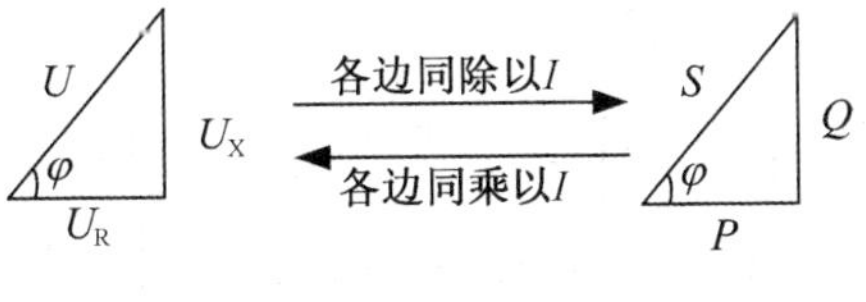

U φ U_X U_R 各边同除以I 各边同乘以I S Q φ P

图3-5-2　RLC串联电路电压三角形和功率三角形

前面曾讲过"电压三角形"和"阻抗三角形",这里又介绍了"功率三角形"。在同一电路中,这是三个相似三角形。如表3-5-1所示。

表 3-5-1　阻抗三角形、电压三角形和功率三角形的相似性

项目 \ 三角形名称	阻抗三角形	电压三角形	功率三角形
三个边名称	$R,(X_L-X_C),\|Z\|$	$U_R,(U_L-U_C),U$	$P,(Q_L-Q_C),S$
三个边关系	$\|Z\|=\sqrt{R^2+(X_L-X_C)^2}$	$U=\sqrt{U_R^2+(U_L-U_C)^2}$	$S=\sqrt{P^2+(Q_L-Q_C)^2}$
功率因数计算	$\cos\varphi=\frac{R}{\|Z\|}$	$\cos\varphi=\frac{U_R}{U}$	$\cos\varphi=\frac{P}{S}$

二、功率因数的提高

1. 功率因数的概念

通过前面的分析,已知交流电路的有功功率的大小不仅取决于电压和电流的有效值,而且和电压、电流间的相位差 φ 有关。即 $P=UI\cos\varphi$,$\cos\varphi$ 为电路的功率因数,它与电路的参数有关。

纯电阻电路 $\cos\varphi=1$,纯电感和纯电容的电路 $\cos\varphi=0$。一般电路中,$0<\cos\varphi<1$。目前,在各种用电设备中,除白炽灯、电阻炉等少数电阻性负载外,大多属于电感性负载。例如工农业生产中广泛使用的三相异步电动机和日常生活中大量使用的日光灯、电风扇等都属于电感性负载,而且它们的功率因数往往比较低。如日光灯在 0.5 左右,交流电焊机只有 0.3 ~ 0.4,交流电磁铁甚至低至 0.1。

因此,由于感性负载的存在,导致了电网功率因数的降低。

2. 功率因数低的危害

如果功率因数过低,会引起下列两个问题:

(1) 使电源设备的容量不能充分利用

例如,一台额定容量为 60 kVA 的变压器,假如它在额定电压、额定电流下运行,在负载的功率因数为 1 时,它传输的有功功率是 60 W($P=UI\cos\varphi$),它的容量得到充分的利用。当负载的功率因数为 0.8 时,它传输的有功功率降低为 48 kW,电源的利用率较低。若功率因数为 0.6,传输的有功功率为 36 W,电源利用更不充分。因此负载的功率因数低时,电源设备的容量就得不到充分的利用。

(2) 增加了线路上的功率损耗和电压降

在一定电压下向负载输送一定的有功功率时,负载功率因数越低,通过输电线路的电流就越大($I=\frac{P}{U\cos\varphi}$),输电线路的电能损耗越大。功率因数是电力经济中的一个重要指标。

由以上分析可以看到,提高用户的功率因数对国民经济有着十分重要的意义。

3. 提高功率因数的方法

在感性电路中,如果要提高电路的功率因数 $\cos\varphi$,应遵循两个原则:一是要保证原感性负载能够正常工作,二是不应增加电源的负担。从功率三角形来分析,就是要在保持 P 不变的前提下,使电路阻抗角 $\phi=\arccos\frac{P}{UI}$ 变小(但电路的性质不变),这时视在功率 $S=UI$ 变小。为了实现上述要求,我们可以在感性负载两端并联一个适当的电容器,如图 3-5-3(a) 所示。以电压

为参考相量,可画出其相量图如 3-5-3(b) 所示。

由图 3-5-3(b) 可知,并联电容前,电路的电流为感性负载的电流 $\dot{I}_1$,电路的功率因数为感性负载的功率因数 $\cos\varphi_1$;并联电容后,电路的总电流 $\dot{I} = \dot{I}_1 + \dot{I}_C$。电路的功率因数变为 $\cos\varphi$。可见,并联电容器后,流过感性负载的电流及其功率因数没有变,而整个电路的功率因数 $\cos\varphi > \cos\varphi_1$,比并联电容前提高了;电路的总电流 $I < I_1$,比并联电容前减小了。但要注意,并联电容后,电路的有功功率并未改变。根据相量图可得:

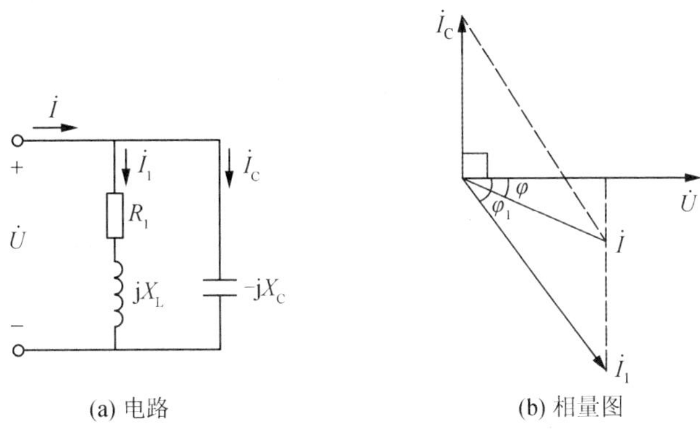

图 3-5-3　提高功率因数的方法

$$I_C = I_1\sin\varphi_1 - I\sin\varphi = \frac{P}{U\cos\varphi_1}\sin\varphi_1 - \frac{P}{U\cos\varphi}\sin\varphi$$

$$= \frac{P}{U}(\tan\varphi_1 - \tan\varphi)$$

又因 $I_C = U\omega C$,可得

$$C = \frac{P}{\omega U^2}(\tan\varphi_1 - \tan\varphi) \tag{3-5-5}$$

根据式(3-5-5) 可计算出将功率因数由 $\cos\varphi_1$ 提高到 $\cos\varphi$ 所需并联的电容器的容量。

目前我国有关部门规定,电力用户功率因数不得低于 0.9。但是,当 $\cos\varphi = 1$ 时,电路将发生谐振。在电力电路中,这是不允许的,通常单位用户应把功率因数提高到略小于 1。

从上面的分析可以看出:

(1) 并联电容后,原感性负载消耗的有功功率不变,原来负载两端电压不变,即原电路的工作状态没有改变。

(2) 并联电容后,电源输出的有功功率不变,视在功率变小。

(3) 并联电容后的电路对电源的功率因数提高,电路的总电流减小。

例 3-5-1　有一电感性负载,接到 220 V、50 Hz 的交流电源上,消耗的有功功率为 4.8 kW,功率因数为 0.5,试问并联多大的电容才能将电路的功率因数提高到 0.95?

解:据题意,$P = 4.8$ kW,$U = 220$ V,$f = 50$ Hz

未加电容时,$\cos\varphi_1 = 0.5$,$\varphi_1 = \arccos 0.5 = 60°$

并联电容后,$\cos\varphi = 0.95$,$\varphi = \arccos 0.95 = 18.19°$

$$C = \frac{P}{2\pi f U^2}(\tan\varphi_1 - \tan\varphi)$$
$$= \frac{4.8 \times 10^3}{2 \times 3.14 \times 50 \times 220^2}(\tan 60° - \tan 18.19°)$$
$$= 433\ \mu F$$

【任务实施】

(1) 在电工电子实验台上选择镇流器、启辉器、电流测量插口、功率表、电容器和日光灯管接成图 3-5-4 所示电路。

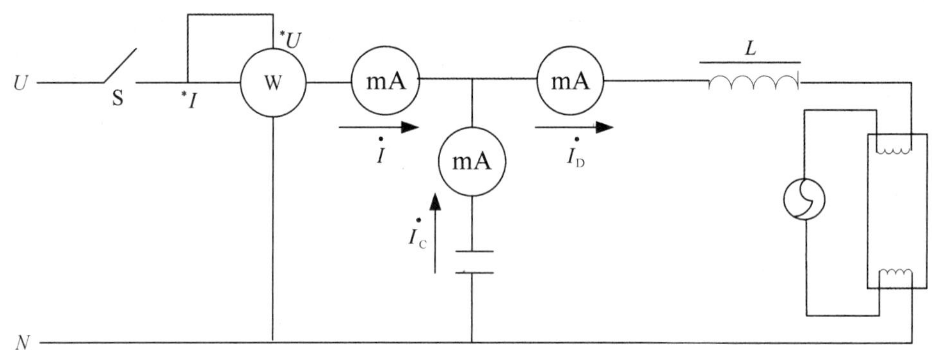

图 3-5-4 日光灯功率测量接线图

(2) 闭合开关S,此时日光灯应亮,从0逐渐增大并联的电容器,分别测量总电流 I、灯管电流 I_D,、电容器电流 I_C、功率 P。将测量数据填入表 3-5-2 中并计算 $\cos\varphi$。

表 3-5-2 日光灯改善功率因数实验数据

电容(μF) / 测量项目	0	1	3.2	4.7
U(V)				
I(mA)				
I_D(mA)				
I_C(mA)				
P				
$\cos\varphi = P/UI$				

(3)根据表 3-5-2 的数据,分析日光灯提高功率因数的方法。

【知识拓展】

功率表的使用·日光灯的组成与工作原理

一、功率表的使用

功率表是用来测量交流电路有功功率的电工仪表,其电流线圈串联接入被测电路,而电压线圈并联接入被测电路,使用功率表测量日光灯的电路如图 3-5-5 所示。

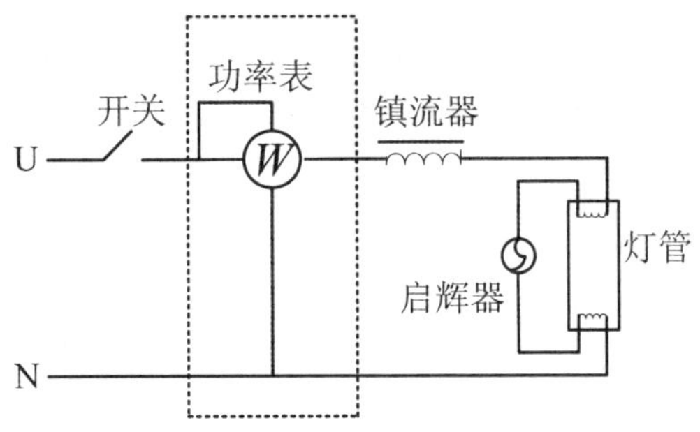

图 3-5-5　日光灯接线图

功率表使用时需注意:

1. 功率表正确接法必须遵循“发电机端”的接线原则,即标有的电流端必须接至电源一端,另一电流端接至负载;电流线圈是串联接入电路中的,标有“ * ”的电压端则可接至电流端的任意一端,另一端则跨接至负载的另一端,电压支路是并联接入电路的,如图 3-5-6 所示。

2. 功率表接法的选择:电压线圈前接法和后接法,和伏安法测电阻的安培表外接法和内接法相似。当负载电阻远大于电流线圈电阻时,宜采用前接法;当负载电阻远小于电压支路的电阻时,宜采用后接法。

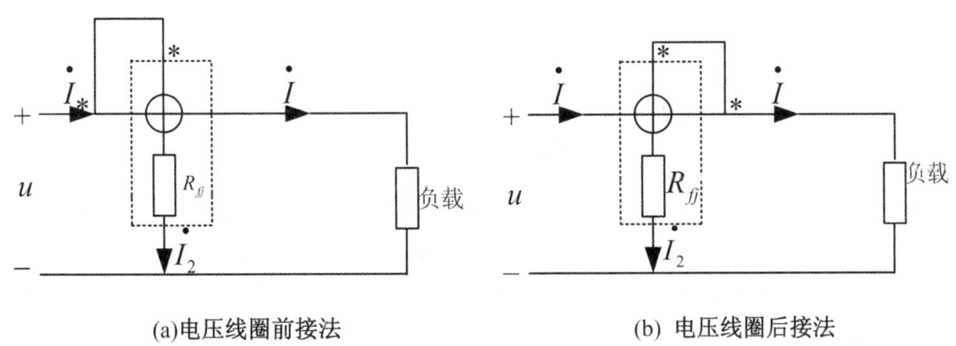

(a)电压线圈前接法　　(b) 电压线圈后接法

图 3-5-6　功率表前接法和后接法

二、日光灯的组成

1. 灯管

灯管是一根 15 ~40.5 mm 直径的玻璃管,在灯管内壁上涂有荧光粉,灯管两端各有一根灯丝。管内充有一定量的氩气和少量水银,氩气有帮助灯管点燃并保护灯丝,延长灯管使用寿命的作用。当管内弧光放电时,水银蒸气受激发辐射大量紫外线,激发荧光粉而辐射出接近日光的光线,日光灯发光效率较白炽灯高一倍多。

2. 镇流器

镇流器是具有铁芯的电感线圈,它有两个作用:在启动时与启辉器配合,产生瞬时高压点燃灯管;在工作时利用串联于电路中的高电抗限制灯管电流,延长灯管使用寿命。镇流器的选用必须与灯管配套,即灯管瓦数必须与镇流器的标称瓦数相同。

3. 启辉器

又叫启动器,俗称跳泡。内部主要组成有氖气和纸介电容。氖泡内有一个固定的静止触片和一个双金属片,双金属片由两种膨胀系数差别很大的金属薄片粘合而成。动触片和静触片平时分开,纸介电容与镇流器线圈组成 LC 振荡回路,能延长灯丝预热时间和维持脉冲放电电压。

三、日光灯的工作原理

日光灯的放电条件:一是灯丝要预热并发射电子,二是灯管两端要加一个较高的电压使管内气体击穿放电。合上开关瞬间,启辉器动、静触片处于断开位置,电源电压几乎全部加在启辉器氖泡动、静触片之间,使其产生辉光放电而逐渐发热。由于两种金属膨胀系数不同发生膨胀伸展而与静触片接触,将电路接通,构成日光灯启辉状态的电流回路。电流流过镇流器和两端灯丝,灯丝被加热而发射电子,启辉器动静触片接触后,辉光放电消失,触片温度下降而恢复断开位置,将启辉器电路分断。启辉器在电路中的作用相当于一个自动开关。此时镇流器线圈中由于电流突然中断,在电感作用下产生较高的自感电动势,它和电源电压叠加后加在灯管两端,导致管内惰性气体电离产生弧光放电,使管内温度升高,液态水银汽化游离,游离的水银分子剧烈运动撞击惰性气体的机会急剧增加,引起水银蒸气弧光放电,辐射出紫外线,紫外线激发管壁上的荧光粉而发出日光色的可见光。

巩固练习

习题 3-6-1 正弦交流电的三要素是________、________、________。

习题 3-6-2 若已知电压的瞬时值为 $u=10\sin(314t+30°)$ V,则该电压有效值 $U=$ ________V,频率 $f=$ ________Hz,初相位为 $\theta=$ ________。

习题 3-6-3 某正弦交流电压 $u=311\sin\left(314t+\frac{\pi}{3}\right)$ V,则该交流电的周期为________s,频率是________Hz,最大值为________,有效值为________,初相角为________,相量形式 $\dot{U}=$ ________。

习题 3-6-4 已知:$i_1=10\sin(100t+90°)$ A,$i_2=15\sin(100t+120°)$ A,则 i_1 相位滞后 i_2 相位________;i_1 的频率为________。i_2 的周期为________,i_1 的有效值为________。

习题 3-6-5 正弦交流电流 $\dot{I}=10\angle 60°$ A,角频率 $\omega=100$ rad/s 则该交流电流的瞬时表达式________,最大值 $I_m=$ ________,有效值 $I=$ ________,初相角 $\varphi=$ ________。

习题 3-6-6 有一 RLC 串联电路,其中 $R=30\ \Omega$,$X_L=50\ \Omega$,$X_C=80\ \Omega$,则阻抗角 $\varphi=$

________,该电路为________性电路。

习题 3-6-7　已知一阻抗 Z 上的电压、电流分别为 $\dot{U}=220\angle 30°\text{V}$、$\dot{I}=5\angle -30°\text{A}$(电压和电流的参考方向一致),则 $\cos\varphi=$________。

习题 3-6-8　RL 串联电路中,已知 $u=100\sin(314t+30°)\text{V}$,$R=40\ \Omega$,$\omega L=30\ \Omega$,试求:

(1)电路中的电流 i;

(2)电路中的总阻抗;

(3)电感两端电压的瞬时值表达式;

(4)作电流和各电压相量图。

习题 3-6-9　RLC 串联交流电路如图 3-6-1 所示,$R=30\ \Omega$,$X_L=120\ \Omega$,$X_C=80\ \Omega$,若已知电阻上的电压 $u_R=60\sqrt{2}\sin(314t-36.1°)\text{V}$。

求:(1)电路中的电流 i;

(2)电路中的总阻抗;

(3)求 u_L、u_C 和 u;

(4)作电流和各电压相量。

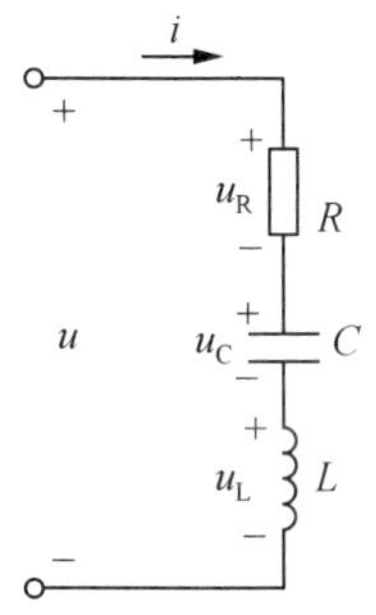

图 3-6-1　习题 3-6-9 图

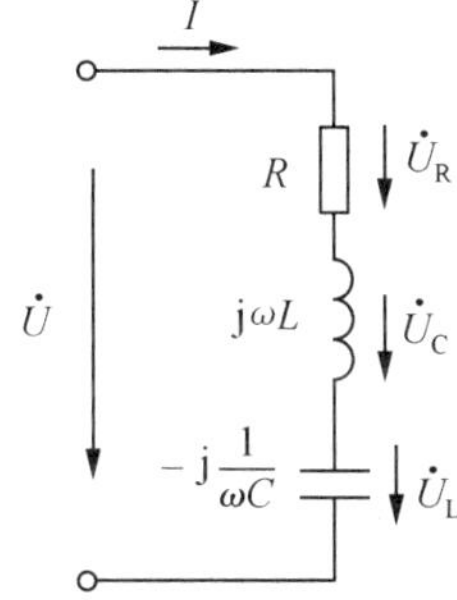

图 3-6-2　习题 3-6-10 图

习题 3-6-10　有一 RLC 串联电路,如图 3-6-2 所示,其中 $R=30\ \Omega$,$L=382\ \text{mH}$,$C=39.8\ \mu\text{F}$,外加电压 $u=220\sqrt{2}\sin(314t+60°)\text{V}$

求:(1) 复阻抗 Z,并确定电路的性质;

(2) 求电流 $\dot{I}$ 和电压 $\dot{U}_R$,$\dot{U}_L$,$\dot{U}_C$;

(3) 绘电压、电流相量图。

习题 3-6-11　如图 3-6-3 所示电路中,已知 $u=220\sqrt{2}\sin 314t\text{V}$,$i_1=22\sin(314t-45°)\text{A}$,$i_2=11\sqrt{2}\sin(314t+90°)\text{A}$,试求:各表读数及参数 R、L、C。

习题 3-6-12　电力工业中为了提高功率因数,常采用人工补偿法,即在通常广泛应用的感性电路中,人为地加入________负载。

习题 3-6-13　日光灯电路中,已知 $P=40\ \text{W}$,$U=220\ \text{V}$,$I=0.4\ \text{A}$,$f=50\ \text{Hz}$,则此日光灯的功率因数 $\cos\varphi=$________。若要把功率因数提高到 0.85,需补偿无功 Q_C________,并联电容 $C=$________。

习题 3-6-14　将 $U=220\ \text{V}$、$P=40\ \text{W}$、$\cos\varphi=0.5$ 的荧光灯电路的功率因数提高到 0.9。

(1)试求需要并联多大的电容。

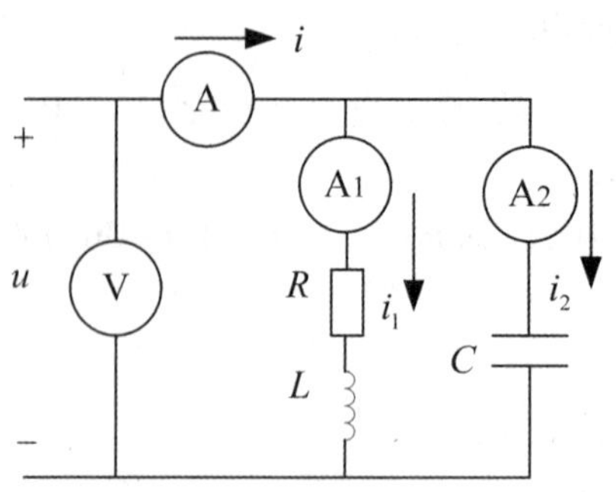

图 3-6-3　习题 3-6-11 图

(2)试问:并联电容后感性负载本身的功率因数是否提高了呢?

习题 3-6-15　一个 RLC 串联负载载入 220 V 的交流电路中,已知 $R=8\ \Omega$,$X_L=10\ \Omega$,$X_C=4\ \Omega$,试求负载中的电流及负载的有功功率、无功功率、视在功率和功率因数。

习题 3-6-16　在 RLC 串联电路中,已知 $R=30\ \Omega$,$L=445\ \text{mH}$,$C=32\ \mu\text{F}$,电源电压为 $u=220\sqrt{2}\sin(314t+\frac{\pi}{3})\ \text{V}$,

试求:(1)电路中的电流 i;

(2)电阻、电感和电容的电压;

(3)功率因数;

(4)有功功率、无功功率、视在功率。

项目四　三相用电设备的连接与测试

工作任务一　三相交流电的波形观察与测量

【任务描述】

电力系统中，在发电、输电、配电方面都采用三相制。在发电方面，三相交流发电机比相同尺寸的单相交流发电机容量大；在输电方面，如果以同样电压将同样大小的功率输送到同样距离，三相输电线比单相输电线节省材料；在用电设备方面，三相交流电动机比单相电动机结构简单、体积小、运行特性好等等。因而三相制是目前世界各国的主要供电方式。

本任务是通过在 multisim 中进行如图 4-1-1 所示的仿真测试，让学生学会用示波器观察三相电源的波形并会识读其电压、相位等。

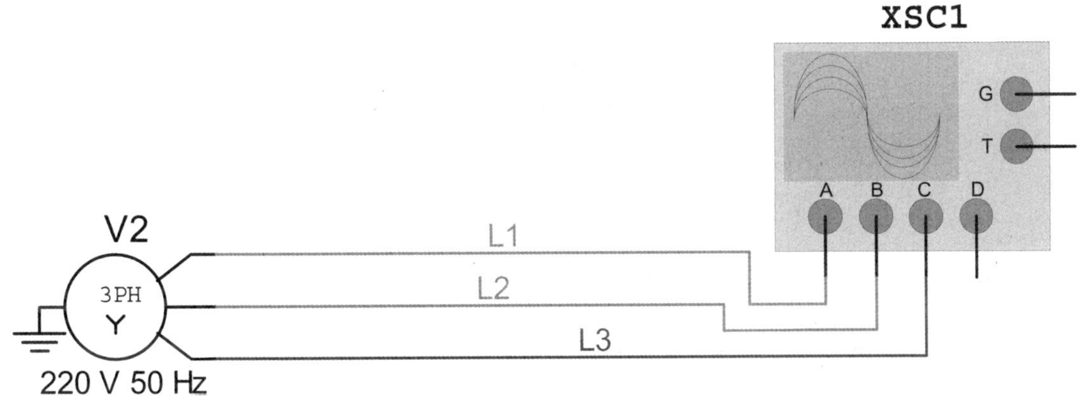

图 4-1-1　示波器观察三相电源波形的接线图

【知识准备】

认识三相电源 · 三相电源的 Y、△ 连接

一、认识三相电源

三相电源是由三个频率相同、幅值相等、相位互差 120°的正弦交流电源组成，称为三相对称正弦电压，如图 4-1-2 所示。

如果选 U 相作为参考，则对称三相电压源的解析式为：

$$u_{U} = \sqrt{2}U_{P}\sin\omega t$$

$$u_{V} = \sqrt{2}U_{P}\sin(\omega t - 120°)$$

$$u_W = \sqrt{2}U_P\sin(\omega t + 120°) \quad (4\text{-}1\text{-}1)$$

式(4-1-1)中 U_P 为相电压的有效值。它们的波形如图 4-1-3(a)所示。

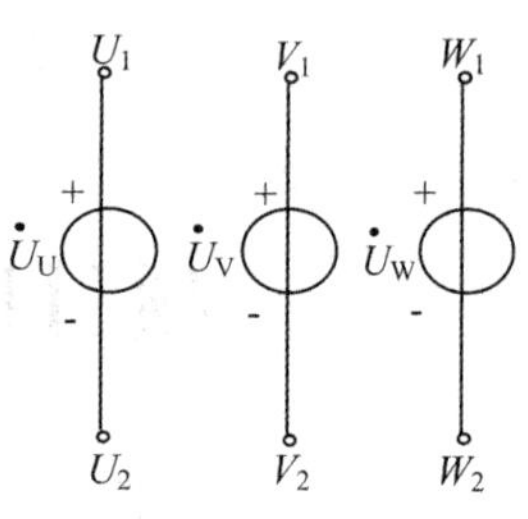

图 4-1-2　三相正弦电压源

对应的相量表达式为:

$$\dot{U}_U = U_P\angle 0°V$$
$$\dot{U}_V = U_P\angle -120°V$$
$$\dot{U}_W = U_P\angle 120°V \quad (4\text{-}1\text{-}2)$$

对应的相量如图 4-1-3(b)所示:

由图 4-1-3 可得三相对称电压源的瞬时值之和以及相量和恒等于零,即

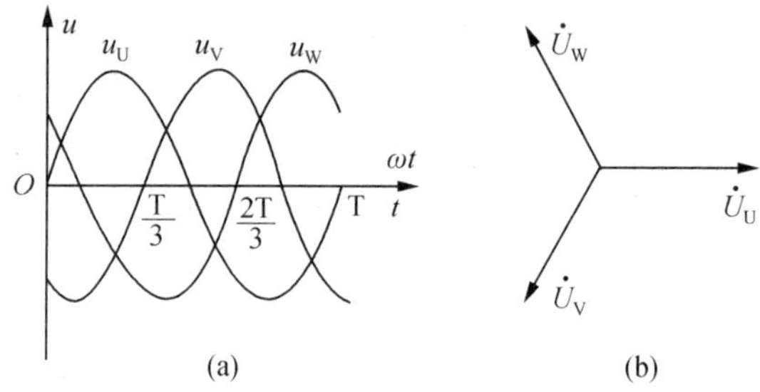

图 4-1-3　三相电压源的波形图和相量图

$$u_U + u_V + u_W = 0$$
$$\dot{U}_U + \dot{U}_V + \dot{U}_W = 0 \quad (4\text{-}1\text{-}3)$$

三相交流电依次到达最大值(或零值)的顺序称为相序。实际应用中经常把按照 U→V→W→U 变化的顺序称为正序,而按照 U→W→V→U 变化的顺序称为负序(或逆序)。比如在三相异步电机中就可以通过改变三相电源相序的方法来控制电机的正反转。以后若无说明,均指正序而言。发电厂、变电所的通电设备通常涂有黄、绿、红三种颜色,分别表示 U、V、W 三相,以示区别。

二、三相电源 Y 连接

三相电源并不是作为三个独立的电源向外供电,而是按一定的方式连接后向外供电。通常三相电源有两种连接方式即星形连接和三角形连接。

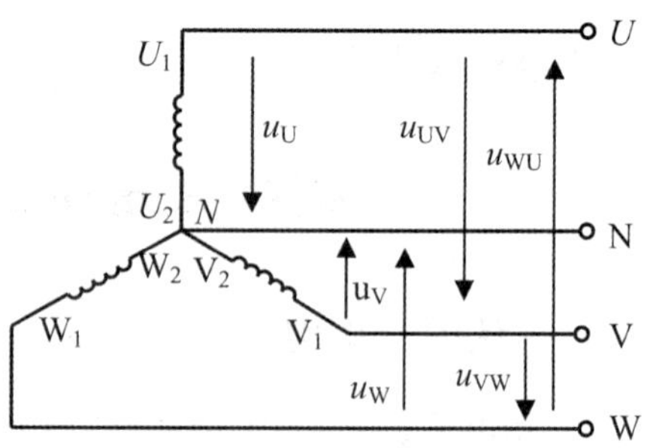

图 4-1-4　三相电源的 Y 连接

发电机的三相绕组通常采用星形(Y)接法,如图 4-1-4 所示,将三相绕组的末端 U_2、V_2、W_2 接到一起,其中的公共端点称为中点(俗称零点)。从中点引出的导线称为中线(俗称零线),用 N 表示。从起端 U_1、V_1、W_1 引出的三根导线称为相线(或端线,俗称火线),用 U、V、W 表示。我们把这种三相电源、四根导线的电路称为三相四线制电路,如图 4-1-4 所示。无中线的则称为三相三线制电路。

在图 4-1-4 中可以看到,相线与相线之间以及相线与中线之间都有电压,因此 Y 形连接可以提供两种电压。其中,相线与中线之间的电压称为相电压,参考方向规定为从相线指向中线,分别用 u_U、u_V、u_W 表示,有效值一般用 U_P 表示。相线与相线之间的电压称为线电压,参考方向按照正序的方向,且习惯上用下标字母的次序表示,分别用 u_{UV}、u_{VW}、u_{WU} 表示,有效值一般用 U_l 表示。

当忽略电源绕组的内阻抗时,三相电源的相电压就等于三相电动势,因此可以得到电源的相电压也是对称的,即

$$\begin{aligned}\dot{U}_U &= U_P\angle 0^\circ\\ \dot{U}_V &= U_P\angle -120^\circ\\ \dot{U}_W &= U_P\angle +120^\circ\end{aligned}\tag{4-1-4}$$

当电源绕组作 Y 形接法时,从图 4-1-4 可以得到相电压与线电压的相量关系为:

$$\begin{aligned}\dot{U}_{UV} &= \dot{U}_U - \dot{U}_V\\ \dot{U}_{VW} &= \dot{U}_V - \dot{U}_W\\ \dot{U}_{WU} &= \dot{U}_W - \dot{U}_U\end{aligned}$$

将式(4-1-4)代入,由相量的代数换算可得:

$$\begin{aligned}\dot{U}_{UV} &= \sqrt{3}U_P\angle 30^\circ = \sqrt{3}\dot{U}_U\angle 30^\circ\\ \dot{U}_{VW} &= \sqrt{3}U_P\angle -90^\circ = \sqrt{3}\dot{U}_V\angle 30^\circ\\ \dot{U}_{WU} &= \sqrt{3}U_P\angle 150^\circ = \sqrt{3}\dot{U}_W\angle 30^\circ\end{aligned}\tag{4-1-5}$$

线电压与相电压之间的关系也可以由相量图 4-1-5 得到。从相量图可以很容易得到线电压与相电压的大小关系可表示为:

$$U_l = \sqrt{3}U_P\tag{4-1-6}$$

相位关系是:线电压超前对应的相电压 30°。

目前,我们日常使用的照明用电是三相四线制中的相电压 220 V,其线电压是 380 V。

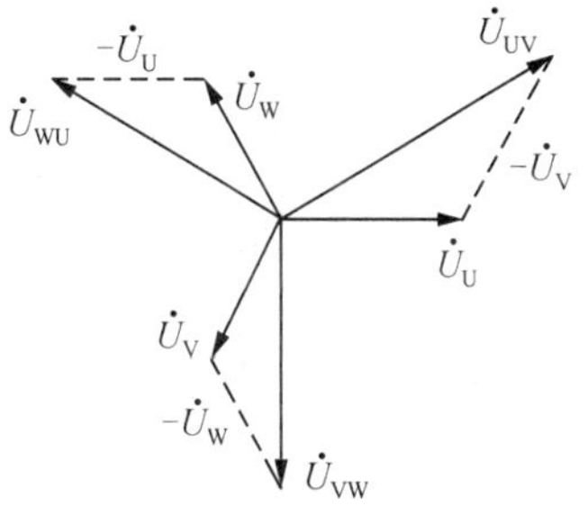

图 4-1-5　三相电源 Y 形连接时电压的相量图

三、三相电源 Δ 连接

如图 4-1-6 所示,把电源三相绕组的首尾依次连接成一个闭环,再从连接点分别引出三根火线 U、V、W 的接法称为三相电源的三角形(△)连接。

从图 4-1-6 中可以看到:

$$\begin{aligned}\dot{U}_{UV} &= \dot{U}_U\\ \dot{U}_{VW} &= \dot{U}_V\\ \dot{U}_{WU} &= \dot{U}_W\end{aligned}\tag{4-1-7}$$

因此,电源作 △ 连接时,只能提供一种电压,即线电压,并且在数值上等于对应的电源的相电压,大小仅为电源作 Y 连接时线电压的 $1/\sqrt{3}$。

电源作 △ 连接时,一定注意各相绕组的首尾不能接反,当三相电压源连接正确时,在三角

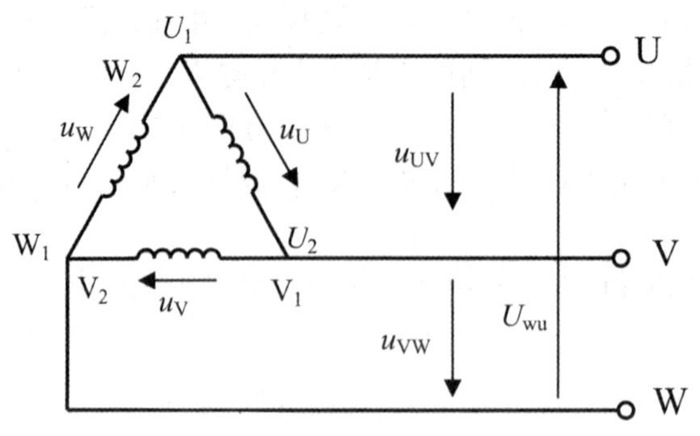

图 4-1-6　三相电源的 △ 连接

形闭合回路中总的电压为零,即:$\dot{U}_U + \dot{U}_V + \dot{U}_W = U_P(\angle 0° + \angle -120° + \angle +120°) = 0$,否则会在电源内部形成较大的环形电流而烧坏电源。

注意:三相电源接成三角形时,为保证连接正确,可先把三个绕组接成一个开口三角形,经一电压表闭合,若电压表读数为零,说明连接正确,可撤去电压表将回路闭合。

【任务实施】

一、三相电源波形的绘制

在 multisim 软件中,用示波器观察三相电源 Y 连接时的波形图,将 U、V、W 三相电源波形绘制在图 4-1-7。

图 4-1-7　绘制的三相电源 Y 连接时的波形图

注意:请同学们认真观察所测的三相电源波形图的特点。

二、三相电源的测量

测量三相电源的各相电压、线电压,并计算线电压与对应相电压的关系,将数据填在表 4-1-1中。

表 4-1-1　三相电源各电压值的测量

项目	相电压			线电压			线电压与相电压关系		
数值	u_{UN}	u_{VN}	u_{WN}	u_{UV}	u_{VW}	u_{WU}	u_{UV}与u_{UN}	u_{VW}与u_{VN}	u_{WU}与u_{WN}

【知识拓展】

三相对称交流电的产生·安全用电常识

一、三相对称交流电的产生

三相交流电通常是由三相交流发电机产生的。三相交流发电机的原理图如图4-1-8所示。它主要由定子和转子组成。在定子上嵌有三个相同的三相绕组,起端用U_1、V_1、W_1表示,末端用U_2、V_2、W_2表示,其中三相绕组的始端或末端之间彼此相差120°相位差。转子的铁芯上缠有励磁绕组,当给励磁绕组通上直流电时,只要极面和励磁绕组缠绕合适,可在空气隙中产生按正弦规律分布的磁通。当转子以角速度ω顺时针方向旋转时,就会在三相绕组中感应出大小相等、频率相同、彼此相差120°相位差的三相交流感应电动势,分别用e_U、e_V、e_W表示。我们把这样大小相等、频率相同、彼此相差120°相位差的电动势称为对称三相电动势。通常,我们用对称三相电压源来表示。

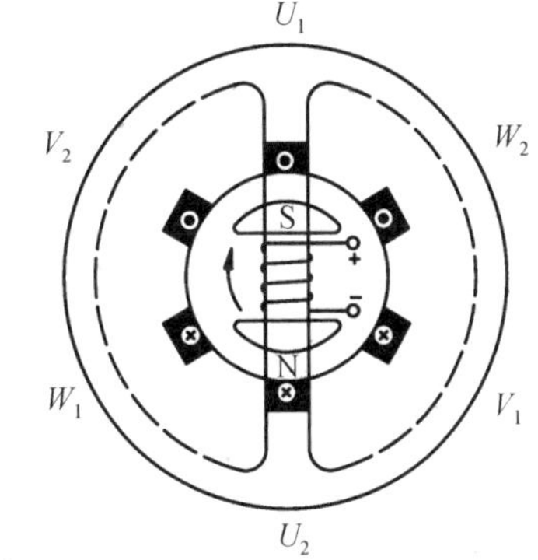

图4-1-8　三相交流发电机原理图

在三相交流电中,通常电动势的参考方向规定为从末端指向始端。电压源的参考方向从始端指向末端。三相正弦电压源是三相电路中最基本的组成部分,电力系统中,就是三相交流发电机的三相绕组。

二、安全用电常识

随着生活水平的提高,人们接触到的各种电气设备种类也越来越多。为确保安全用电、防止人身伤害,掌握安全用电尤为重要。

1. 常见的触电方式

常见的触电方式主要有两种:

双线触电:就是人体同时接触两根火线,如图4-1-9(a),这时不管中点接不接地,人体接触的电压都是380 V,是最危险的一种。

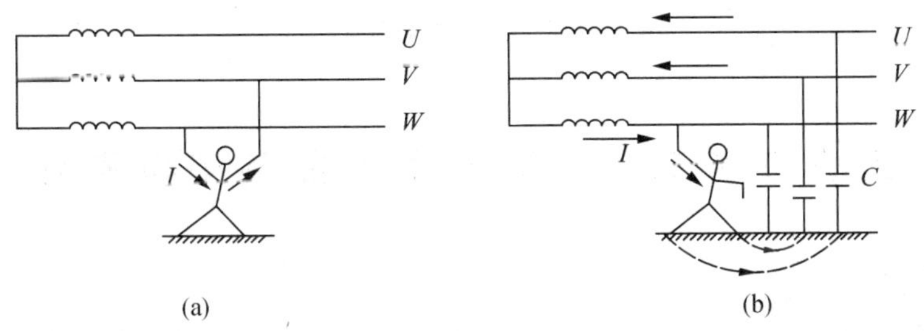

图4-1-9　触电方式

单线触电:如图4-1-9(b),就是人体接触一相电压,电流通过人体、大地和电源中性线或对地电容形成闭合回路。另外某些电气设备如果因绝缘破损而漏电,人体触及外壳,相当于单线触电,也会造成触电事故。

2. 安全措施

(1)接地保护

把电气设备的金属外壳和与外壳相连的金属构架用电阻很小的接地保护与大地可靠地联结起来,称为接地保护。如图4-1-10所示为三相交流电动机的接地保护。当人体不小心接触漏电的外壳时,由于接地保护装置的电阻远远小于人体电阻,因此人体中几乎没有电流流过。

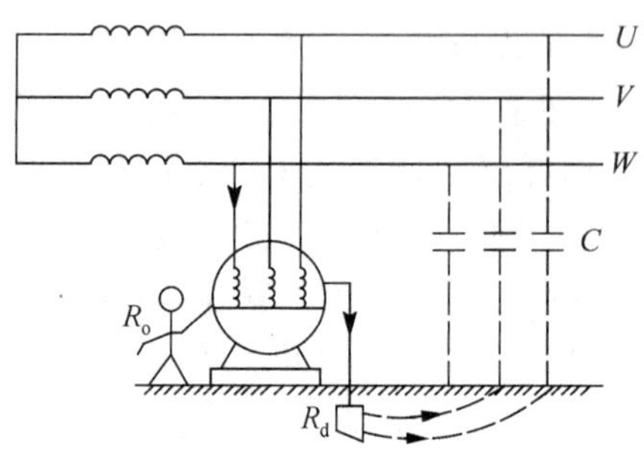

图4-1-10 接地保护

(2)接零保护

把电气设备的金属外壳用导线与电源单独联结起来的方式称为接零保护。此方法适用于中性点直接接地的供电系统。如图4-1-11所示,当电气设备的某相绝缘损坏而碰壳时,就会造成该相短路,引起很大的短路电流,烧断熔断器,自动切断电源保护用电设备。

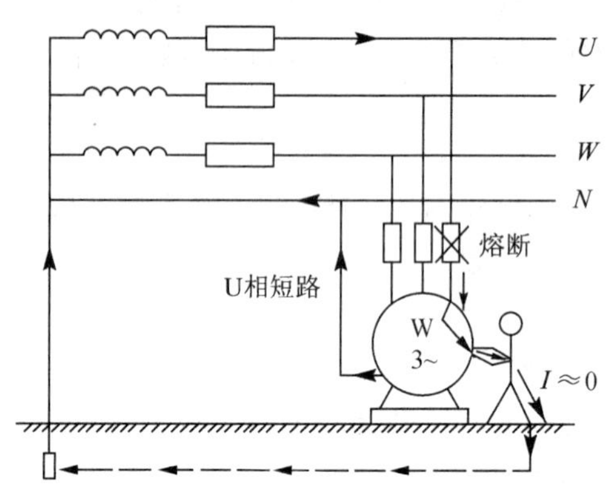

图4-1-11 接零保护

工作任务二 三相负载Y形连接与测量

【任务描述】

为了与三相电源相连接,三相负载也有两种连接方式:星形连接与三角形连接。于是三相电源与三相负载之间的连接有五种组合。至于采用哪种组合,取决于电源提供的电压等级与负载的额定电压,应使负载所承受的电压等于它的额定电压。本任务主要是三相负载的Y形连接以及测量。

【知识准备】

三相负载类型·三相负载 Y 连接

一、三相负载类型

使用交流电的电气设备种类繁多,根据实际情况大体上可以分为两大类:一类是需要三相电源才能正常使用,如三相异步电动机等,这些属于三相负载;另一类是本身只需要单相电源,如照明用的电灯等,这些属于单相负载,但多个单相负载适当连接后可以接于三相电源上,对于三相电源来说,它们的总体也可以看作三相负载。

在三相负载中,每相的阻抗值和阻抗角都相等的负载称为三相对称负载,如三相交流电机,不满足上述对称条件的负载称为三相不对称负载,如照明电路一般属于不对称三相负载。

二、三相负载 Y 连接

三相电路的负载是由三部分组成的,其中每一部分叫做一相负载,与三相电源一样,三相负载也有星形(Y)和三角形(△)两种连接方式,三相负载与三相电源按一定方式连接起来组成三相电路。

三相负载的 Y 形连接,是把三相负载的一端连接在一起,另一端分别接电源的三根相线,三相负载连接的公共节点称为负载的中点,用 N′表示,如图 4-2-1 所示,其中 Z_1、Z_2、Z_3 分别是三相负载的复阻抗。这种用四根导线把电源和负载连接起来的三相电路称为三相四线制电路,当负载的额定电压等于电源的相电压时,负载应采用星形连接方式。

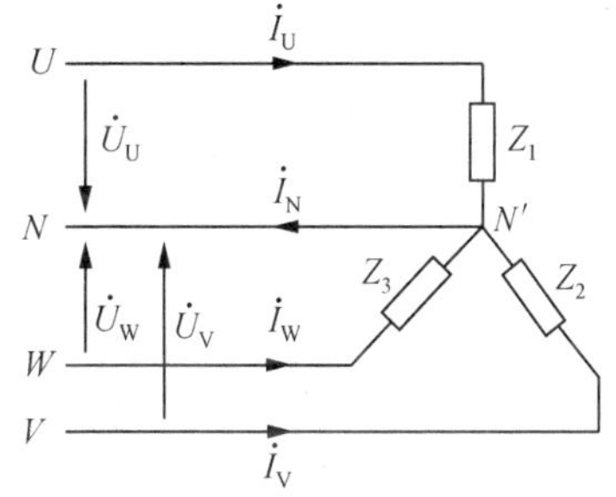

图 4-2-1　三相负载的 Y 形接法

在负载的 Y 形连接电路中,我们把负载两端的电压称为负载的相电压,火线中的电流称为线电流,相量形式分别用 $\dot{I}_U$、$\dot{I}_V$、$\dot{I}_W$ 表示,有效值一般用 I_l 表示;通过每相负载的电流称为相电流,有效值一般用 I_P 表示。

当忽略输电线上的电压降时,从图 4-2-1 可以看出三相负载作 Y 连接时的特点:负载两端的电压等于电源的相电压,且线电流等于相电流,即:

$$U'_P = U_P = U_l/\sqrt{3} \tag{4-2-1}$$

$$I_l = I_P \tag{4-2-2}$$

其中,U'_P 表示负载的相电压,U_P 表示电源的相电压。由于电源的相电压是对称的,所以负载采用 Y 形接法时,不论负载是否对称,其获得的相电压是对称的,每相负载的相电流等于线电流,分别为:

$$\dot{I}_U = \frac{\dot{U}_U}{Z_1}$$

$$\dot{I}_V = \frac{\dot{U}_V}{Z_2}$$

$$\dot{I}_W = \frac{\dot{U}_W}{Z_3} \tag{4-2-3}$$

从图4-2-1中可以得到中线的电流为：

$$\dot{I}_N = \dot{I}_U + \dot{I}_V + \dot{I}_W \tag{4-2-4}$$

若负载对称，即

$$Z_1 = Z_2 = Z_3 = |Z| \angle \Phi$$

则：由于 $\dot{U}_U$、$\dot{U}_V$、$\dot{U}_W$ 对称，所以 $\dot{I}_U$、$\dot{I}_V$、$\dot{I}_W$ 也对称。

中线的电流为：

$$\dot{I}_N = \dot{I}_U + \dot{I}_V + \dot{I}_W = 0$$

这时中线可以省去，则电路由三相四线制变成了三相三线制。

在对称的三相电路时，由于负载对称，电源对称，可以得到电路中的相电流和线电流也分别对称，即大小相等，频率相同，相位互差120°，因此在计算时只要计算出其中的一相，就可以根据对称关系计算出其他的两相。

例4-2-1 Y形连接的三相负载接到线电压为380 V的三相四线制供电线路上。试求：每相负载的阻抗 $Z_1 = Z_2 = Z_3 = (17.32 + j10)\Omega$ 时的各相电流、线电流和中线电流；

解：(1) 每相负载的电压：

$$U'_P = U_P = U_l/\sqrt{3} = 380/\sqrt{3} = 220\ \text{V}$$

设 $\dot{U}_U = 220\angle 0°\text{V}$，则，$\dot{U}_V = 220\angle -120°\text{V}$，$\dot{U}_W = 220\angle +120°\text{V}$

(2) 求相电流

由于负载对称，因此只需计算一相即可，这里计算 U 相：

由于 $\dot{U}_U = 220\angle 0°\text{V}$

则：$\dot{I}_U = \frac{\dot{U}_U}{Z_1} = \frac{220\angle 0°}{17.32 + j10} = \frac{220\angle 0°}{20\angle 30°} = 11\angle -30°\text{A}$

根据对称，可以得到：

$$\dot{I}_V = 11\angle -150°\text{A}$$

$$\dot{I}_W = 11\angle 90°\text{A}$$

(3) 求线电流

$$I_l = I_P = 11\ \text{A}$$

(4) 求中线电流

根据对称特点，中线电流 $\dot{I}_N = \dot{I}_U + \dot{I}_V + \dot{I}_W = 0$。

可见，在三相四线制电路中，即使各相负载不对称，各相负载的相电压也是对称的，当然，负载的线电压也对称。

由以上可知，Y/Y连接三相对称电路具有下列一些特点：

① 中线不起作用。在上例中，中线电流 $\dot{I}_N = 0$，所以在对称三相电路中，不论有无中线，中

线阻抗为何值，电路的情况都一样。

② 对称的 Y/Y 三相电路中，每相的电流、电压仅由该相的电源和阻抗决定，各相之间彼此不相关，形成了各相独立性。

③各相的电流、电压都是和电源电压同相序的对称量。

【任务实施】

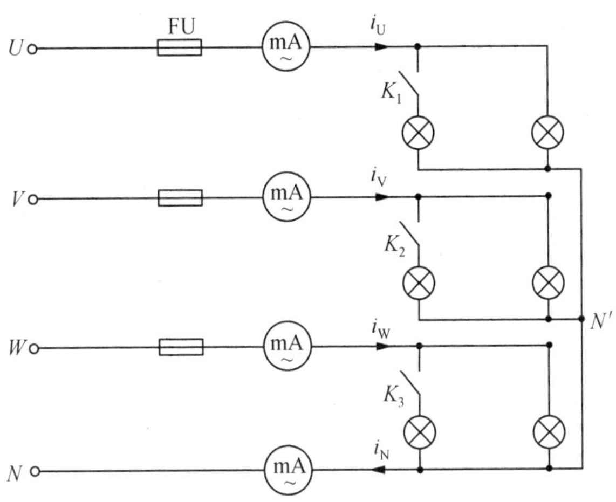

图 4-2-2　三相负载的 Y 形连接电路图

一、三相负载 Y 形电路的连接

在电工电子实验台上连接图 4-2-2 电路。通过改变每组灯泡的接入数量来调节三相负载为对称或不对称负载。

二、三相负载 Y 形电路的测量

每组灯泡都开两盏为三相对称负载，第　组灯泡开一盏，其余两组灯泡开两盏，为三相不对称负载。分别测量三相负载的线电压、相电压、线电流、中线电压、中线电流等。将所测数据填入表 4-2-1 中。

表 4-2-1　负载 Y 形连接时的测量数据表

负载类型		线电压			相电压			线电流			中线电压	中线电流
		U_{UV}	U_{VW}	U_{WU}	$U_{UN'}$	$U_{VN'}$	$U_{WN'}$	I_U	I_V	I_W	$U_{NN'}$	I_N
对称	有中线											
	无中线											
不对称	有中线											
	无中线											

注意：观察线电压、相电压的关系，观察有中线时负载对称或不对称情况下，中线电流的特点。总结出中线的作用。

【知识拓展】

三相不对称 Y 形电路的分析

许多三相电路中,电源一般是对称的,输电线阻抗也是对称的,不对称主要来自于不对称负载。如某幢大楼的单相用电设备分别接在 A、B、C 三相上,虽然配电时力求使它们均匀地接在三相电源上,但使用时仍然是不平衡的。尤其是当电路中发生短路、断路等故障时,负载的不对称程度将会相当严重。本节主要讨论由对称三相电源向不对称 Y 连接三相负载供电而形成的不对称三相电路的特点。图 4-2-3(a)所示为 Y－Y 连接的三相三线制不对称三相电路。

由图 4-2-3(a)写出节点电压方程为

$$\left(\frac{1}{Z_A}+\frac{1}{Z_B}+\frac{1}{Z_C}\right)\dot{U}_{N'N}=\frac{\dot{U}_A}{Z_A}+\frac{\dot{U}_B}{Z_B}+\frac{\dot{U}_C}{Z_C}$$

可得

$$\dot{U}_{N'N}=\frac{\dfrac{\dot{U}_A}{Z_A}+\dfrac{\dot{U}_B}{Z_B}+\dfrac{\dot{U}_C}{Z_C}}{\dfrac{1}{Z_A}+\dfrac{1}{Z_B}+\dfrac{1}{Z_C}}$$

虽然电源是对称的,但由于负载的不对称,一般 $\dot{U}_{N'N}\neq 0$,即 N' 点和 N 点电位不同了。负载电压与电源电压的相量图如图 4-2-3(b) 所示,由图可见,N' 点和 N 点不再重合,工程上称其为中点位移, 这导致负载电压不对称。当中点位移较大时,会造成负载电压的严重不对称,可能会使负载工作不正常,甚至损坏设备。另外,由于负载电压相互关联,每一相负载的变动都会对其他相造成影响。因此工程中常采用三相四线制,在 NN' 间用一阻抗趋于零的中线连接,$Z_N\approx 0$,则可强制使 $\dot{U}_{N'N}=0$。这样尽管负载阻抗不对称也能保持负载相电压对称,彼此独立,各相可单独计算。这就克服了无中线带来的缺点。因此,在负载不对称的情况下中线的存在是非常重要的。为了避免因中线断路而造成负载相电压严重不对称,要求中线安装牢固,而且在中线上不安装开关、熔断器。

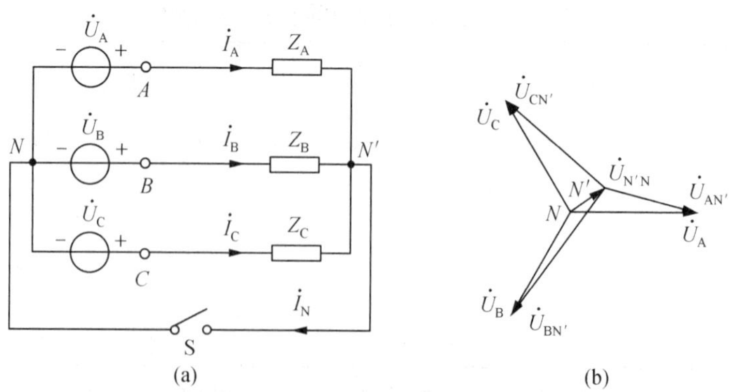

图 4-2-3　不对称三相电路

如果三相负载不对称，则根据式 4-2-3 可以得出，$\dot{I}_U$、$\dot{I}_V$、$\dot{I}_W$ 不对称，中线电流 $\dot{I}_N = \dot{I}_U + \dot{I}_V + \dot{I}_W \neq 0$。因此，在计算不对称三相电路的相电流、线电流时只能一一计算。

例 4-2-2　Y 形连接的三相负载接到线电压为 380 V 的三相四线制供电线路上。试求：$Z_1 = Z_2 = (17.32 + j10)\Omega$、$Z_3 = 20\ \Omega$ 时的各相电流和中线电流。

解：(1) 求每相负载的电压

$$U'_P = U_P = U_l/\sqrt{3} = 380/\sqrt{3} = 220\ \text{V}$$

设 $\dot{U}_U = 220\angle 0°\text{V}$，则 $\dot{U}_V = 220\angle -120°\text{V}$，$\dot{U}_W = 220\angle +120°\text{V}$

(2) 求相电流

虽然三相负载不对称，但由于有中线，所以各相电压仍对称，U、V 相保持不变，这里计算 U 相：

由于 $\dot{U}_U = 220\angle 0°\text{V}$

则：$\dot{I}_U = \dfrac{\dot{U}_U}{Z_1} = \dfrac{220\angle 0°}{17.32 + j10} = \dfrac{220\angle 0°}{20\angle 30°} = 11\angle -30°\text{A}$

V 相电流，可以得到：

$$\dot{I}_V = 11\angle -150°\text{A}$$

W 相电流及中线电流变为：

$$\dot{I}_W = \frac{\dot{U}_W}{Z_3} = \frac{220\angle 120°}{20} = 11\angle 120°\text{A}$$

$$\dot{I}_N = \dot{I}_U + \dot{I}_V + \dot{I}_W = 11\angle -30° + 11\angle -150° + 11\angle 120° = 5.694\angle -165°\text{A}$$

例 4-2-3　图 4-2-4(a) 中电源电压对称，已知线电压 $U_l = 380$ V，三个电阻性负载接成星形，其电阻 $R_1 = 11\ \Omega$，$R_2 = R_3 = 22\ \Omega$。试计算：

(1) 负载的相电压、相电流、中线电流；

(2) 当 U 相断开时其他两相负载的相电压、相电流；

(3) 当 U 相断开、中线断开时其他两相负载的相电压、相电流；

(4) 当 U 相短路时其他两相负载的相电压、相电流；

(5) 当 U 相短路、中线断开时其他两相负载的相电压、相电流。

解：(1) 因为在三相四线制中，不管负载对称不对称，负载的相电压等于电源的相电压，即

$$U'_P = U_P = U_l/\sqrt{3} = \frac{U_l}{\sqrt{3}} = 220\ \text{V}$$

取 U 相的电压作为参考电压，各相电流为：

$$\dot{I}_U = \frac{220\angle 0°}{11} = 20\angle 0°\text{A}$$

$$\dot{I}_V = \frac{220\angle -120°}{22} = 10\angle -120°\text{A}$$

$$\dot{I}_W = \frac{220\angle +120°}{22} = 10\angle +120°\text{A}$$

中线电流 I_N 为：

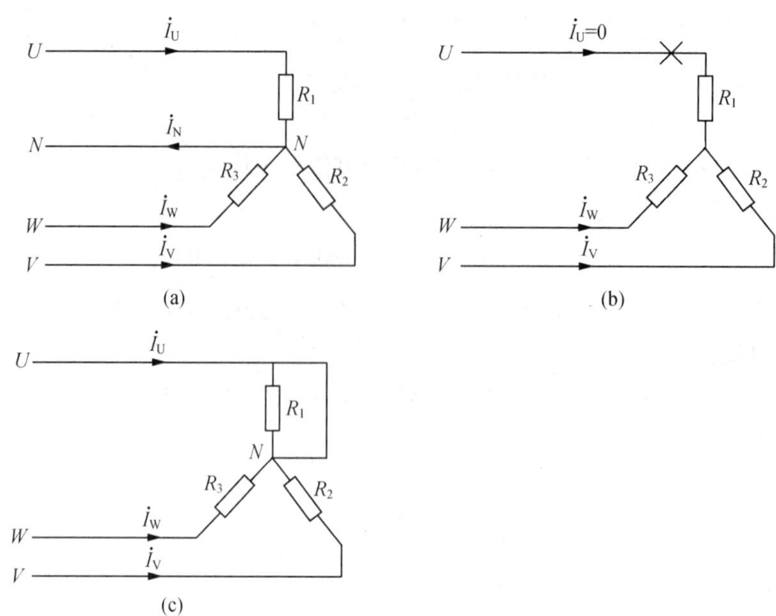

图 4-2-4　例 4-2-3 电路图

$$\dot{I}_N = \dot{I}_U + \dot{I}_V + \dot{I}_W = 20\angle 0^\circ + 10\angle -120^\circ + 10\angle +120^\circ = 10\ \text{A}$$

（2）如果 U 相断开，中线存在，则对其他两相没有影响，电压和电流如（1）。

（3）如果 U 相断开、中线断开，电路变成图 4-2-4（b），这时 R_2 和 R_3 串联接在 V、W 之间，则电压和电流为：

$$U_2 = U_3 = 190\ \text{V}$$

$$I_V = I_W = \frac{380}{22 + 22} = 8.636\ \text{A}$$

此时负载 V、W 两相负载的电压都低于额定值，这时负载不能正常工作。

（4）如果 U 相短路时，中线存在，则 U 相短路，U 相电流很大，将 U 相的熔断器烧坏，V、W 两相不受影响，电压、电流同（1）。

（5）如果 U 相短路、中线断开时，如图 4-2-4（c），此时中点即为 U，各相电压为：

$$U_2 = U_3 = 380\ \text{V}$$

此时负载 V、W 两相负载的电压都超过了额定值，这是不允许的。

从上面的例题中可以看出：当三相负载不对称时，电路中的相电流、线电流也不对称，中线中有电流流过，这时中线不能省去，因此中线的作用是使三相不对称负载获得对称的相电压。三相不对称负载作星形接法时如果中线断了，就会使负载获得的电压不再对称，有的相电压要高于额定值，有的相电压要低于额定值，负载不能正常地工作。因此在三相供电系统中，不允许在中线上安装开关和熔断器，同时尽量使三相负载接近于对称，负载越接近于对称，中线上的电流就越小。

工作任务三　三相负载△连接与测量

【任务描述】

三相负载首尾端依次相连后，将连接端点分别接到电源的三根火线上，即构成了负载的△连接。三相电动机常采用这种连接。本任务主要是三相负载的△形连接以及测量。

【知识准备】

三相负载的△连接

负载△连接时要求供电系统为三相三线制，如图 4-3-1 所示。

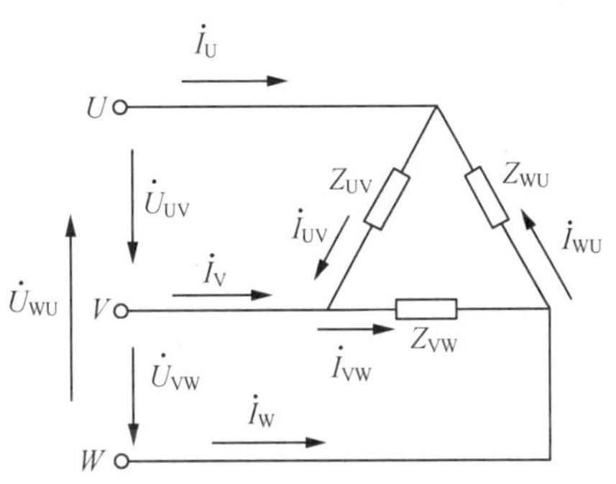

图 4-3-1　负载的△连接

由图中可以看出，负载 Z_{UV}、Z_{VW}、Z_{WU} 分别接在电源的火线之间，因此负载不管对称还是不对称，相电压一般是对称的，其值等于电源的线电压，即：

$$U'_P = U_l \tag{4-3-1}$$

则可以得到每相负载的电流，即相电流为：

$$\dot{I}_{UV} = \frac{\dot{U}_{UV}}{Z_{UV}}$$

$$\dot{I}_{VW} = \frac{\dot{U}_{VW}}{Z_{VW}}$$

$$\dot{I}_{WU} = \frac{\dot{U}_{WU}}{Z_{WU}} \tag{4-3-2}$$

根据 KCL 定律得到对应的线电流为：

$$\begin{aligned} I_U &= \dot{I}_{UV} - \dot{I}_{WU} \\ \dot{I}_V &= \dot{I}_{VW} - \dot{I}_{UV} \\ \dot{I}_W &= \dot{I}_{WU} - \dot{I}_{VW} \end{aligned} \tag{4-3-3}$$

其中：如果负载对称，即 $Z_{UV} = Z_{VW} = Z_{WU} = |Z| \angle\varphi$

则可以得到负载的相电流之间也是对称的，即

$$I_P = \frac{U'_P}{|Z|} = \frac{U_l}{|Z|}$$

$$\varphi_{UV} = \varphi_{VW} = \varphi_{WU} = \arctan\frac{X}{R} \tag{4-3-4}$$

根据相电流与线电流的关系，可以画出相量图，如图 4-3-2 所示，可以得到线电流也是对称的，它们之间的关系是：

$I_U = \sqrt{3}I_{UV}$，$\dot{I}_U$ 滞后于 $\dot{I}_{UV}30°$。

$I_V = \sqrt{3}I_{VW}$，$\dot{I}_V$ 滞后于 $\dot{I}_{VW}30°$。

$I_W = \sqrt{3}I_{WU}, \dot{I}_W$ 滞后于 $\dot{I}_{WU}30°$。 (4-3-5)

即：$I_l = \sqrt{3}I_p$ (4-3-6)

相位关系是：相电流比对应的线电流超前30°。

综上所述，当三相负载作 △ 连接时，不管负载对称还是不对称，获得的电压是对称的线电压，即负载的相电压等于电源的线电压：

$$U'_P = U_l$$

当负载对称时，负载的相电流和线电流也是对称的，并且相电流的大小等于线电流的$\frac{1}{\sqrt{3}}$，相电流的相位比对应的线电流超前30°，即

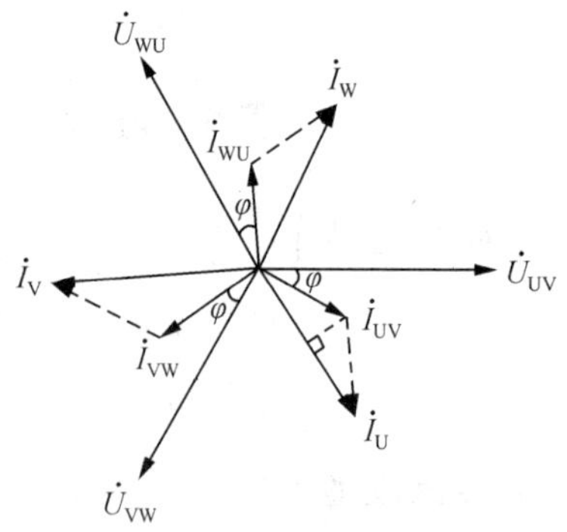

图 4-3-2 对称三相负载 △ 连接的相量图

$$\dot{I}_U = \sqrt{3}\dot{I}_{UV}\angle -30°$$

$$\dot{I}_V = \sqrt{3}\dot{I}_{VW}\angle -30°$$

$$\dot{I}_W = \sqrt{3}\dot{I}_{WU}\angle -30°$$

例 4-3-1 将例 4-2-1 中的负载改为 △ 形连接，接到同样的电源线上，三相三线制。试求：各相负载的相电流和线电流。

解：(1) 求负载各相电压

根据负载作 △ 连接的特点：

$$U'_P = U_l = 380\ \text{V}$$

(2) 求相电流

由于负载对称，因此只需计算一相即可，以 U 相为参考相量，即 $\dot{U}_U = 220\angle 0°$ V。则 $\dot{U}_{UV} = 380\angle 30°$ V，$\dot{U}_{VW} = 380\angle -90°$ V，$\dot{U}_{WU} = 380\angle 150°$ V。

因此，各相电流为：

$$\dot{I}_{UV} = \frac{\dot{U}_{UV}}{Z} = \frac{380\angle 30°}{20\angle 30°} = 19\angle 0°\ \text{A}$$

根据对称性，可以得到：

$$\dot{I}_{VW} = 19\angle -120°\ \text{A}$$

$$\dot{I}_{WU} = 19\angle 120°\ \text{A}$$

即：$I_P = 19$ A，相量如图 4-3-3 所示。

(3) 求线电流

$$I_l = \sqrt{3}I_P = \sqrt{3}\times 19\ \text{A} = 33\ \text{A}$$

$$\dot{I}_U = \sqrt{3}\dot{I}_{UV}\angle -30° = \sqrt{3}\angle -30°\times 19\angle 0° = 33\angle -30°\text{A}$$

根据对称性，可以得到：

$$\dot{I}_V = 33\angle -150°\text{A}$$

$$\dot{I}_W = 33\angle 90°\text{A}$$

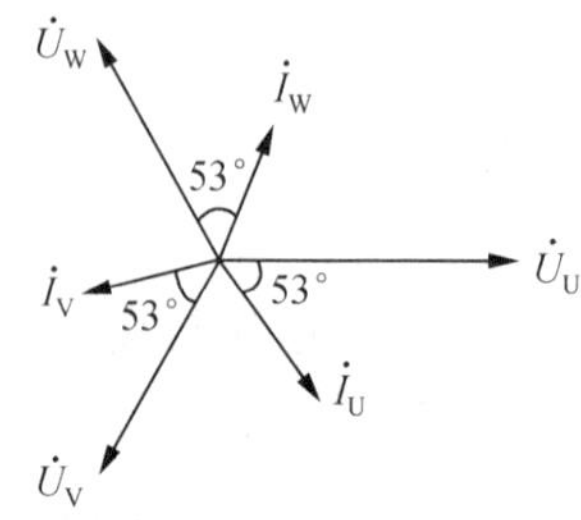

图 4-3-3 例 4-3-1 电路图

比较例 4-2-1 和例 4-3-1 我们可以得到：负载接成 △ 时获得的

电压是接成 Y 时的$\sqrt{3}$倍，负载接成 △ 时的相电流是接成 Y 时的$\sqrt{3}$倍，负载接成 △ 时线电流是接成 Y 时的 3 倍。在实际应用中，三相异步电动机经常采用 Y－△ 降压启动的方法来降低启动电流。

当负载不对称时，负载的线电流和相电流也不再对称，上述关系也不再成立，这时要根据式(4-3-3) 来求线电流。

例 4-3-2　下面图 4-3-4 所示电路为三相负载三角形连接电路。已知电源电压对称，U_L = 220 V。由三个白炽灯组成三角形负载，2、3 相还并联一个带开关 S 的白炽灯，灯的额定值 P_N = 100 W，U_N = 220 V，求：计算开关 S 闭合后不对称负载的相电流和线电流各为何值？

解：$I_P = \dfrac{P_N}{U_N} = \dfrac{100}{220} = 0.455\ \text{A}$

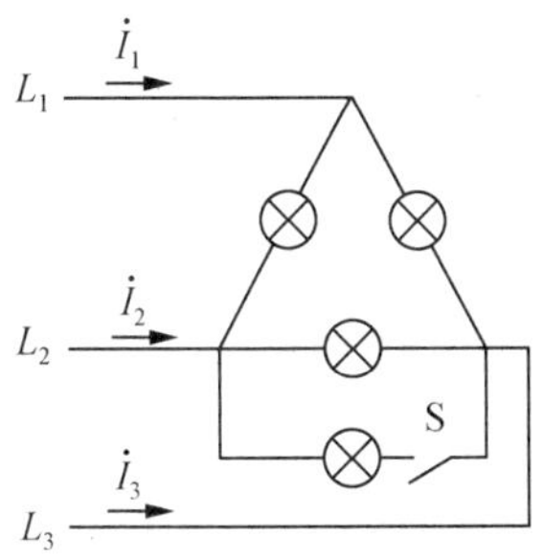

图 4-3-4　例 4-3-2 电路图

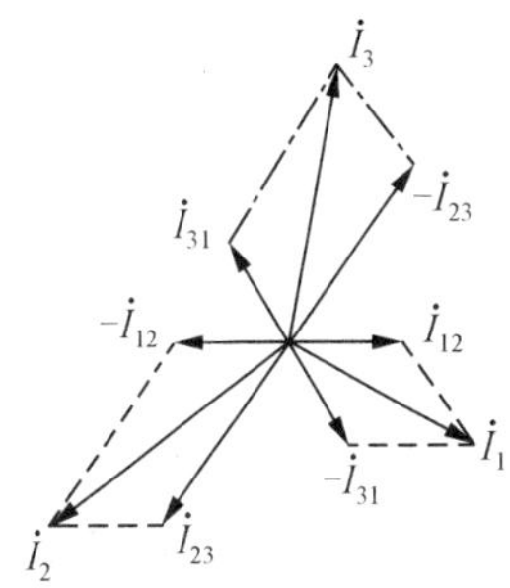

图 4-3-5　电流相量图

设 $\dot{U}_{12} = 220\angle 0°\ \text{A}$

由于 1、2 相和 1、3 相接一盏灯，2、3 相接两盏灯，则：

相电流：$\dot{I}_{12} = 0.455\angle 0°\text{A}$

$$\dot{I}_{23} = 0.909\angle -120°\text{A}$$

$$\dot{I}_{31} = 0.455\angle 120°\text{A}$$

线电流：

$$\dot{I}_1 = \dot{I}_{12} - \dot{I}_{31} = 0.788\angle -30°\text{A}$$

$$\dot{I}_2 = \dot{I}_{23} - \dot{I}_{12} = 1.203\angle -139.1°\text{A}$$

$$\dot{I}_3 = \dot{I}_{31} - \dot{I}_{23} = 1.203\angle 79.1°\text{A}$$

不对称三角形负载的电流相量图如图 4-3-5 所示。

【任务实施】

一、三相负载 △ 形电路的连接

在电工电子实验台上连接图 4-3-6 电路。通过改变每组灯泡的接入数量来调节三相负载为对称或不对称负载。

二、三相负载 △ 形电路的测量

每组灯泡都开两盏为三相对称负载，第一组灯泡开一盏，其余两组灯泡开两盏，为三相不

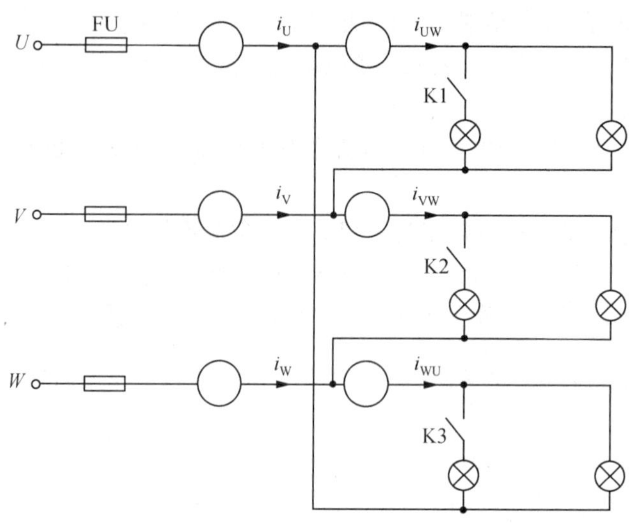

图 4-3-6　三相负载 △ 形连接电路

对称负载。分别测量三相负载的线电压、线电流、相电流等。将所测数据填入表 4-3-1 中。

表 4-3-1　负载 △ 形连接时的测量数据表

负载性质	线电压			线电流			相电流		
	U_{UV}	U_{VW}	U_{WU}	I_U	I_V	I_W	I_{UV}	I_{VW}	I_{WU}
对称									
不对称									

注意:观察负载对称或不对称情况下,线电流和相电流的关系。

【知识拓展】

三相对称负载 △ 连接电路出现不对称的情况分析

三相异步电动机作为电网的动力负载,当其接成 △ 形运行后,如果出现断相,或其三相绕组中因接线错误出现短路,都会使电路处于不对称运行,那么,此时将会给电机或电网带来什么影响?可以采取什么措施来进行保护?下面将进行简单介绍。

一、一相负载短路的三相不对称电路

当对称三角形负载中一相短路如图 4-3-7 所示,若不计线路阻抗,则短路相的电压等于电源线电压,短路相的阻抗等于零。

此时,W 相相电流:

$$I_{WU}=\frac{\sqrt{3}U_P}{0}\text{ 为无穷大}$$

此时与短路相负载相连的两条端线上将出现很大的短路电流,因此必须在线路上装设熔断器或过流保护装置。

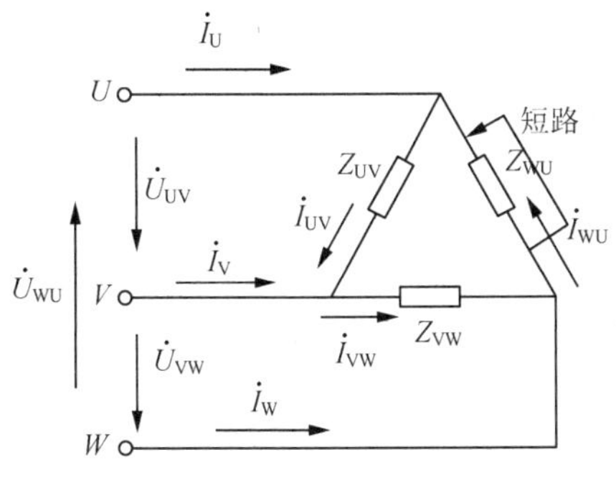

图 4-3-7　一相负载短路

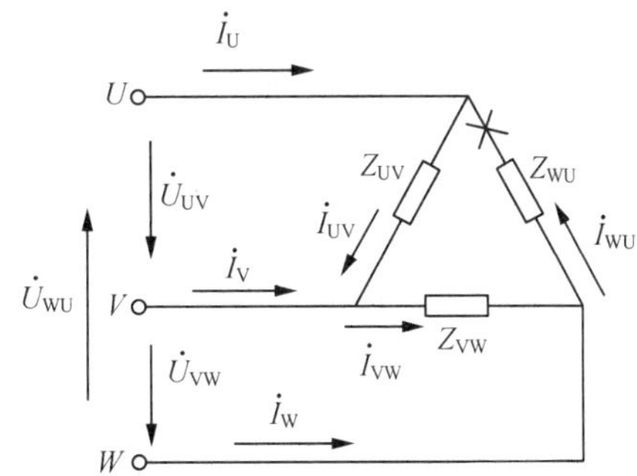

图 4-3-8　一相负载断路

二、一相负载断路的三相不对称电路

当对称的三角形负载中出现一相断路时，电路如图 4-3-8 所示。断路后，负载的线电压仍等于相应的电源线电压，其相电流 $I_{WU}=0$。其他两相负载的电流为：

$$I_{UV}=\frac{U_{UV}}{|Z|},I_{VW}=\frac{U_{VW}}{|Z|}$$

线电流为：$I_U=I_{UV},I_W=I_{VW},I_V=\sqrt{3}I_{UV}$。

电源电压有效值恒定，不计线路损耗的情况下，三角形连接的对称负载一相断路时，可得如下结论：

(1) 负载线电压：均不发生变化；

(2) 相电流：断路相的负载电流等于零，其他两相负载电流保持不变；

(3) 线电流：与断路相两端相连的两端线电流减少为原相电流，另一线电流保持不变，即仍为原相电流的$\sqrt{3}$ 倍。

三、一相端线断路的三相电路

在对称三角形负载的三相电路中，假定 U 相端线断路，其电路如图 4-3-9 所示。U 相端线断路后，电路中各负载的连接关系发生了变化，其电路如图 4-3-10 所示。

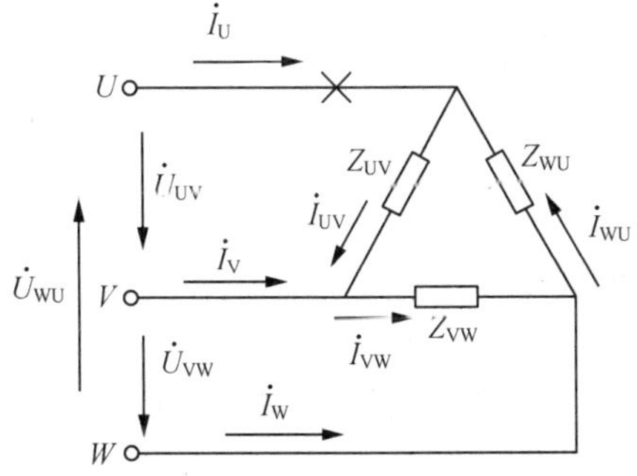

图 4-3-9　U 相端线断开

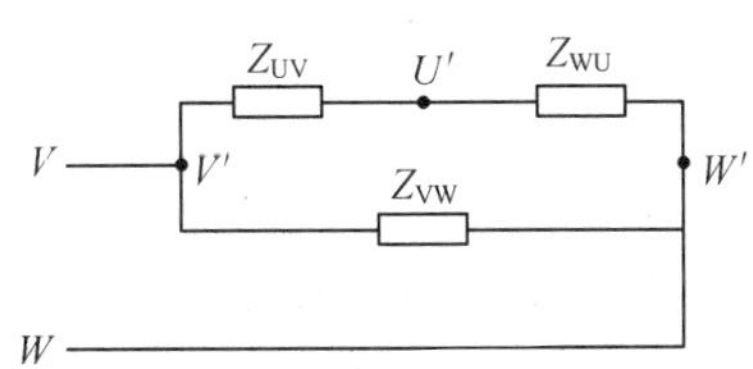

图 4-3-10　U 相端线断开的等效电路图

U 相端线断路后负载上的电压和电流的相量图如图 4-3-11 所示。

三相负载的相电压为：

$$U'_{UV}=\frac{1}{2}U_{VW}=\frac{1}{2}U_L$$

$$U'_{VW}=U_{VW}=U_L$$

$$U'_{WU}=\frac{1}{2}U_{VW}=\frac{1}{2}U_L$$

负载相电流和线电流为:

$$I'_{UV}=\frac{U'_{UV}}{|Z|}=\frac{1}{2}\frac{U_{VW}}{|Z|}=\frac{1}{2}\frac{U_L}{|Z|}$$

$$I'_{VW}=\frac{U_{VW}}{|Z|}=\frac{U_L}{|Z|}$$

$$I_U=0, I_V=I_W=\frac{3}{2}\frac{U_{VW}}{|Z|}=\frac{3}{2}\frac{U_L}{|Z|}$$

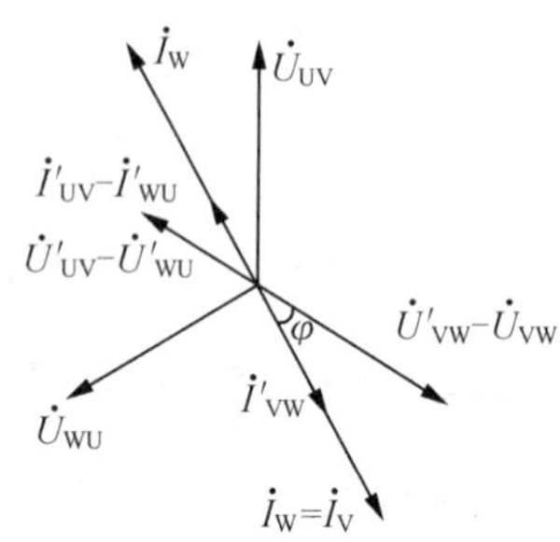

图 4-3-11 U 相端线断路后负载的电压、电流相量图

在电源电压有效值恒定,且不计线路阻抗的情况下,对称三角形负载的一条端线断路后,可以得到如下结论:

(1) 与断路端线相连的两相负载的电流和电压均减少为原来的 1/2,另一相负载的电压和电流保持不变;

(2) 断路的端线电流为零,另外两条端线的电流减少为原线电流的$\sqrt{3}/2$ 倍。

因此,无论在哪一种不对称状态下运行,要么出现过压或过电流,造成线路过热,易烧坏用电设备;要么出现电压过低,造成用电设备不能正常工作。

例 4-3-3 如图 4-3-12 所示,一个对称三相电路,线路阻抗为零,U 相电源电压 $u_U=220\sqrt{2}\sin(\omega t+30°)$ V,每相负载的电阻 $R=34.64\ \Omega$,感抗 $X=24\ \Omega$。试计算在下列情况下,负载的相电压、相电流及线电流。

(1) $U'V'$ 相负载断路;(2) U 相端线断路。

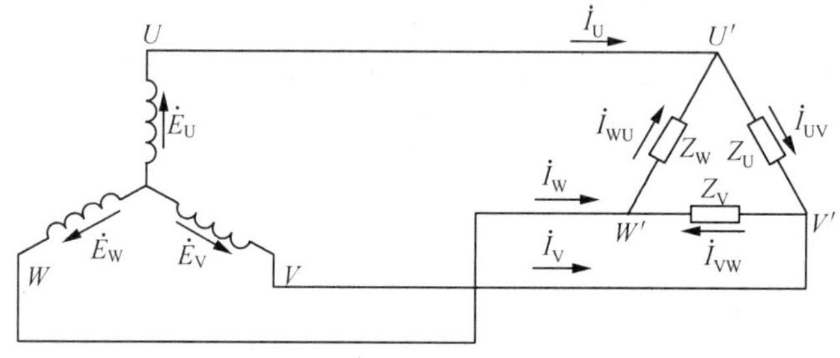

图 4-3-12 例 4-3-3 电路图

解:

(1) $U'V'$ 相负载断路,负载的线电压仍等于相应的电源线电压,$U'V'$ 相负载电流为零,即

$$U'_{UV}=U_L \quad I'_{UV}=0$$

其他两相的电流为:

$$I'_{VW}=\frac{U_{VW}}{|Z|}=\frac{380}{\sqrt{34.64^2+20^2}}=9.5\ \text{A}$$

$$I'_{WU}=\frac{U_{WU}}{|Z|}=\frac{380}{\sqrt{34.64^2+20^2}}=9.5\ A$$

根据基尔霍夫电流定律,求得线电流

$$I_U=I'_{WU}=9.5\ A$$

$$I_V=I'_{VW}=9.5\ A$$

$$I_W=\sqrt{3}I'_{WU}=\sqrt{3}\times 9.5=16.45\ A$$

(2)U 相端线断路后,三相负载的相电压为:

$$U'_{UV}=\frac{1}{2}U_{VW}=\frac{1}{2}U_L=\frac{1}{2}\times 380=190\ V$$

$$U'_{VW}=U_{VW}=U_L=380\ V$$

$$U'_{WU}=\frac{1}{2}U_{VW}=\frac{1}{2}U_L=\frac{1}{2}\times 380=190\ V$$

负载相电流和线电流:

$$I'_{UV}=\frac{U'_{UV}}{|Z|}=\frac{1}{2}\frac{U_{VW}}{|Z|}=\frac{1}{2}\frac{U_L}{|Z|}=\frac{1}{2}\times\frac{380}{\sqrt{34.64^2+20^2}}=4.75\ A$$

$$I'_{VW}=\frac{U_{VW}}{|Z|}=\frac{U_L}{|Z|}=\frac{380}{\sqrt{34.64^2+20^2}}=9.5\ A$$

$$I_U=0\ A$$

$$I_V=I_W=\frac{3}{2}\frac{U_{VW}}{|Z|}=\frac{3}{2}\frac{U_L}{|Z|}=\frac{3}{2}\times\frac{380}{\sqrt{34.64^2+20^2}}=14.25\ A$$

工作任务四　三相负载电功率的测量

【任务描述】

在实际工作中,通常需要测量电路的功率,根据负载的连接形式和对称与否,三相功率的测量方法也不同。本任务介绍采用单相功率表测量三相电路功率的方法,其测量方法主要有一表法、二表法、三表法。

【知识准备】

三相电路功率的计算·测试方法

一、三相电路的功率计算

在三相电路中,不管负载是星形还是三角形连接,三相电路的总的有功功率都等于每相有功功率之和。

$$P=P_U+P_V+P_W \tag{4-4-1}$$

若负载对称,每一相的有功功率一定相等,则总的有功功率为:

$$P = 3U_P I_P \cos\varphi \tag{4-4-2}$$

其中：U_P—— 负载的相电压；

I_P—— 负载的相电流；

φ—— 负载中相电压与相电流的相位差。

当对称负载作 Y 连接时：$U_P = \frac{U_l}{\sqrt{3}}$，$I_P = I_l$，代入到式 4-4-2 中，可得：

$$P = \sqrt{3} U_l I_l \cos\varphi$$

当对称负载作 △ 连接时：$U_P = U_l$，$I_l = \sqrt{3} I_P$，代入到式 4-4-2 中，可得：

$$P = \sqrt{3} U_l I_l \cos\varphi$$

综上可得：三相对称负载不管是 Y 连接还是 △ 连接，电路中总的有功功率都是：

$$P = \sqrt{3} U_l I_l \cos\varphi \tag{4-4-3}$$

同理可得，三相对称负载的无功功率和视在功率是：

$$Q = \sqrt{3} U_l I_l \sin\varphi \tag{4-4-4}$$

$$S = \sqrt{3} U_l I_l \tag{4-4-5}$$

例 4-4-1 已知三相对称负载，每相负载的电阻 $R = 8\ \Omega$，感抗 $X_L = 6\ \Omega$，电源的线电压 $U_l = 380$ V，求负载分别作 Y 和 △ 连接时总的有功功率。

解：负载的阻抗：$|Z| = \sqrt{R^2 + X_L^2} = \sqrt{8^2 + 6^2} = 10\ \Omega$

负载的功率因数：$\cos\varphi = \frac{R}{|Z|} = \frac{8}{10} = 0.8$

(1) 负载接成 Y 时的线电流：

$$I_l = I_P = \frac{380}{\sqrt{3} \times 10} = 22\ \text{A}$$

接成 Y 时的功率：$P_Y = \sqrt{3} U_l I_l \cos\varphi = \sqrt{3} \times 380 \times 22 \times 0.8 = 1.16$ kW

(2) 负载接成 △ 时的线电流：

$$I_l = \sqrt{3} I_P = \sqrt{3} \times \frac{380}{10} = 66\ \text{A}$$

接成 △ 时的功率：$P_\triangle = \sqrt{3} U_l I_l \cos\varphi = \sqrt{3} \times 380 \times 66 \times 0.8 = 3.48$ kW

从上面的计算结果可以得知：三相负载接在同一电源上的时候，接成 △ 时的功率是接成 Y 时的功率的 3 倍。那么，在实际电路中，负载究竟是 Y 连接还是 △ 连接，要由负载的额定电压和电源的线电压来确定。当负载的额定电压等于电源的相电压时，负载应作 Y 连接；当负载的额定电压等于电源的线电压时，负载应作 △ 连接。比如，三相异步电动机的铭牌上通常标注："电压 220/380V，接法 △/Y"，这表示当电源的线电压是 220 V 时，应采用 △ 连接，当电源的线电压是 380 V 时，应采用 *Y* 连接。

二、三相电路的功率的测量方法

在实际工作中，通常需要测量电路的功率，根据负载的连接形式和对称与否，三相功率的测量，大多采用单相功率表，也有采用三相功率表。其测量方法有一表法、二表法、三表法三种：

1. 一表法

此法只适合于三相对称负载，即只要用一个功率表测出一相负载的功率后乘以 3 即得三相负载的总功率。这种测法需要注意功率表两端的电压是负载的相电压，通过的电流是负载的相电流，如图 4-4-1 所示。

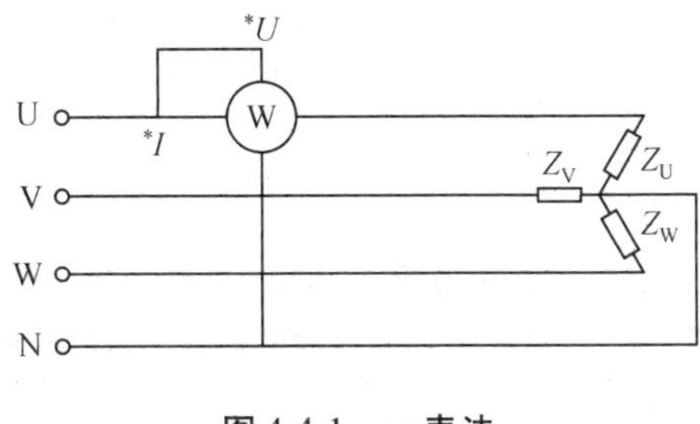

图 4-4-1　一表法

2. 两表法

此法只适用于三相三线制，不管负载是否对称，不管负载是 Y 还是△连接，都可以用两表法测量，这时负载的总功率等于两个功率表读数之和，其中一个功率表的读数没有意义，如图 4-4-2 所示。

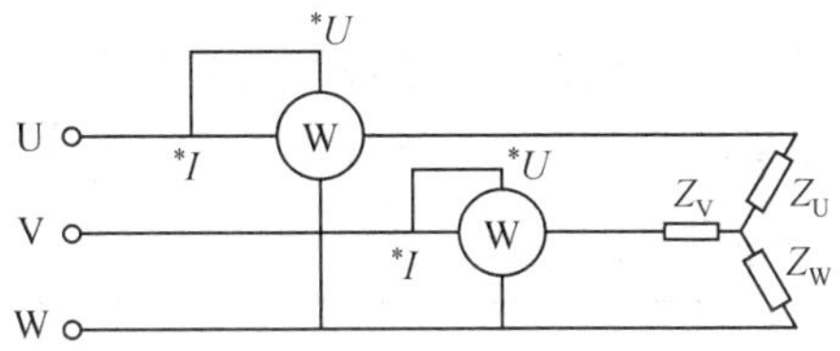

图 4-4-2　两表法

3. 三表法

此法适合于三相不对称负载，用三个功率表分别测出三个负载的功率加起来即为总功率，如图 4-4-3 所示。

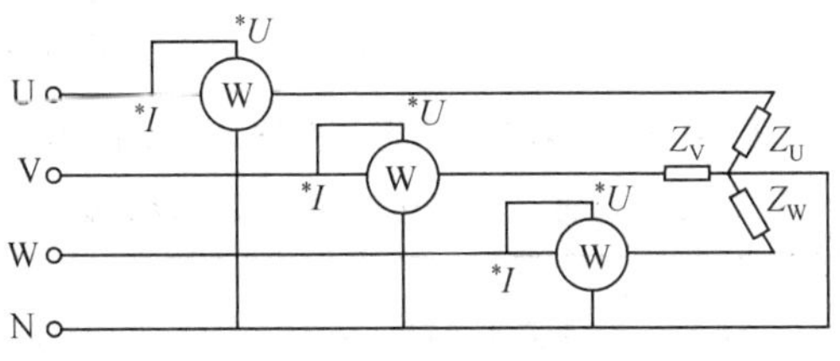

图 4-4-3　三表法

【任务实施】

一、三相负载 Y 连接功率的测量

在电工电子实验台上连接图 4-4-4 电路。通过改变每组灯泡的接入数量来调节三相负载为对称或不对称负载。分别测量各相功率，并将测量结果填入表 4-4-1。

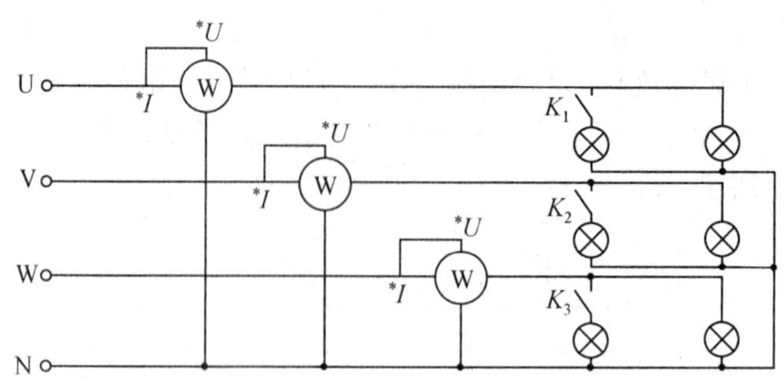

图 4-4-4　三相负载 Y 形连接功率的测量图

表 4-4-1　负载 Y 形连接时的功率测量数据表

测量项目	P_1	P_2	P_3	P
对称负载				
不对称负载				

二、三相负载△连接功率的测量

在电工电子实验台上连接图 4-4-5 电路。通过改变每组灯泡的接入数量来调节三相负载为对称或不对称负载。分别测量各相功率，并将测量结果填入表 4-4-2。

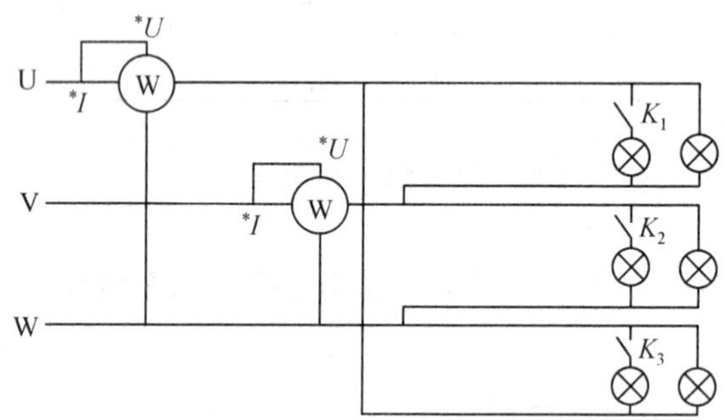

图 4-4-5　三相负载△形连接功率的测量图

表 4-4-2　负载△形连接时的功率测量数据表

测量项目	P_1	P_2	P
对称负载			
不对称负载			

【知识拓展】

三相电度表测量用电量

三相电度表用于测量三相交流电路中电源输出（或负载消耗）的电能。它的工作原理与单相电度表完全相同，只是在结构上采用多组驱动部件和固定在转轴上的多个铝盘的方式，以实现对三相电能的测量。

三相电度表完全符合部标 DL/T645—1997 和国标 GB/T17215—1998 中 1 或 2 级单相的相关技术要求；具有可靠性好、体积小、重量轻、外表美观、工艺先进、35 mmDIN 标准方式安装等特点；并具有良好的抗电磁干扰、低自耗节电、高精度、高过载、高稳定性、防窃电、长寿命。

根据被测电能的性质，三相电度表可分为有功电度表和无功电度表；由于三相电路的接线形式的不同，又有三相三线制和三相四线制之分。

直接三相功率表法适用于三相三线制电路。它是利用三相功率表直接接在三相电路中，进行三相功率的测量，功率表中的读数即为三相功率 P，其接线方式如图 4-4-6 所示。

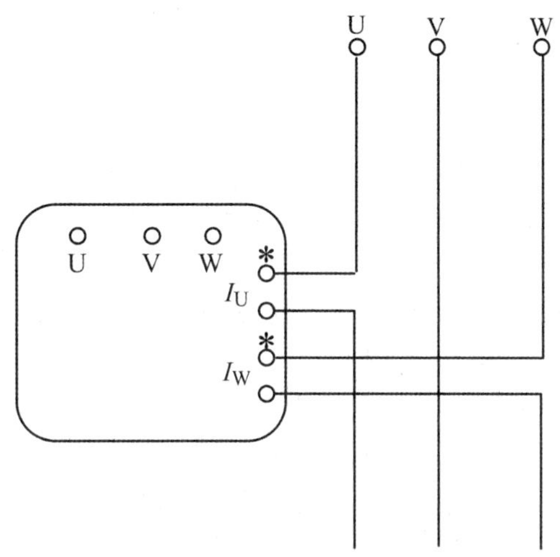

图 4-4-6　三相功率表接法

巩固练习

习题 4-5-1　已知对称三相电源中的 $u_B = 220\ \sin(314t - 30°)$，则另两相电压为 $u_A =$ ________ V、$u_C =$ ________ V。

习题 4-5-2　已知对称三相电源中的 $\dot{U}_A = 220\ \angle 30°$ V，则另两相电压相量为 $\dot{U}_B =$ ________、$\dot{U}_C =$ ________。

习题 4-5-3　相电压值为 U_P 的三相对称电源作三角形连接时，将一电压表串接到三相电源的回路中，若连接正确，电压表读数是________，若有一相接反，电压表读数是________。

习题 4-5-4　三相四线制供电系统中，火线与火线之间的电压叫做________，火线与零线之间的电压叫做________。

习题 4-5-5　三相正弦交流电的相序，就是三相交流电在某一确定的时间内到达________的顺序。

习题 4-5-6　交流电所以能得到广泛的应用，主要原因是它在________、________和________方面比直流电优越。

习题 4-5-7　三相电源的星形(Y)连接，其线电压的大小是相电压大小的________倍，且________电压的相位比相应________电压相位超前________。

习题 4-5-8　三相对称负载三角形连接时，$I_l =$ ________ I_P，且________电流滞后于对应的________电流 30°。

习题 4-5-9 三相照明负载必须采用________接法，且中性线上不允许安装________和________，中线的作用是________。

习题 4-5-10 如图 4-5-1 所示，三相电阻炉的三个电阻 $R_1=R_2=R_3=43.32\ \Omega$，当它们以星形接于电压为 380 V 的线电压上时，其功率为________ kW。

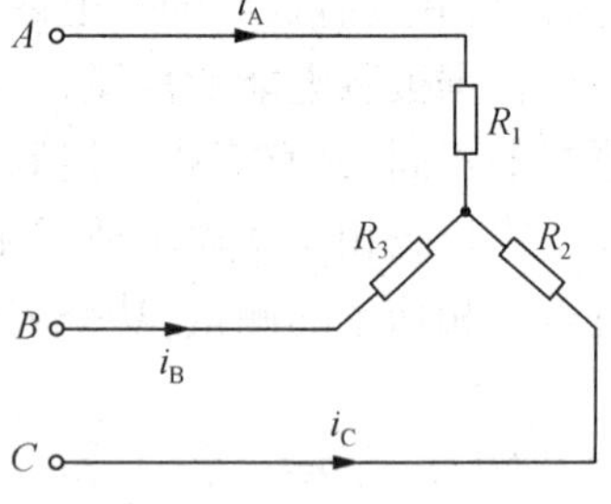

图 4-5-1 习题 4-5-10 图

习题 4-5-11 对称三相电路有功功率的计算公式为________，它说明在对称三相电路中，有功功率的计算公式与负载的________无关。

习题 4-5-12 已知 $u_{UV}=380\sqrt{2}\sin(\omega t+60°)$，试写出 u_{VW}、u_{WU}、u_U、u_V、u_W 的解析式。

习题 4-5-13 有一台三相发电机，其绕组接成星形，每相的额定电压是 220 V。在一次实验时，发现用电压表测得相电压，而线电压 $U_U=U_V=U_W=220$ V，$U_{UV}=U_{WU}=220$ V，$U_{VW}=380$ V，试问这种现象是如何造成的？

习题 4-5-14 星形连接的对称三相负载，每相的电阻 $R=24\ \Omega$，感抗 $X_L=30\ \Omega$，接到线电压为 380 V 的三相电源上，求相电压 U_P、相电流 I_P、线电流 I_L。

习题 4-5-15 对称的三相电路，每相负载电阻 $R=20\ \Omega$，$X_L=15\ \Omega$。当电源线电压 $U_l=380$ V 时，求负载 Y 连接时的相电压、相电流、线电流并作相量图。

习题 4-5-16 图 4-5-2 所示的电路，三相对称电源的线电压是 380 V，三相负载 $R=X_L=X_C=20\ \Omega$，(1) 此负载是否是三相对称负载？(2) 求相电流及中线电流。

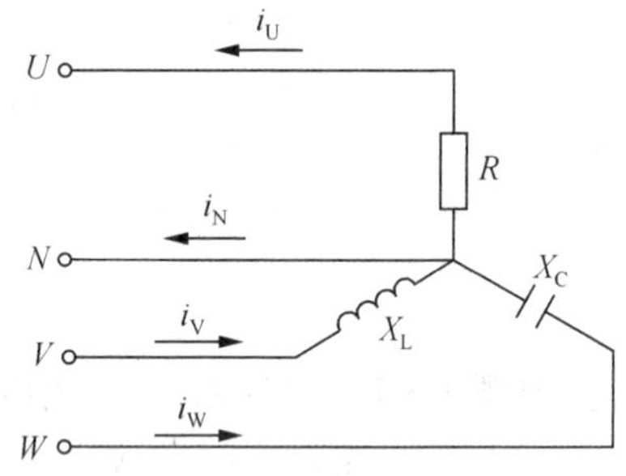

图 4-5-2 习题 4-5-16 图

习题 4-5-17 判断图 4-5-3 中各负载的连接方式。

习题 4-5-18 对称的三相电路如图 4-5-4 所示，每相负载电阻 $R=20\ \Omega$，$X_L=15\ \Omega$。当电源线电压 $U_l=220$ V 时，求负载△连接时的相电压、相电流、线电流并作相量图。

习题 4-5-19 有一三相异步电动机，其绕组接成三角形，接在线电压是 380 V 的三相电源上，从电源取用的功率 $P=11.43$ kW，功率因数 $\cos\varphi=0.87$，试求电动机的相电流和线电流。

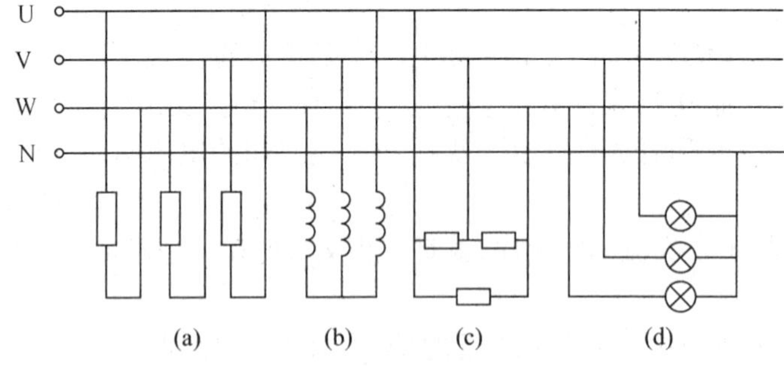

图 4-5-3 习题 4-5-17 图

习题 4-5-20 对称三相负载作星形连接，已知每相阻抗 $Z=(30+40\mathrm{j})\ \Omega$，电源的线电压是 380 V。求三相总功率 P、Q、S 及功率因数 $\cos\varphi$。

习题 4-5-21　三相对称负载，每相的电阻为 6 Ω，感抗为 8 Ω，接线电压为 380 V 的三相交流电源，试计算星形连接和三角形连接两种做法下消耗的功率。

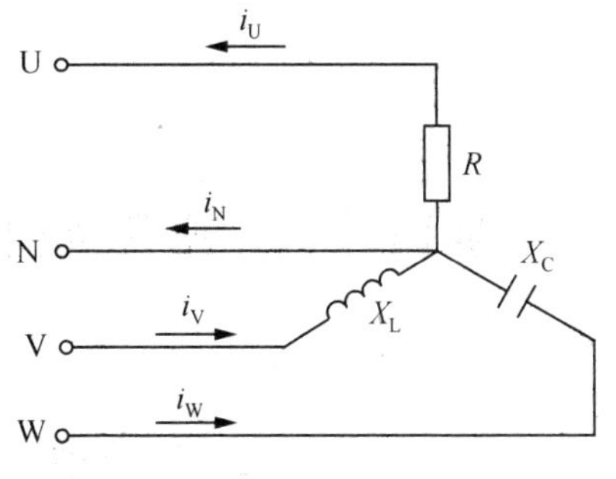

图 4-5-4　习题 4-5-18 图

习题 4-5-22　一台三相异步电动机，铭牌上额定电压是 220/380 V，接线是△/Y，额定电流是 11. 2 A/6. 48 A，$\cos\varphi = 0.84$。试分别求出电源线电压为 380 V 和 220 V 时，输入电动机的电功率。

（1）U_1 = 380 V 时，按铭牌规定电动机定子绕组应 Y 接，此时输入电功率；

（2）U_1 = 220 V 时，按铭牌规定电动机定子绕组应△接，此时输入电功率。

项目五　触摸延时照明电路的设计、制作与调试

工作任务一 RC 电路暂态过程的测试

【任务描述】

含有动态元件 L 和 C 的线性电路，当电路发生换路时，由于动态元件上的能量不能发生跃变，电路从原来的一种相对稳态过渡到另一种相对稳态需要一定的时间，在这段时间内电路中所发生的物理过程称为暂态，揭示暂态过程中响应的规律称为暂态分析。

本任务主要通过对 RC 电路的仿真测试，了解 RC 电路零输入、零状态和全响应三种暂态过程。RC 仿真电路如图 5-1-1，5-1-2 所示。

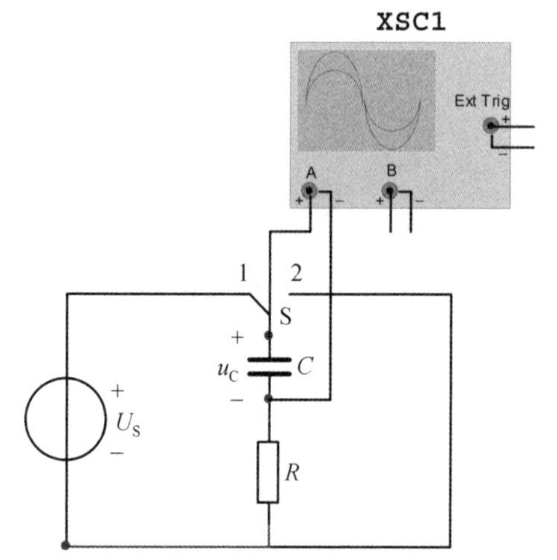

图 5-1-1　RC 电路零输入响应与零状态响应仿真

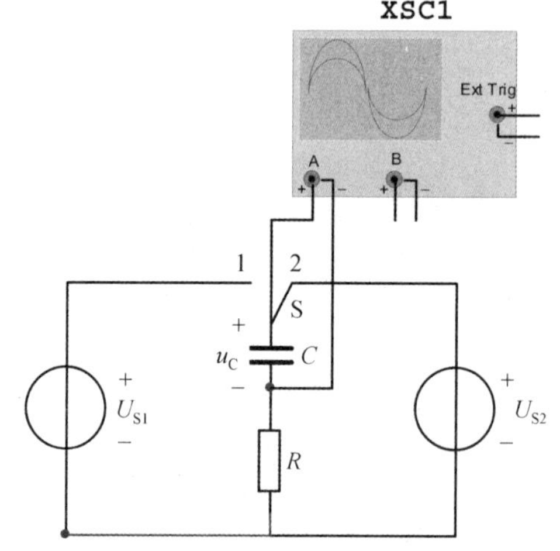

图 5-1-2　RC 电路全响应仿真

【知识准备】

暂态过程和 RC 电路的暂态响应

一、暂态过程

在一定的条件下，事物的运动会处于一定的稳定状态。当条件改变，其状态就会发生变化，过渡到另一种新的稳定状态。譬如，电动机启动，其转速由零逐渐上升，最终达到额定转速；高速行驶汽车的刹车过程：由高速到低速或高速到停止等。它们的状态都是由一种稳定状态转换到另一种新的稳定状态，这个过程的变化都是逐渐的、连续的，而不是突然的、间断的，

并且是在一个瞬间完成的,这一过程就叫暂态过程。

(一)暂态过程的概念

1. 稳定状态

所谓稳定状态就是指电路中的电压、电流已经达到某一稳定值,即电压和电流为恒定不变的直流或者是最大值与频率固定的正弦交流。

2. 暂态过程

电路从一种稳定状态向另一种稳定状态的转变,这个过程称为暂态过程,也称为过渡过程。电路在暂态过程中的状态称为暂态。

为了了解电路产生暂态过程的原因,我们观察一个实验现象。

图 5-1-3 所示电路,三个并联支路分别为电阻、电感、电容与灯泡串联,S 为电源开关。当闭合开关 S 时我们发现电阻支路的灯泡 L_1 立即发光,且亮度不再变化,说明这一支路没有经历暂态过程,立即进入了新的稳态;电感支路的灯泡 L_2 由暗渐渐变亮,最后达到稳定,说明电感支路经历了暂态过程;电容支路的灯泡 L_3 由亮变暗直到熄灭,说明电容支路也经历了暂态过程。当然若开关 S 状态保持不变(断开或闭合),我们就观察不到这些现象。由此可知,产生暂态过程的外因是接通了开关,但接通开关并非都会引起暂态过程,如电阻支路。产生暂态过程的两条支路都存在储能元件(电感或电容),这是产生暂态过程的内因。

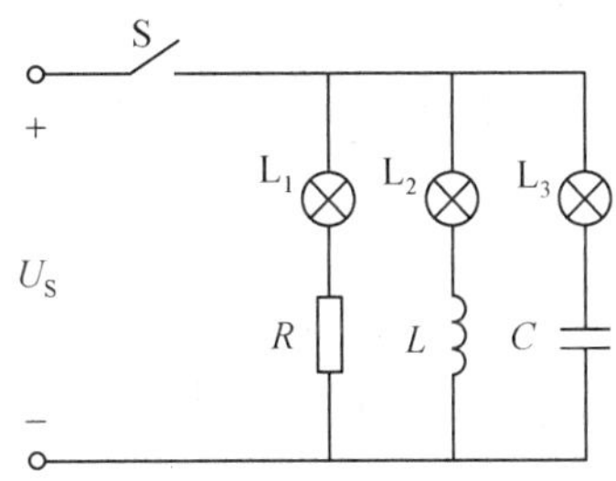

图 5-1-3　暂态过程演示实验

3. 换路

通常把电路状态的改变(如通电、断电、短路、电信号突变、电路参数的变化等),统称为换路,并认为换路是立即完成的。

综上所述,产生暂态过程的原因有两个方面,即外因和内因。换路是外因,电路中有储能元件(也叫动态元件)是内因。所以暂态过程的物理实质,在于换路迫使电路中的储能元件要进行能量的转移或重新再分配,而能量的变化又不能从一种状态跳跃式地直接变到另一种状态,必须经历一个逐渐变化过程。

(二)换路定律

含有储能元件的电路在换路后,一般都要经历一段过渡过程,这是什么原因呢?下面以图 5-1-4 所示的两个电路为例讨论这个问题。为便于电路分析,在讨论前特做如下设定:$t=0$ 为换路瞬间,而以 $t=0_-$ 表示换路前一瞬间,$t=0_+$ 表示换路后一瞬间。0_- 和 0_+ 在数值上都等于 0,但前者是指 t 从负值趋近于零,后者是指 t 从正值趋近于零。

在图 5-1-4(a) 中,对于线性电感,电压 u 和电流 i 在关联参考方向下,有:

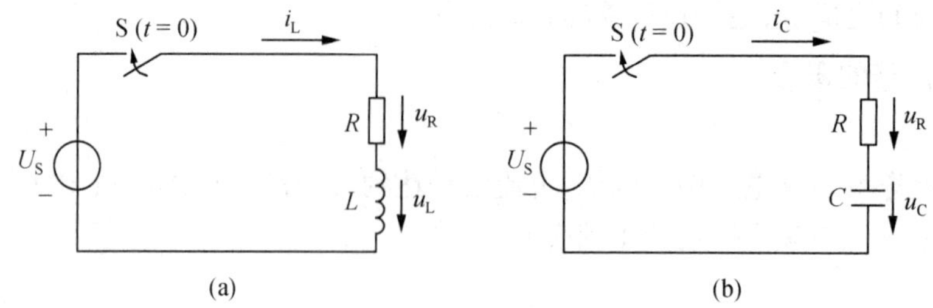

图 5-1-4　换路定理分析

$$u = \frac{\mathrm{d}\psi}{\mathrm{d}t} \tag{5-1-1}$$

$$\mathrm{d}\psi = u\mathrm{d}t$$

对式(5-1-1)两边积分，在任意时刻 t 得到（设 t_0 为计时起点）

$$\psi(t) = \psi(t_0) + \int_{t_0}^{t} u\mathrm{d}\xi \tag{5-1-2}$$

将 $\psi = Li$ 代入式(5-1-2)，有：

$$i(t) = i(t_0) + \frac{1}{L}\int_{t_0}^{t} u\mathrm{d}\xi \tag{5-1-3}$$

式(5-1-3)中，t_0 为一指定时间。

假如我们把换路时间选择为 $t = 0$，换路前的一瞬间记为 $t = 0_-$，换路后的一瞬间记为 $t = 0_+$，则得：

$$\left.\begin{aligned} \psi(0_+) &= \psi(0_-) + \int_{0_-}^{0_+} u\mathrm{d}t \\ i(0_+) &= i(0_-) + \frac{1}{L}\int_{0_-}^{0_+} u\mathrm{d}t \end{aligned}\right\} \tag{5-1-4}$$

如果换路时，电感两端电压 u 为有限值，式(5-1-4)中积分等于零，$\int_{0_-}^{0_+} u\mathrm{d}t = 0$，电感中的磁通链和电流不能发生跃变，即：

$$\left.\begin{aligned} \psi(0_+) &= \psi(0_-) \\ i_L(0_+) &= i_L(0_-) \end{aligned}\right\} \tag{5-1-5}$$

在图 5-1-4(b)中，对于线性电容元件，电压 u 和电流 i 在关联参考方向下，有

$$i = \frac{\mathrm{d}q}{\mathrm{d}t},$$

即：

$$\mathrm{d}q = i\mathrm{d}t \tag{5-1-6}$$

对式(5-1-6)两边积分，在任意时刻 t 得到（设 t_0 为计时起点）

$$q(t) = q(t_0) + \int_{t_0}^{t} i(\xi)\mathrm{d}\xi \tag{5-1-7}$$

将 $q = Cu$ 代入上式(5-1-7)有：

$$u(t) = u(t_0) + \frac{1}{C}\int_{t_0}^{t} i(\xi)\mathrm{d}\zeta \tag{5-1-8}$$

式(5-1-8)中，t_0 为一指定时间。

假如我们把换路时间选择为 $t = 0$，换路前的一瞬间记为 $t = 0_-$，换路后的一瞬间记为 $t =$

0_+,则得:

$$\left.\begin{aligned} q(0_+) &= q(0_-) + \int_{0_-}^{0_+} i\mathrm{d}t \\ u_C(0_+) &= u_C(0_-) + \frac{1}{C}\int_{0_-}^{0_+} i\mathrm{d}t \end{aligned}\right\} \tag{5-1-9}$$

如果换路时,流过电容的电流 i 为有限值,式(5-1-9)中积分等于零,$\int_{0_-}^{0_+} i\mathrm{d}t = 0$,得到电容上的电荷、电压不能发生跃变,即:

$$\left.\begin{aligned} q(0_+) &= q(0_-) \\ u_C(0_+) &= u_C(0_-) \end{aligned}\right\} \tag{5-1-10}$$

通过上面分析,换路定律叙述如下:对电容来说,当通过电容元件的电流为有限值时,在换路瞬间 $q(0_+) = q(0_-)$,$u_C(0_+) = u_C(0_-)$。对电感元件来说,当电感两端的电压为有限值时,在换路瞬间,$\psi(0_+) = \psi(0_-)$,$i_L(0_+) = i_L(0_-)$。

(三)一阶电路初始值的计算

(1)一阶电路:只含有一个储能元件的电路称为一阶电路。

(2)初始值:我们把 $t = 0_+$ 时刻电路中电压、电流的值,称为初始值。

(3)根据换路定律确定电路初始值的步骤:

①根据换路前的电路求出换路前瞬间,即 $t = 0_-$ 时的电容电压 $u_C(0_-)$ 和电感电流 $i_L(0_-)$ 值;

②根据换路定律求出换路后瞬间,即 $t = 0_+$ 时的电容电压 $u_C(0_+)$ 和电感电流 $i_L(0_+)$ 值;

③画出 $t = 0_+$ 时的等效电路,把 $u_C(0_+)$ 等效为电压源,把 $i_L(0_+)$ 等效为电流源;

④求电路其他电压和电流在 $t = 0_+$ 时的数值。

例 5-1-1　图 5-1-5(a)所示的电路中,已知 $R_1 = 4\ \Omega$,$R_2 = 6\ \Omega$,$U_S = 10\ \text{V}$,开关 S 闭合前电路已达到稳定状态,求换路后瞬间各元件上的电压和电流。

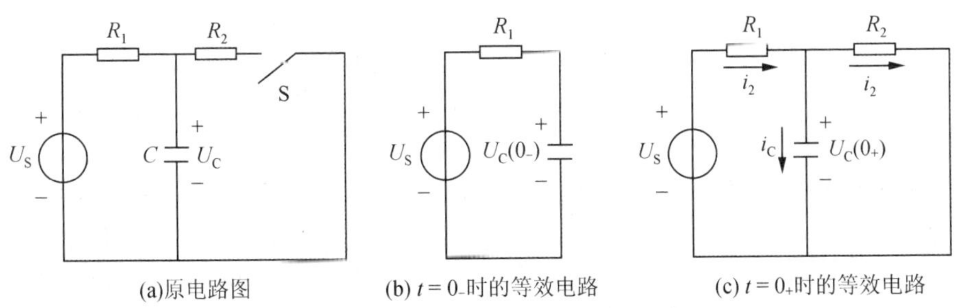

图 5-1-5　例 5-1-1 电路图

解:(1)换路前开关 S 尚未闭合,R_2 电阻没有接入,电路如图 5-1-5(b)所示。由换路前的电路可知:

$$u_C(0_-) = U_S = 10\ \text{V}$$

(2)根据换路定律:

$$u_C(0_+) = u_C(0_-) = 10\ \text{V}$$

(3)开关 S 闭合后,R_2 电阻接入电路,画出 $t = 0_+$ 时的等效电路,如图 5-1-5(c)所示。

(4)在图 5-1-5(c)电路上求出各个电压电流值:

$$i_1(0_+) = \frac{U_S - u_C(0_+)}{R_1} = \frac{10-10}{4}\text{A} = 0\ \text{A}$$

$$u_{R1}(0_+) = R_1 i_1(0_+) = 0\ \text{V}$$

$$u_{R2}(0_+) = u_C(0_+) = 10\ \text{V}$$

$$i_2(0_+) = \frac{u_{R2}(0_+)}{R_2} = \frac{10}{6}\text{A} = 1.67\ \text{A}$$

$$i_C(0_+) = i_1(0_+) - i_2(0_+) = -i_2(0_+) = -1.67\ \text{A}$$

例 5-1-2 电路如图 5-1-6 所示，开关 S 闭合前电路已稳定，已知 $U_S = 10\ \text{V}$，$R_1 = 30\ \Omega$，$R_2 = 20\ \Omega$，$R_3 = 40\ \Omega$。$t = 0$ 时开关 S 闭合，试求 $u_L(0_+)$ 及 $u_C(0_+)$。

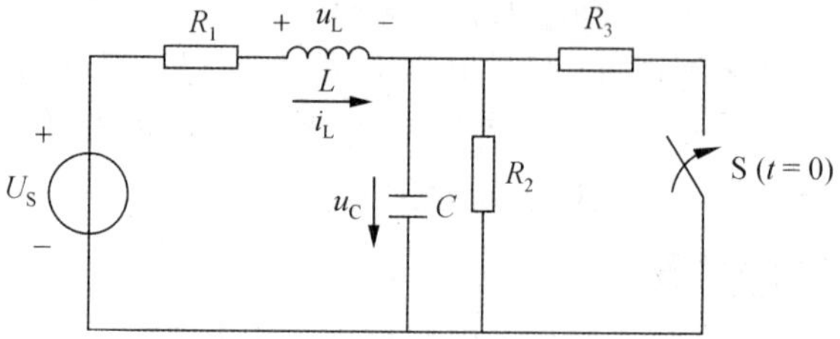

图 5-1-6　例 5-1-2 电路图

解：(1) 首先求 $u_C(0_-)$ 和 $i_L(0_-)$：

S 闭合前电路已处于直流稳态，故电容相当于开路，电感相当于短路，据此可画出 $t = 0_-$ 时的等效电路，如图 5-1-7(a) 所示。

$$i_L(0_-) = \frac{U_S}{R_1 + R_2} = \left(\frac{10}{30+20}\right)\text{A} = 0.2\ \text{A}$$

$$u_C(0_-) = \frac{R_2}{R_1 + R_2}U_S = \left(\frac{20}{30+20} \times 10\right)\text{V} = 4\ \text{V}$$

(2) 根据换路定律有：

$$i_L(0_+) = i_L(0_-) = 0.2\ \text{A}$$

$$u_C(0_+) = u_C(0_-) = 4\ \text{A}$$

(3) 将电感用 0.2 A 电流源替代，电容用 4 V 电压源替代，可得 $t = 0_+$ 时刻的等效电路，如图 5-1-7(b) 所示。故：

$$u_L = (0_+) = U_S - i_L(0_+)R_1 - u_C(0_+) = (10 - 0.2 \times 30 - 4)\text{V} = 0$$

$$i_C(0_+) = i_L(0_+) - i_2(0_+) - i_3(0_+) = i_L(0_+) - \frac{u_C(0_+)}{R_2} - \frac{u_C(0_+)}{R_3}$$

$$= (0.2 - 0.2 - 0.1)\text{A} = -0.1\ \text{A}$$

二、RC 电路的暂态响应

电路中的电源通常被称为电路的激励，而电路中各处的电流、电压被称为电路的响应。只含有一个储能元件(电感或电容) 或可等效为一个储能元件的电路称为一阶电路。

(一) 一阶 RC 电路的零输入响应

所谓 RC 电路的零输入，是指无电源激励，输入信号为零。在此条件下，由电容元件的初始状态 $u_C(0_+)$ 所产生的电路的响应，称为零输入响应。

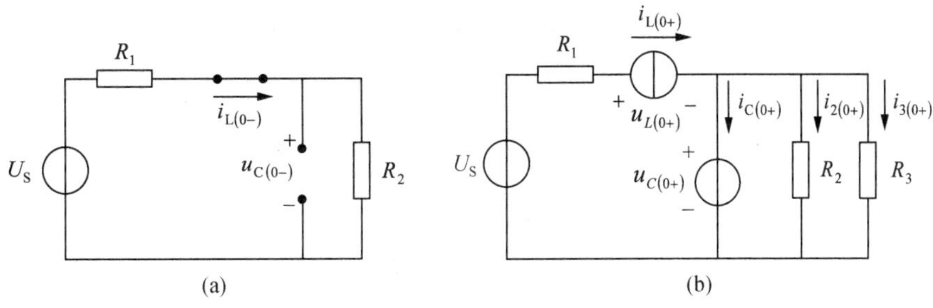

图 5-1-7　例 5-1-2 等效电路图

1. 电压、电流的变化规律

分析 RC 电路的零输入响应,实际上就是分析它的放电过程。图 5-1-8 是一 RC 串联电路。在换路前,开关 S 是合在位置 2 上的,电源对电容元件充电。在 $t=0$ 时将开关从位置 2 合到位置 1,使电路脱离电源,输入信号为零。此时,电容元件已储有能量,其上电压的初始值 $u_C(0_+)=U_0$;于是电容元件经过电阻 R 开始放电。

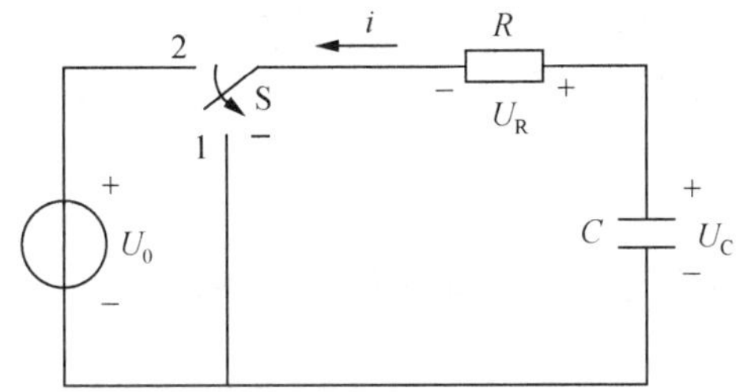

图 5-1-8　RC 电路的零输入响应

由 KVL 列方程:　　$u_R(t)-u_C(t)=0$

而　　$u_R(t)=Ri(t)$

$$i(t)=C\frac{du_C(t)}{dt}$$

代入上式可得

$$R[-C\frac{du_C(t)}{dt}]-u_C(t)=0$$
$$RC\frac{du_C(t)}{dt}+u_C(t)=0 \tag{5-1-11}$$

式(5-1-11)是关于 $u_C(t)$ 的一阶常系数线性齐次微分方程,由微分方程的概念,得出该微分方程的通解为

$$u_C(t)=Ae^{-\frac{1}{RC}}$$

式中,A 为积分常数,由电路的初始条件确定。

由换路定律有

$$u_C(0_+)=u_C(0_-)=U_0$$

上式中的 $t=0_+$(即 0)

则　　$u_C(0_+)=Ae^{-\frac{0_+}{RC}}=Ae^0=A=U_0$

$$u_C(t) = Ae^{-\frac{t}{RC}} = U_0e^{-\frac{t}{RC}} \quad (t > 0) \tag{5-1-12}$$

又因为

$$u_R(t) = u_C(t) = U_0e^{-\frac{t}{RC}}$$

所以

$$i(t) = \frac{u_R(t)}{R} = \frac{U_0}{R}e^{-\frac{t}{RC}} \quad (t > 0) \tag{5-1-13}$$

$u_C(t)$、$i(t)$ 的变化曲线如图 5-1-9 所示。

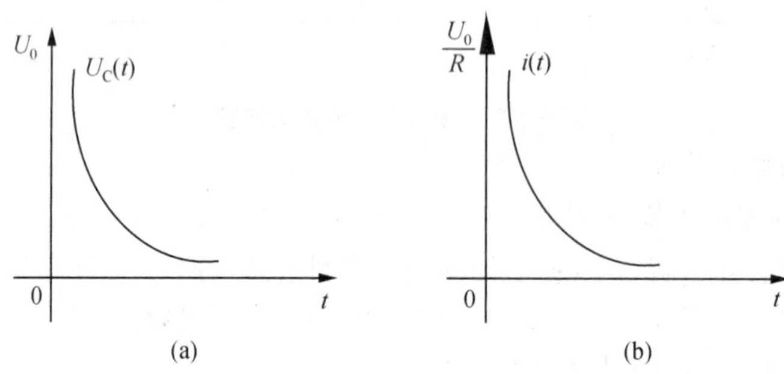

图 5-1-9　RC 电路零输入响应曲线

由上面的讨论可知,RC 电路的零输入响应 $u_C(t)$,$i(t)$ 都是随时间按指数规律衰减的变化曲线,其衰减速率取决于 RC 的值。

2. 时间常数

线性电路确定后,电阻 R 和电容 C 是确定值,二者的乘积也是一个确定的常数,用 τ 来表示,即

$$\tau = RC \tag{5-1-14}$$

式中,τ 是表示时间的物理量,其量纲为时间秒(s),故称为电路的时间常数。因此式(5-1-12)和式(5-1-13) 可表示为

$$u_C(t) = U_0e^{-\frac{1}{\tau}t} \quad (t > 0) \tag{5-1-15}$$

$$i(t) = \frac{U_0}{R}e^{-\frac{1}{\tau}t} \quad (t > 0) \tag{5-1-16}$$

时间常数 τ 仅由电路参数 R 和 C 决定。R 越大,电路中放电电流越小,放电时间越长;C 越大,电容所储存的电荷量越多,放电时间越长。所以 τ 只与 R 和 C 的乘积有关,与电路的初始状态和外加激励无关。

(二) 一阶 RC 电路的零状态响应

所谓零状态响应,是指电路在零初始条件下,即电路中的储能元件 L、C 未储能,仅由外施激励产生的电路响应。

图 5-1-10 是 RC 串联电路,S 断开时,电容 C 上没有储能。$t = 0$ 时刻将开关 S 闭合,RC 串联电路与外激励 U_S 接通,电容 C 充电。RC 串联电路的零状态响应实质上就是电容 C 的充电过程。

下面讨论电压、电流的变化规律。

设电路中电压、电流的参考方向如图 5-1-10 所示,则 S 接通后,由 KVL 及各元件的伏安关系,得

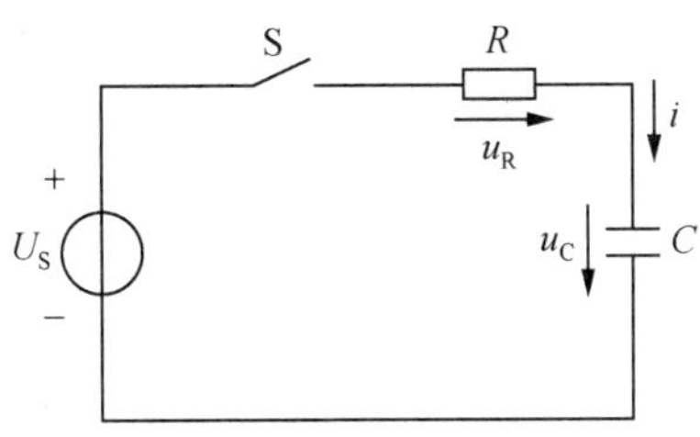

图 5-1-10　RC 电路的零状态响应

$$u_R + u_C = U_S$$

$$u_R = Ri$$

$$i = C\frac{du_C}{dt}$$

由上述三式得

$$RC\frac{du_C}{dt} + u_C = U_S \quad (5\text{-}1\text{-}17)$$

式(5-1-17)是一个以 u_C 为待求量的一阶常系数非齐次微分方程,其解是由特解和通解两部分组成,即 $u_C(t) = u'_C + u''_C$。其中 u'_C 是特解,它表示在 $t \to \infty$ 时电容两端的电压,因而又叫稳态解(稳态分量),即 $u'_C = u_C(\infty) = U_S$。u''_C 是式(5-1-17)中的 $U_S = 0$ 时的方程的通解,也叫暂态解(暂态分量)。它与零输入响应时的解相同,即为

$$u''_C = \mathrm{A}e^{-\frac{1}{RC}t}$$

所以方程的完全解为

$$u_C(t) = U_S + \mathrm{A}e^{-\frac{1}{RC}t} \quad (5\text{-}1\text{-}18)$$

式(5-1-18)中的 A 是积分常数,仍由电路的初始条件确定。该 RC 串联电路的初始值

$$u_C(0_+) = u_C(0_-) = 0$$

代入式(5-1-18)中,得

$$u_C(0_+) = U_S + A = 0$$

所以

$$A = -U_S$$

最后得出方程的完全解

$$u_C(t) = U_S(1 - e^{-\frac{1}{RC}t}) \quad (t > 0)$$

$\tau = RC$ 为时间常数,则

$$u_C(t) = U_S(1 - e^{-\frac{1}{\tau}t}) \quad (t > 0) \quad (5\text{-}1\text{-}19)$$

电容电流

$$i(t) = C\frac{du_C}{dt} = \frac{U_S}{R}e^{-\frac{1}{\tau}t} \quad (t > 0) \quad (5\text{-}1\text{-}20)$$

$u_C(t)$、$i(t)$ 的曲线分别如图 5-1-11(a)、(b)所示。

(三)一阶 RC 电路的全响应

电路中既有外加激励,又有内部储能元件的初始能量,在两者共同作用下产生的响应,称为一阶电路的全响应。在线性电路中,根据叠加原理,电路的全响应为零状态响应和零输入响

应的叠加。

在如图 5-1-12(a) 所示的电路中,电容已充过电,其初始电压为 U_0,$t = 0$ 时,开关 S 闭合,试分析 $t \geqslant 0$ 时电容电压的全响应 u_C。

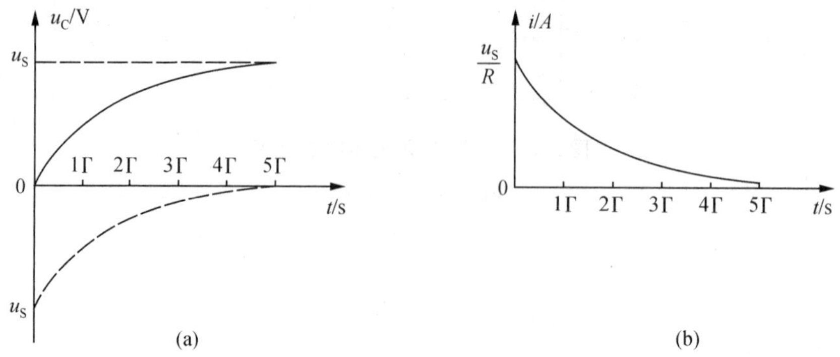

图 5-1-11　RC 电路零状态响应曲线

该电路的零输入响应 u'_C 和零状态响应 u''_C 可分别由如图 5-1-12(b) 和图 5-1-12(c) 所示电路求出。

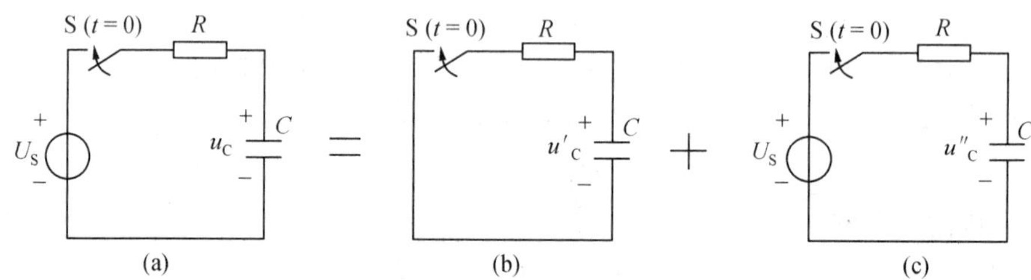

图 5-1-12　一阶电路的全响应

u_C 的零输入响应为

$$u'_C = U_0 e^{-\frac{t}{\tau}}$$

u_C 的零状态响应为

$$u'_C = U_S(1 - e^{-\frac{t}{\tau}})$$

由于全响应 = 零输入响应 + 零状态响应:

所以 u_C 的全响应为

$$u_C = U_0 e^{0\frac{t}{\tau}} + U_S(1 - e^{-\frac{t}{\tau}}) = U_S + (U_0 - U_S)e^{-\frac{t}{\tau}} \tag{5-1-21}$$

电路的全响应也可通过解微分方程的方法求得,所得结果与式(5-1-21) 完全相同。

显然,在全响应电路中,初始值 $u_C(0_+) = U_0$,电容电压的稳态值 $u_C(\infty) = U_S$。

【任务实施】

RC 电路暂态过程的测试

一、RC 电路零输入响应的测试

图 5-1-13 所示的电路中,$U_S = 10$ V,$R = 100$ kΩ,$C = 22$ μF。用 multisim 对电路进行仿真

测试。

(1) 在multisim中构建图5-1-13所示的电路，开关S的初始位置为“1”，接入示波器以观测电容器端电压 u_C 的波形。

(2) 将S由“1”拨至“2”，观测 u_C 的波形，并将波形记录在图5-1-15(a)所示的直角坐标系中。

二、RC电路零状态响应的测试

(1) 在multisim中构建图5-1-13所示的电路，开关S的初始位置为“2”，接入示波器以观测电容器端电压 u_C 的波形。

(2) 将S由“2”拨至“1”，观测 u_C 的波形，并将波形及记录在图5-1-15(b)所示的直角坐标系中。

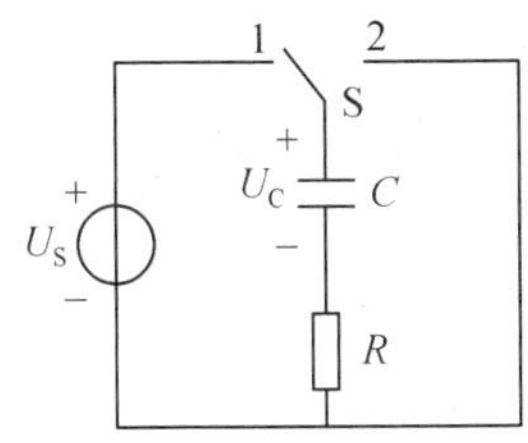

图5-1-13　RC电路零输入响应与零状态响应测试

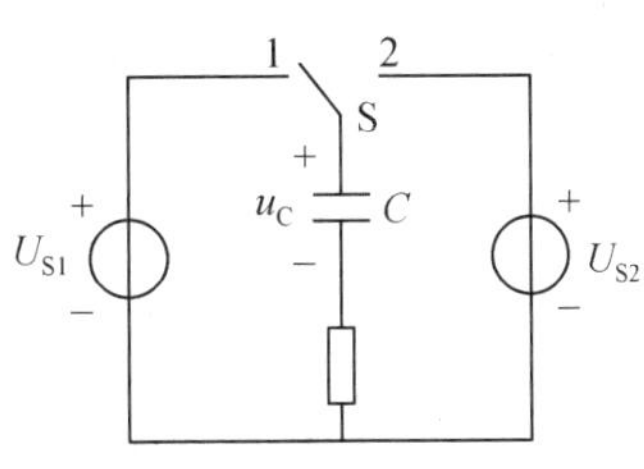

图5-1-14　RC电路全响应的测试

三、RC电路全响应的测试

图5-1-14所示的电路中，$U_S = 10\ V, R = 100\ k\Omega, C = 22\ \mu F$。用multisim对电路进行仿真测试。

(1) 在multisim中构建图5-1-14所示的电路，开关S的初始位置为“1”，接入示波器以观测电容器端电压 u_C 的波形。

(2) 将S由“1”拨至“2”，观测 u_C 的波形，并将波形记录在图5-1-15(c)所示的直角坐标系中。

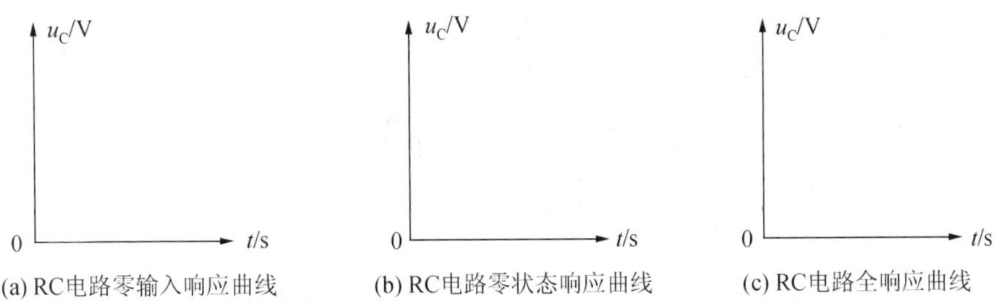

图5-1-15　RC电路响应曲线

工作任务二　RL 电路暂态过程的测试

【任务描述】

本任务主要对 RL 电路仿真测试，从而了解 RL 电路零输入、零状态和全响应三种暂态过程。RL 仿真电路如图 5-2-1、5-2-2 所示。

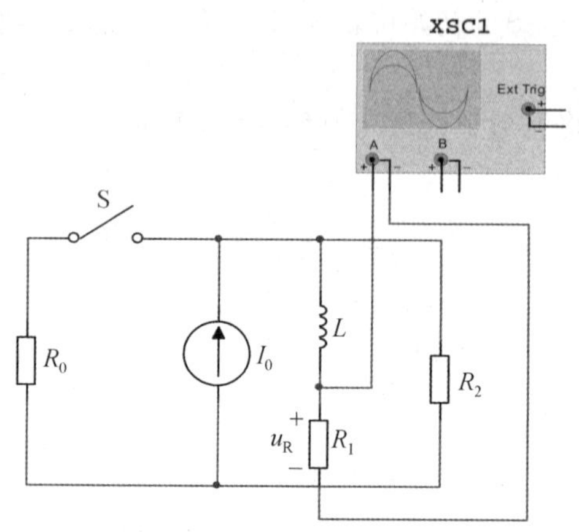

图 5-2-1　RL 电路零输入响应与零状态响应仿真

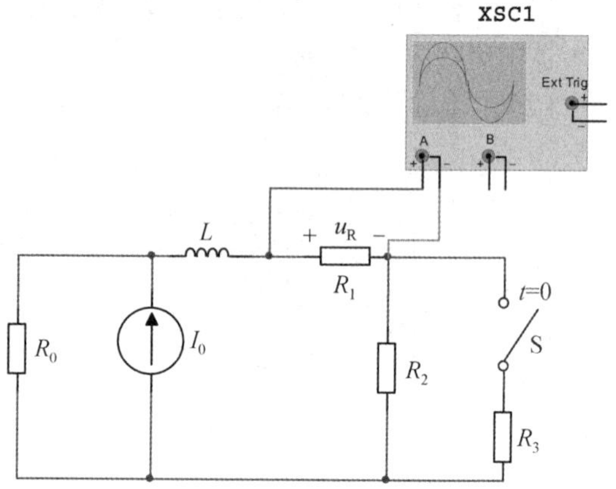

图 5-2-2　RL 电路全响应仿真

【知识准备】

RL 电路的暂态响应

一、一阶 RL 电路的零输入响应

如图 5-2-3 所示电路，开关 S 接 1 时电路已处于稳态。在 $t=0$ 时将开关 S 由 1 接向 2，换路后，RL 电路与电源脱离，电感 L 将通过电阻 R 释放磁场能并转换为热能消耗掉。上述过程是 RL 电路的零输入响应，下面讨论电路中电压、电流的变化规律。

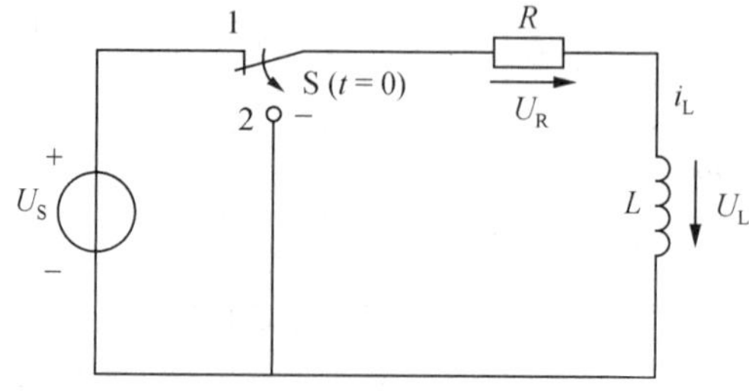

图 5-2-3　RL 电路的零输入响应

图 5-2-3 是 RL 电路的零输入响应，根据换路后的电路，由 KVL 定律及元件的伏安关系得：

$$u_R + u_L = 0$$
$$u_R = i_L R$$
$$u_L = L\frac{di_L}{dt}$$

由上面三式得

$$\frac{L}{R}\cdot\frac{di_L}{dt} + i_L = 0 \quad (t > 0) \tag{5-2-1}$$

式(5-2-1)是一个以 i_L 为待求量的一阶常系数线性齐次微分方程，方程的形式与式(5-1-1)完全相同，因此求解方法也相同。

式(5-2-1)的通解为

$$i_L(t) = Ae^{-\frac{R}{L}t} \quad (t > 0) \tag{5-2-2}$$

根据初始条件 $i_L(0_+) = i_L(0_-) = \frac{U_S}{R}$，确定积分常数 $A = \frac{U_S}{R}$ 将其代入上式中，得到满足初始条件的微分方程的通解为

$$i_L(t) = \frac{U_S}{R}e^{-\frac{R}{L}t} \quad (t > 0) \tag{5-2-3}$$

即

$$i_L(t) = \frac{U_S}{R}e^{-\frac{1}{\tau}t} \quad (t > 0) \tag{5-2-4}$$

电感电压为

$$u_L(t) = L\frac{di_L}{dt} = -U_S e^{-\frac{1}{\tau}t} \quad (t > 0) \tag{5-2-5}$$

式(5-2-5)中，τ 为 RL 电路的时间常数，单位为秒(s)。$\tau = \frac{L}{R}$，具有时间量纲。$i_L(t)$、$u_L(t)$ 的变化曲线如图 5-2-4 所示，它们都是按指数规律变化的。

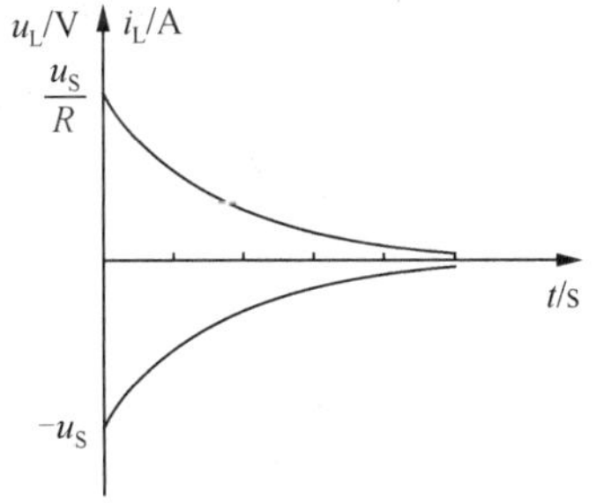

图 5-2-4　RL 电路零输入响应曲线

二、一阶 RL 电路的零状态响应

图 5-2-5 所示电路为 RL 串联电路，开关 S 断开时电路处于稳态，且 L 中无储能。在 $t = 0$ 时将 S 闭合，此时 RL 串联电路与外激励接通，电感 L 将不断从电源吸取电能转换为磁场能储存在线圈内部。下面分析在此过程中电压、电流的变化规律。

当 S 闭合后，由 KVL 定律及元件的伏安关系得

$$u_R + u_L = U_S$$
$$u_R = i_L R$$

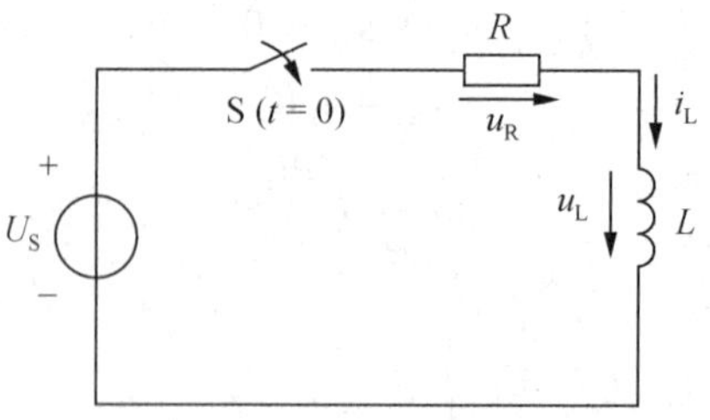

图 5-2-5　RL 电路的零状态响应

$$u_L = L\frac{di_L}{dt}$$

将上述三式整理得

$$\frac{L}{R}\cdot\frac{di_L}{dt} + i_L = \frac{U_S}{R} \quad (t > 0) \tag{5-2-6}$$

解式(5-2-6) 所示非齐次微分方程:

其特解(即稳态分量)

$$i'_L = \frac{U_S}{R}$$

齐次方程通解

$$i''_L = Ae^{-\frac{1}{\tau}t}$$

故得

$$i_L(t) = i'_L + i''_L = \frac{U_S}{R} + Ae^{-\frac{1}{\tau}t}$$

代入初始条件

$$i_L(0_+) = i_L(0_-) = 0$$

得

$$A = -\frac{U_S}{R}$$

则方程的解为

$$i_L(t) = \frac{U_S}{R}(1 - e^{-\frac{1}{\tau}t}) \quad (t > 0) \tag{5-2-7}$$

电感电压为

$$u_L(t) = L\frac{di_L}{dt} = U_S e^{-\frac{1}{\tau}t} \quad (t > 0) \tag{5-2-8}$$

$i_L(t)$、$u_L(t)$ 的变化曲线如图 5-2-6 所示。

三、一阶 RL 电路的全响应

与 RC 电路全响应的求解方法一样,RL 电路的全响应也可以通过零状态响应和零输入响应的叠加来实现,不再赘述。

例 5-2-1　在如图 5-2-7 所示电路中,开关 S 闭合前电路处于稳态。在 $t = 0$ 时将开关 S 闭合。试求:换路后的 i_L 和 u_L。

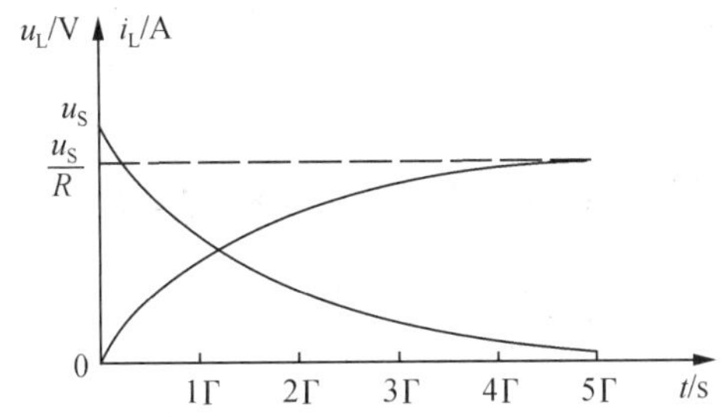

图 5-2-6　RL 电路零状态响应曲线

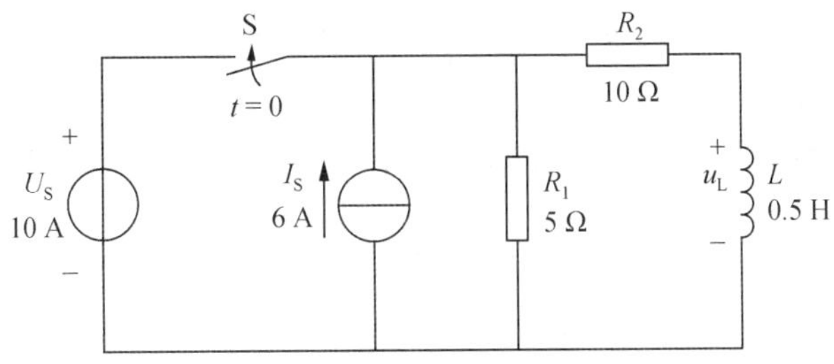

图 5-2-7　例 5-2-1 电路图

解:根据换路定律,由换路前电路求得

$$i_L(0_+) = i_L(0_-) = I_0 = \frac{R_1}{R_1 + R_2} I_S = 2\ \mathrm{A}$$

由换路后的电路求得稳态值为

$$i_L(\infty) = \frac{U_S}{R_2} = 1\ \mathrm{A}$$

电路的时间常数为

$$\tau = \frac{L}{R_2} = 0.05\ \mathrm{s}$$

i_L 的零输入响应为

$$i'_L = I_0 e^{-\frac{t}{\tau}} = 2e^{-\frac{t}{0.05}}\mathrm{A} = 2e^{-20t}\mathrm{A}$$

i_L 的零状态响应为

$$i''_L = i_L(\infty)(1 - e^{-\frac{t}{\tau}}) = 1 \times (1 - e^{\frac{t}{0.05}})\mathrm{A} = (1 - e^{-20t})\mathrm{A}$$

所以,i_L 的全响应为

$$i_L = i'_L + i''_L = (2e^{-20t} + 1 - e^{-20t})\mathrm{A} = (1 + e^{-20t})$$

u_L 的全响应为

$$u_L = L\frac{\mathrm{d}i_L}{\mathrm{d}t} = 0.5 \times (-20)e^{-20t}\ \mathrm{V} = -10\ e^{-20t}\ \mathrm{V}$$

【任务实施】

RL 电路暂态过程的测试

一、RL 电路零输入响应的测试

图 5-2-8 所示的电路中，U_S = 10 V，R = 100 kΩ，L = 22 mH。用 multisim 对电路进行仿真测试。

(1) 在 multisim 中构建图 5-2-8 所示的电路，开关 S 的初始位置为“1”，接入示波器以观测电阻 R 端电压 u_R 的波形。

(2) 将 S 由“1”拨至“2”，观测 u_R 的波形，并将波形记录在图 5-2-10(a) 所示的直角坐标系中。

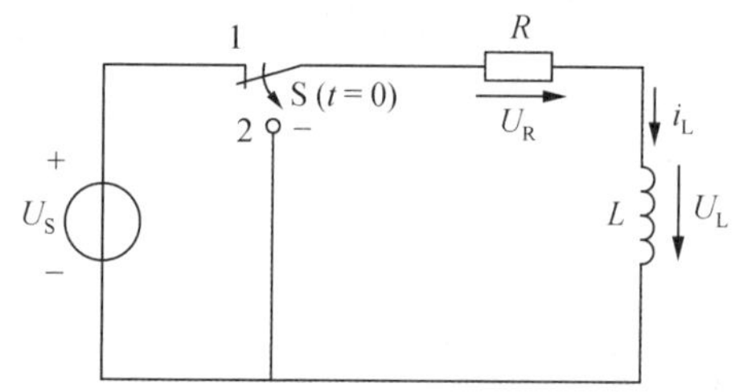

图 5-2-8　RL 电路零输入响应与零状态响应测试

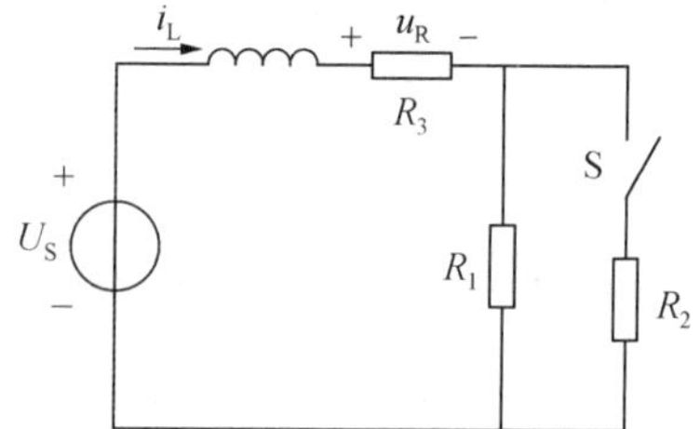

图 5-2-9　RL 全响应测试

二、RL 电路零状态响应的测试

(1) 在 multisim 中构建图 5-2-8 所示的电路，开关 S 的初始位置为“2”，接入示波器以观测电阻 R 端电压 u_R 的波形。

(2) 将 S 由“2”拨至“1”，观测 u_R 的波形，并将波形及记录在图 5-2-10(b) 所示的直角坐标系中。

三、RL 电路全响应的测试

图 5-2-9 所示的电路中，U_S = 10 V，R_1 = R_2 = R_3 = 100 kΩ，L = 22 mH。用 multisim 对电路进行仿真测试。

(1) 在 multisim 中构建图 5-2-9 所示的电路，开关 S 的初始状态是断开的，接入示波器以观测电阻 R_3 端电压 u_R 的波形。

(2) 将开关 S 闭合，观测 u_R 的波形，并将波形记录在图 5-2-10(c) 所示的直角坐标系中。

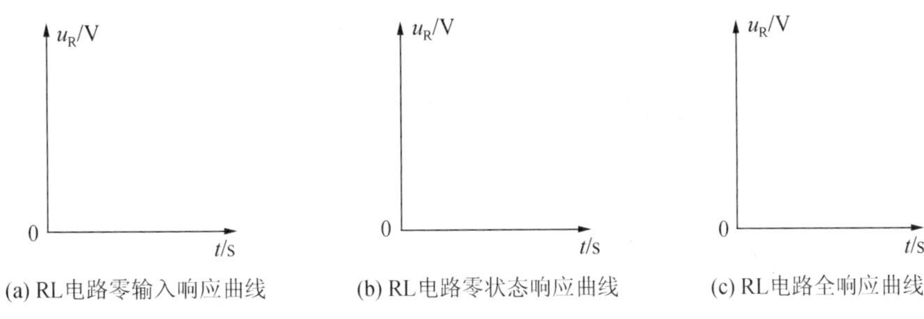

(a) RL电路零输入响应曲线　(b) RL电路零状态响应曲线　(c) RL电路全响应曲线

图 5-2-10　RL 电路响应曲线

【知识拓展】

一阶线性电路暂态分析的三要素法

只含有一个储能元件或经等效化简后含有一个储能元件的线性电路，不论是简单的还是复杂的，也不论是以哪一处的电压或电流为变量，在进行暂态分析时，所列出的微分方程都是一阶线性常系数微分方程，它的特征方程的根都相同。而且，总结归纳前面所讲述的三种响应中一阶线性常系数微分方程的通解的组成规律，可以得出，一阶电路中任一处的电流或电压都可由两部分组成，即稳态分量 $f(\infty)$ 和暂态分量 $Ae^{\frac{-t}{\tau}}$。如写成一般形式，则为

$$f(t) = f(\infty) + Ae^{\frac{-t}{\tau}}$$

若设初始值为 $f(0_+)$，则得

$$f(0_+) = f(\infty) + A$$

所以，积分常数 A 为

$$A = f(0_+) - f(\infty)$$

于是得

$$f(t) = f(\infty) + [f(0_+) - f(\infty)]e^{\frac{-t}{\tau}} \tag{5-2-9}$$

式(5-2-9)中，$f(0_+)$ 是暂态过程中变量的初始值，$f(\infty)$ 是变量的稳态值，τ 是暂态过程的时间常数。只要知道这三个量就可以根据式(5-2-9)直接写出一阶电路暂态过程中任何变量的变化规律，故把这三个量称为三要素，这种方法称为三要素法。

利用三要素法解题的一般步骤：

(1) 求出换路前电容电压 $u_C(0_-)$ 或电感电流 $i_L(0_-)$。

(2) 根据换路定律 $u_C(0_+) = u_C(0_-)$，$i_L(0_+) = i_L(0_-)$，求出换路瞬间（$t = 0_+$）响应电流或电压的初始值 $i(0_+)$ 或 $u(0_+)$，即 $f(0_+)$。

(3) 稳态时电容相当于开路，电感相当于短路，求出 $t = \infty$ 下响应电流或电压的稳态值 $i(\infty)$ 或 $u(\infty)$，即 $f(\infty)$。

(4) 求出电路的时间常数 τ。$\tau = RC$ 或 $\tau = L/R$，其中 R 值是换路后断开储能元件 C 或 L，由储能元件两端看进去，用戴维南或诺顿等效电路求得的等效电阻。

(5) 根据所求得的三要素，代入式(5-2-9)即可得响应电流或电压的暂态过程表达式。

例 5-2-2　如图 5-2-11 所示电路，已知 $U_S = 9$ V，$R_1 = 6$ kΩ，$R_2 = 3$ kΩ，$C = 1$ μF。$t = 0$ 时开关闭合，试用三要素法分别求 $u_C(0_-) = 0$ V、3 V 和 6 V 时 u_C 的表达式，并画出相应的波形。

解:先确定三要素。

(1) 初始值

根据换路定律,S 闭合后电容电压不能突变,分别求出换路后的初始值为

当 $u_C(0_-)=0\ \text{V}$ 时,$u_C(0_+)=0\ \text{V}$

当 $u_C(0_-)=3\ \text{V}$ 时,$u_C(0_+)=3\ \text{V}$

当 $u_C(0_-)=6\ \text{V}$ 时,$u_C(0_+)=6\ \text{V}$

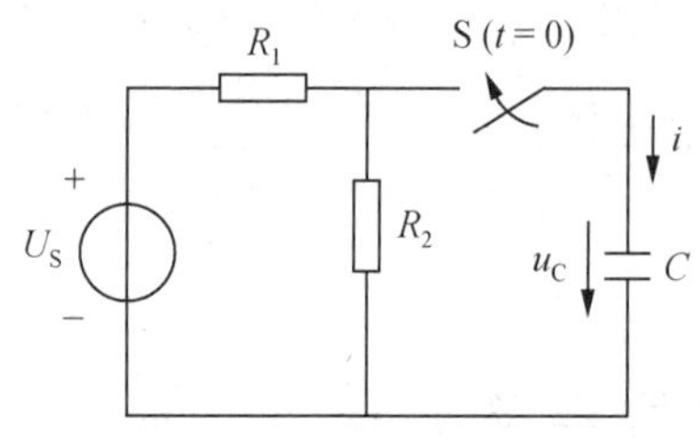

图 5-2-11　例 5-2-2 电路图

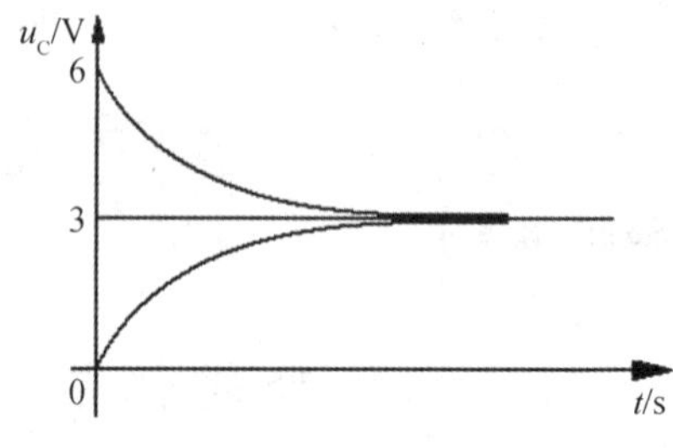

图 5-2-12　例 5-2-2 波形图

(2) 稳态值

电路到达稳态后,电容相当于开路,故

$$u_C(\infty)=\frac{R_2}{R_1+R_2}U_S=\frac{3}{6+3}\times 9\ \text{V}=3\ \text{V}$$

(3) 时间常数

前已述及,时间常数仅与电路的结构和参数有关,而与外加电源无关。所以,在求电路的时间常数时,可将外加电压源、电流源分别用短路、开路来代替,然后根据电阻的串并联关系求出等效电阻 R_0。

将图 5-2-11 的电压源用短路代替后,从 C 两端看进去的等效电阻为

$$R_0=R_1\ /\!/\ R_2=\frac{6\times 3}{6+3}\text{k}\Omega=2\ \text{k}\Omega$$

所以电路的时间常数为

$$\tau=R_0C=2\times 10^3\times 1\times 10^{-6}\text{s}=2\times 10^{-3}\text{s}$$

将以上三项代入式(5-2-9) 得

$u_C(0_-)=0\ \text{V}$ 时,　　$u_C=(1-e^{-500t})\text{V}$

$u_C(0_-)=3\ \text{V}$　　$u_C=3\ \text{V}$

$u_C(0_-)=6\ \text{V}$　　$u_C=3(1+e^{-500t})\text{V}$

它们的波形如图 5-2-12 所示。

由本例可知:当 $u_C(\infty)>u_C(0)$ 时,电容按指数规律充电;当 $u_C(\infty)=u_C(0)$ 时,换路后电路立即进入稳态,无过渡过程;当 $u_C(\infty)<u_C(0)$ 时,电容按指数规律放电。总之,只有在电路初始值与稳态值不同时,才有过渡过程发生。

工作任务三　触摸延时照明电路的设计、制作与测试

【任务描述】

设计一个触摸延时的照明电路,要求:

1. 用手触摸感应片,灯亮。延时 20 s 后,灯熄灭。
2. 延时时间可调。

【知识准备】

触摸电路和延时电路

一、触摸电路

触摸式开关被广泛应用到各种开关场合中,如常见的电灯。有着无机械噪音、无机械磨损的优点。它利用人体的导电性质,通过金属片把人体感应电压输入电子电路中,再经过放大元件放大,而作用于电路。常见的放大元件有集成运放、三极管、场效应管等。

注意:必须让手指直接触摸金属片才能使电路工作。放大电路的放大倍数越大,电路灵敏度越高。

二、延时电路

延时电路被广泛应用于延时电灯、洗衣机、微波炉等电器中,使电器的使用更加方便。精确度高的电路被用于秒级控制的电器中。常用的简单延时电路的基本原理就是利用电容的充放电功能来实现延时功能,并与各类电子元件相互组合实现不同的延时控制。

【任务实施】

一、方案说明

(1)开启方式:利用触摸开关,只要用手轻轻触摸一下,电灯就亮起来;
(2) 延时设计:电灯亮起后,过一段时间后能自己关闭。

二、电路元器件

(1)用直流稳压电源供电;
(2)灯具采用“12 V,10 W”的灯珠;
(3)延时电路使用阻容元件;
(4)其他元件自选。

三、电路制作说明

(1)正确选用元器件;
(2)线路布设合理规范;
(3)正确选用装接工具;
(4)线路装接符合工艺要求。

四、对制作的电路进行检测和调试

1. 电路检测与调试要求

(1) 正确选用检测所用仪器仪表;

(2) 对电路进行断电测试,预防短路故障的出现;

(3) 接通电源,进行 20 s 的延时调整;

(4) 对电路中的关键参数进行测量;

(5) 若电路存在故障,要通过检测加以排除。

2. 撰写电路设计、制作与测试报告

(1) 画出电路原理图,阐明设计方法和原理;

(2) 写出电路中元器件参数的设计过程,说明元器件选择的理由;

(3) 画出线路装配图,说明电路装接步骤及工艺要求;

(4) 写出电路检测与调试的步骤,记录并分析测试数据;

(5) 记录电路排除故障情况;

(6) 写出完成任务的心得体会。

巩固练习

习题 5-4-1 图 5-4-1 所示电路中,已知 $R_1=R_2=100\ \text{k}\Omega$,$U_S=2\ \text{V}$,求开关在 $t=0$ 闭合瞬间的 $i_L(0_+)$,$i(0_+)$,$u_L(0_+)$。

习题 5-4-2 电路如图 5-4-2 所示,已知 $R_1=R_2=10\ \Omega$,$U_S=2\ \text{V}$,开关 S 闭合前,电路处于稳态,开关 S 在 $t=0$ 时闭合,求 $i_1(0_+)$,$i_2(0_+)$,$i_3(0_+)$,$u_C(0_+)$,$u_L(0_+)$。

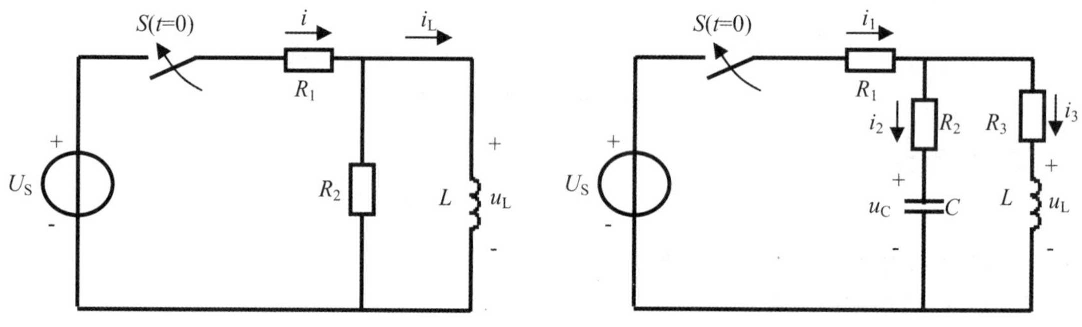

图 5-4-1 习题 5-4-1 图　　　　图 5-4-2 习题 5-4-2 图

习题 5-4-3 电路如图 5-4-3 所示,开关未动作前,电容已充电 $u_C(0_-)=100\ \text{V}$,$R=400\ \Omega$,$C=0.1\ \mu\text{F}$,在 $t=0$ 时把开关闭合,求电压 u_C 和电流 i。

习题 5-4-4 电路如图 5-4-4 所示,已知 $U_S=10\ \text{V}$,$R_1=2\ \text{k}\Omega$,$R_2=R_3=4\ \text{k}\Omega$,$L=200\ \text{mH}$,开关未打开前,电路已处于稳定状态,$t=0$ 时,把开关打开,求电感中的电流。

习题 5-4-5 在图 5-4-5 所示电路中,已知 $U_S=6\ \text{V}$,$R_1=20\ \text{k}\Omega$,$R_2=20\ \text{k}\Omega$,$C=0.01\ \mu\text{F}$,$u_C(0_-)=0$。求 $t\geqslant0$ 时的 u_O 和 u_C,并作出相应的波形。

习题 5-4-6 在图 5-4-6 中,$E=40\ \text{V}$,$R=5\ \text{k}\Omega$,$C=100\ \mu\text{F}$,并设 $u_C(0_-)=0$,试求:

(1) 电路的时间常数 τ;

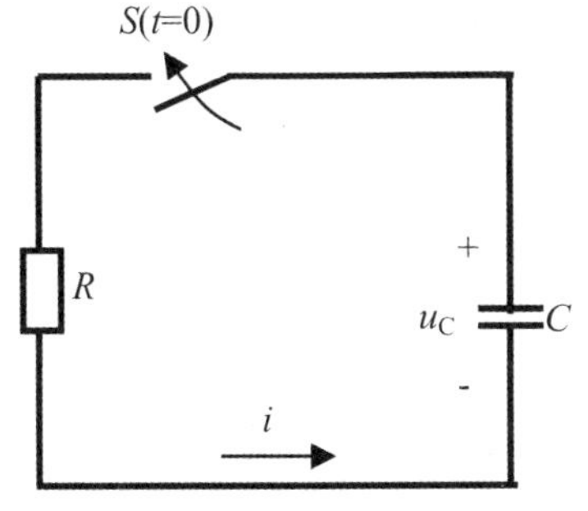

图 5-4-3　习题 5-4-3 图

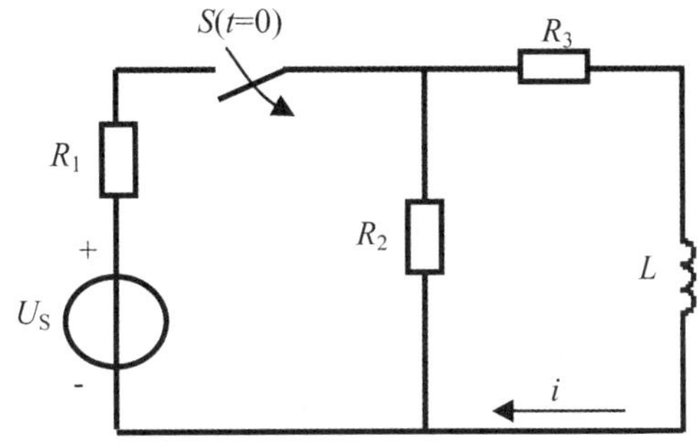

图 5-4-4　习题 5-4-4 图

(2)当开关闭合后电路中的电流 i 及各元件上的电压 u_C 和 u_R,并作出它们的变换曲线;

(3)经过一个时间常数后的电流值。

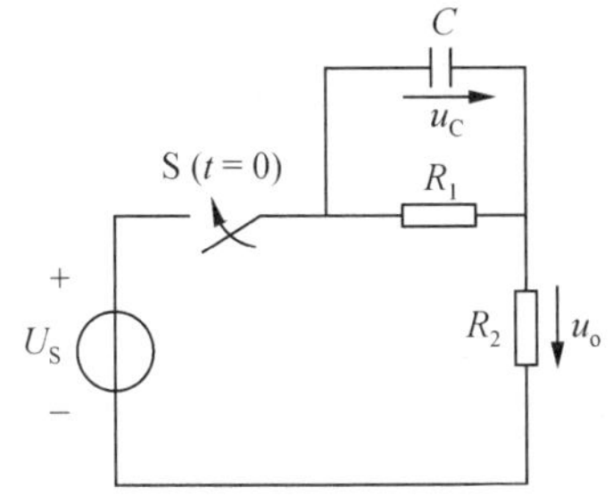

图 5-4-5　习题 5-4-5 图

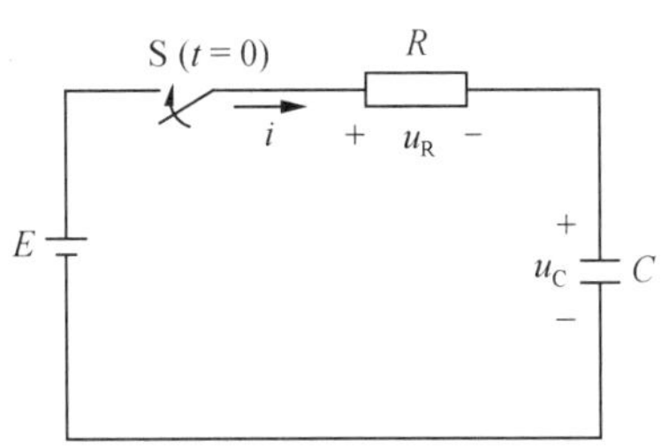

图 5-4-6　习题 5-4-6 图

习题 5-4-7　用三要素法写出 i 的表达式并画出其波形。

(1) $i(0_+) = -5$ A, $i(\infty) = 10$ A, $\tau = 2$ s;

(2) $i(0_+) = -5$ A, $i(\infty) = -15$ A, $\tau = 2$ s。

习题 5-4-8　电路如图 5-4-7 所示,试用三要素法求 $t \geqslant 0$ 时的 i_1、i_2 及 i_L。

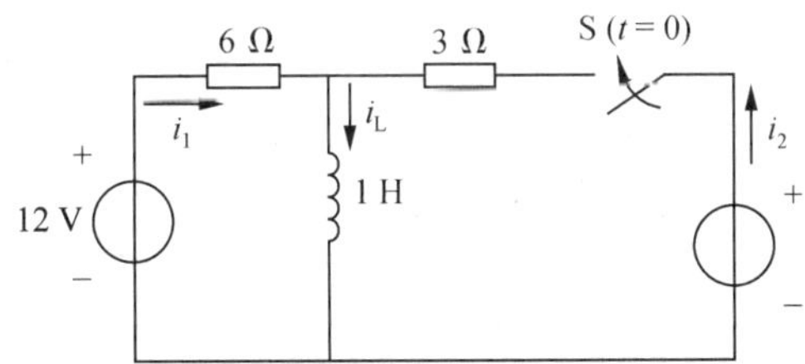

图 5-4-7　习题 5-4-7

项目六　互感线圈的制作、连接与测试

工作任务一　互感线圈的制作与测试

【任务描述】

一个线圈因另一个线圈中的电流变化而产生感应电动势的现象称为互感现象，这两个线圈称为互感线圈。互感现象在电工和电子技术中应用很广，通过互感，线圈可以使能量或信号由一个线圈很方便地传递到另外一个线圈。利用互感现象原理我们可以制成变压器、感应圈等。本任务主要是制作一个互感线圈，并进行测试以判定其同名端。

【知识准备】

互感线圈及其同名端

当一个线圈中的电流发生变化时，不仅会在本线圈中产生自感电动势，而且也将使处于它所产生的变化磁场里的线圈产生感应电动势，并称这种感应电动势为互感电动势。

一、互感现象与互感电压

1. 互感现象

两个相邻放置的线圈1和2，如图6-1-1所示，设两个线圈的匝数分别为 N_1、N_2。如果线圈1中通有电流时，它所产生的磁通有一部分会穿过线圈2；同样，线圈2通有电流时，它所产生的磁通也会有一部分穿过线圈1，这时我们就说这两个线圈之间有磁的耦合，或者说线圈1和线圈2之间有互感。

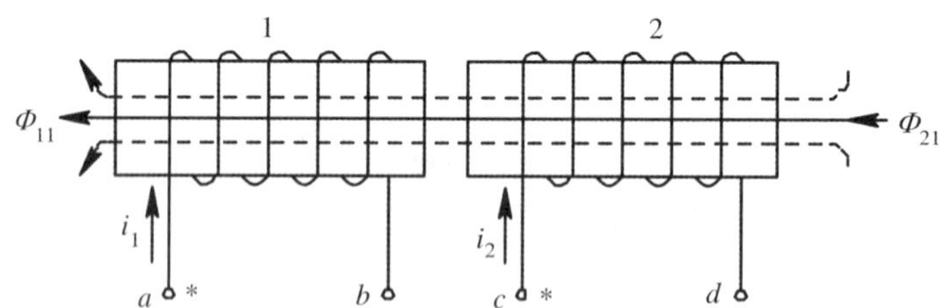

图6-1-1　互感现象

当线圈1中通有交变电流 i_1 时，它所产生的磁通中，通过自身线圈闭合的称为自感磁通记作 Φ_{11}，磁链 $\Psi_{11} = N_1\Phi_{11}$ 称为线圈1的自感磁链。由于线圈2处在 i_1 所产生的磁场之中，电流 i_1 产生的磁通还有一部分穿过线圈2，使线圈2具有的磁通 Φ_{21} 称互感磁通，磁链 $\Psi_{21} = N_2\Phi_{21}$ 叫做互感磁链。随着 i_1 的变化 Ψ_{21} 也变化，从而在线圈2中产生的电压叫互感电压。同理，如果线圈 2 中的电流 i_2 变化，也会在线圈 1 中产生互感电压。这种由一个线圈中的电流变化在另一个线圈中产生感应电压的现象叫做互感现象。

为明确起见，磁通、磁链、感应电压等用双下标表示。第一个下标代表该量所在线圈的编号，第二个下标代表产生该量的原因所在线圈的编号。例如，Ψ_{21} 表示由线圈 1 产生的穿过线圈 2 的磁链。

2. 互感系数

假设电流的参考方向与它产生的磁通的参考方向满足右手螺旋定则时，我们把与线圈 2 相交链的磁链 Ψ_{21} 与产生它的电流 i_1 的比值定义为互感系数，用符号 M_{21} 表示，称之为线圈 1 对线圈 2 的互感系数，简称互感。

$$M_{21}=\frac{\Psi_{21}}{i_1}$$

同理，线圈 2 对线圈 1 的互感为

$$M_{12}=\frac{\Psi_{12}}{i_2}$$

可以证明，对于线性电感来说，$M_{12}=M_{21}$（本书不作证明），今后讨论时无须区分 M_{12} 和 M_{21}，两线圈间的互感系数用 M 表示，即

$$M=M_{12}=M_{21}$$

互感 M 的单位是亨(H)。

需要说明的是，两线圈间的互感系数 M 是线圈的固有参数，它不仅与两线圈的匝数、形状及尺寸有关，还和线圈间的相对位置及磁介质有关。当用铁磁材料作为介质时，M 将不是常数。本书只讨论 M 为常数的情况。

（三）耦合系数

两个耦合线圈的电流所产生的磁通，一般情况下，只有部分相交链。两耦合线圈相交链的磁通越多，说明两个线圈耦合越紧密。工程上用耦合系数 k 来定量地描述两个磁耦合线圈的耦合程度。

定义为

$$k=\frac{M}{\sqrt{L_1L_2}}$$

因为

$$L_1=\frac{\Psi_{11}}{i_1}=\frac{N_1\Phi_{11}}{i_1}$$

$$L_2=\frac{\Psi_{22}}{i_1}=\frac{N_2\Phi_{22}}{i_2}$$

又因为 $M=M_{12}=M_{21}$，即

$$M=M_{12}=\frac{\Psi_{12}}{i_2}=\frac{N_1\Phi_{12}}{i_2}$$

$$M=M_{21}=\frac{\Psi_{11}}{i_1}=\frac{N_2\Phi_{21}}{i_1}$$

所以

$$k = \sqrt{\frac{M_{12}M_{21}}{L_1L_2}} = \sqrt{\frac{\Psi_{12}\Psi_{21}}{\Psi_{11}\Psi_{22}}} = \sqrt{\frac{\Phi_{12}\Phi_{21}}{\Phi_{11}\Phi_{22}}}$$

而 Φ_{21} 只是 Φ_{11} 的一部分，$\Phi_{21} \leqslant \Phi_{11}$；$\Phi_{12}$ 也只是 Φ_{22} 的一部分，$\Phi_{12} \leqslant \Phi_{22}$，所以有 $0 \leqslant k \leqslant 1$。$k$ 值越大，说明两个线圈之间耦合越紧，当 $k = 1$ 时，称为全耦合；当 $k = 0$ 时，说明两线圈没有耦合。

耦合系数 k 的大小与两线圈的结构、相互位置以及周围磁介质有关。如图 6-1-2(a) 所示两线圈轴线平行且越靠近时，k 值就越大，接近于 1；相反，如图 6-1-2(b) 所示，两线圈相互垂直，其 k 值可能近似于零。由此可见，改变或调整两线圈的相互位置，可以改变耦合系数的大小。

在电子电路和电力系统中，为了更有效地传输信号或功率，总是尽可能紧密地耦合，使 k 尽可能接近 1。一般采用铁磁性材料制成的铁芯可达到这一目的。在通信方面，为避免线圈之间的相互干扰，除了采用屏蔽手段外，一个有效的方法就是合理布置这些线圈的相互位置，这样可以大大地减小它们的耦合作用。

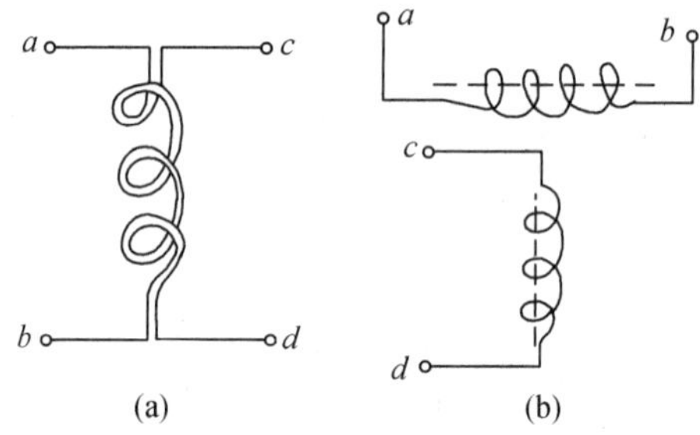

图 6-1-2　耦合线圈的结构及相互位置

（四）互感电压

通过线圈的电流变化，在自身线圈中感应的电压称为自感电压

$$\begin{aligned} u_{11} &= \pm \frac{\mathrm{d}\Psi_{11}}{\mathrm{d}t} = \pm L_1 \frac{\mathrm{d}i_1}{\mathrm{d}t} \\ u_{22} &= \pm \frac{\mathrm{d}\Psi_{22}}{\mathrm{d}t} = \pm L_2 \frac{\mathrm{d}i_2}{\mathrm{d}t} \end{aligned} \tag{6-1-1}$$

当电压与电流取关联参考方向时，取“+”号；当电压与电流取非关联参考方向时，取“-”号。

互感电压与互感磁链的关系也遵循电磁感应定律。与讨论自感现象相似，因线圈 1 中电流 i_1 的变化在线圈 2 中产生的互感电压为

$$u_{21} = \pm \frac{\mathrm{d}\Psi_{21}}{\mathrm{d}t} = \pm M \frac{\mathrm{d}i_1}{\mathrm{d}t} \tag{6-1-2}$$

同理，因线圈 2 中电流 i_2 的变化在线圈 1 中产生的互感电压为

$$u_{12} = \pm \frac{\mathrm{d}\Psi_{12}}{\mathrm{d}t} = \pm M \frac{\mathrm{d}i_2}{\mathrm{d}t} \tag{6-1-3}$$

当互感磁链或互感磁通与产生其的电流两者的参考方向符合右手螺旋关系，即 Ψ_{21} 与 i_1、Ψ_{12} 与 i_2 符合右手螺旋关系时取“+”号，否则取“-”号。

在正弦交流电路中，互感电压也常用相量表示，即

$$\dot{U}_{21} = \pm j\omega M\dot{I}_1 = \pm jX_M\dot{I}_1$$
$$\dot{U}_{12} = \pm j\omega M\dot{I}_2 = \pm jX_M\dot{I}_2 \quad (6\text{-}1\text{-}4)$$

式(6-1-4)中正负号的选取与式(6-1-2)、(6-1-3)相同。$X_M = \omega M$称为互感抗,单位为欧姆(Ω)。

二、互感线圈的同名端及其判定

式(6-1-1)、(6-1-2)中,Ψ_{21}与i_1、Ψ_{12}与i_2符合右手螺旋关系时取"+"号,否则取"−"号。但在实际应用时,一方面有些线圈是密封的,无法判断其绕向;另一方面,在电路图中画出每个线圈的绕向和线圈间相对位置,也不现实。因此,为了分析问题的方便,引入了同名端的概念。

(一)同名端

当两个电流分别从两个线圈的对应端同时流入,如果产生的磁通方向一致,即磁场相互加强,则这两个对应端称为两互感线圈的同名端,用符号"＊"、"△"或"·"标记。当然另两个端也是同名端,为了便于区别,另一对同名端不需标注。

如图6-1-3(a)中的两个线圈,i_1、i_2分别从端钮a、c流入,此时从这两个端钮通入电流所产生的磁场相互增强(磁场方向根据电流方向及线圈绕向用右手螺旋定则判断),则线圈1的端钮a和线圈2的端钮c为同名端,b、c端钮则称异名端。同理,图6-1-3(b)两个线圈的a、d和b、c是同名端。

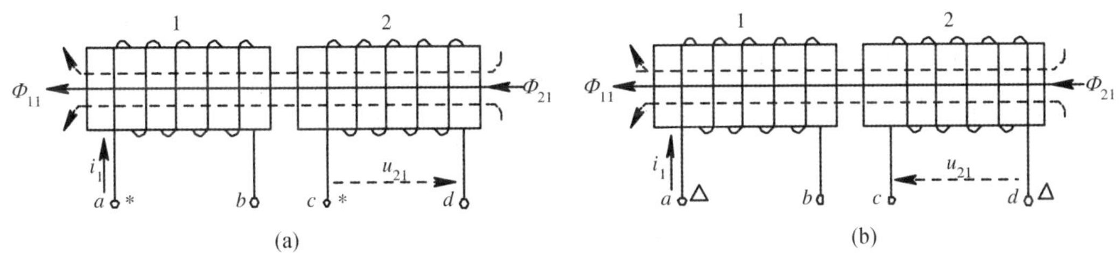

图6-1-3　两种不同绕法线圈的同名端

同名端的标定实际上是反映互感线圈的绕向及相对位置的。因此,在电路图中为了方便,在标定了同名端后,线圈的具体绕向和相对位置就不再有必要画出了。

在电路理论中,把有互感的一对电感元件称为耦合电感元件,简称耦合电感。图6-1-4所示为耦合电感的电路模型,其中两线圈的互感为M,自感分别为L_1、L_2。图中"＊"号表示它们的同名端。

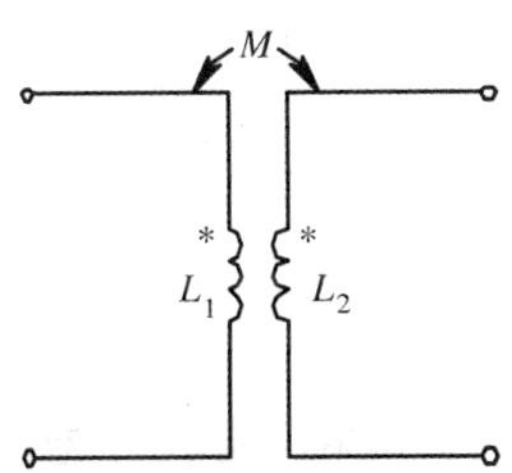

图6-1-4　有耦合电感的电路模型

(二)同名端的原则

互感电压和自感电压一样也是感应电压,是由于线圈电流的变化引起磁通的变化而感应出的电压。有了同名端,就可以根据电磁感应理论来确定互感电压的参考方向。

当两个线圈的同名端确定后,如图 6-1-5 所示,在选择一个线圈的互感电压参考方向与引起该电压的另一线圈的电流的参考方向遵循同名端一致的原则下(即 i_1 从第一个线圈的"*"端流入,则由 i_1 在另一个线圈中产生的互感电压的参考方向也是由"*"端指向不带星的一端),互感电压的表达式为:

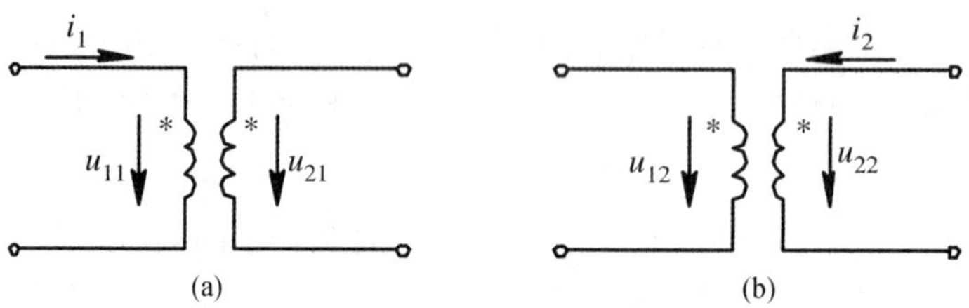

图 6-1-5　互感线圈中电流、电压参考方向

$$\left.\begin{aligned} u_{12} &= M\frac{\mathrm{d}i_2}{\mathrm{d}t} \\ u_{21} &= M\frac{\mathrm{d}i_1}{\mathrm{d}t} \end{aligned}\right\} \tag{6-1-5}$$

在正弦交流电路中,互感电压与引起它的电流为同频率的正弦量,当其相量的参考方向满足上述原则时,有

$$\left.\begin{aligned} \dot{U}_{21} &= \mathrm{j}\omega M\dot{I}_1 = \mathrm{j}X_{\mathrm{M}}\dot{I}_1 \\ \dot{U}_{12} &= \mathrm{j}\omega M\dot{I}_2 = \mathrm{j}X_{\mathrm{M}}\dot{I}_2 \end{aligned}\right\} \tag{6-1-6}$$

可见,在上述参考方向原则下,互感电压比引起它的正弦电流超前 $\pi/2$。

例 6-1-1　图 6-1-6 所示电路中,$M = 0.025$ H,$i_1 = \sqrt{2}\sin 1200t$ A,试求互感电压 u_{21}。

解: 选择互感电压 u_{21} 与电流 i_1 的参考方向对同名端一致,如图 6-1-6 所示,则

$$u_{21} = M\frac{\mathrm{d}i_1}{\mathrm{d}t}$$

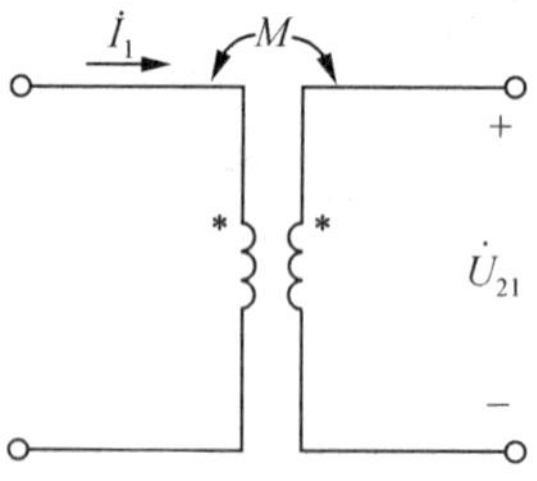

图 6-1-6　例 6-1-1 图

其相量形式为

$$\dot{U}_{21} = \mathrm{j}\omega M\dot{I}_1, \dot{I}_1 = 1\angle 0°\mathrm{A}$$

故

$$\dot{U}_{21} = j\omega M\dot{I}_1 = j1200 \times 0.025 \times 1\angle 0^\circ = 30\angle 90^\circ V$$

（三）同名端的判定

1. 对两个绕向已知的绕组

如果已知磁耦合线圈的绕向及相对位置，同名端便很容易利用其概念进行判定。

当电流从两个同极性端流入（或流出）时，铁芯中所产生的磁通方向是一致的。如图6-1-7所示，1端和4端为同名端，电流从这两个端点流入时，它们在铁芯中产生的磁通方向相同。

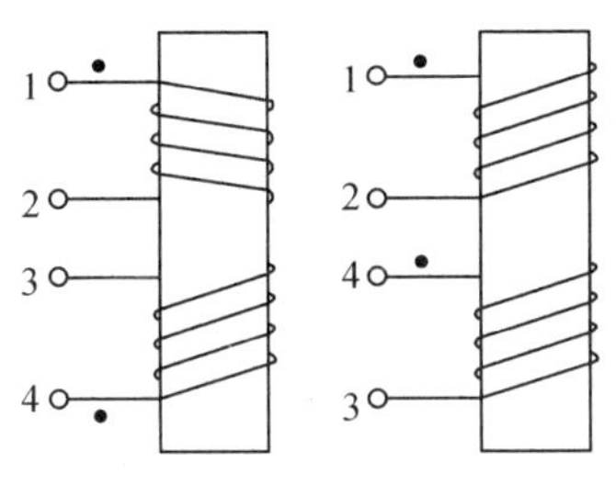

图6-1-7　同名端的判定

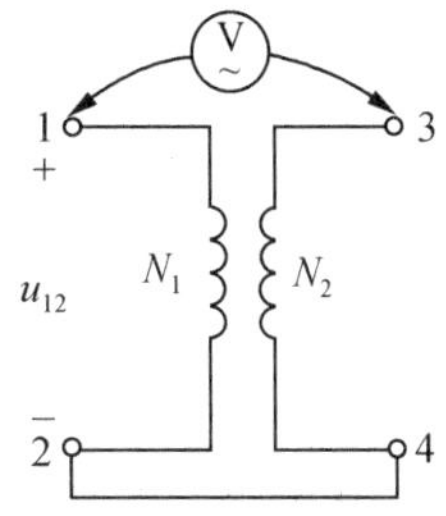

图6-1-8　交流法测定同名端

2. 对两个绕向未知的绕组

对于无法从外部观察其绕组的情况，无法直接辨认其同名端，此时可用实验的方法进行测定，测定的方法有交流法和直流法两种。

（1）交流法。如图6-1-8所示，将初级、次级线圈各取一个接线端连接在一起，如图中的2和4，并在一个线圈上（图中为N_1线圈）加一个较低的交流电压U_{12}，再用交流电压表分别测量U_{12}、U_{13}、U_{34}各值，如果测量结果为：$U_{13} = U_{12} - U_{34}$，则说明N_1、N_2组为反极性串联，故1和3为同名端。如果$U_{13} = U_{12} + U_{34}$，则1和4为同名端。

（2）直流法。用1.5 V或3 V的直流电源，按图6-1-9所示连接，直流电源接在高压线圈上，而直流毫伏表接在低压线圈两端。当开关S合上的一瞬间，如毫伏表指针向正方向摆动，则接直流电源正极的端子与接直流毫伏表正极的端子为同名端。

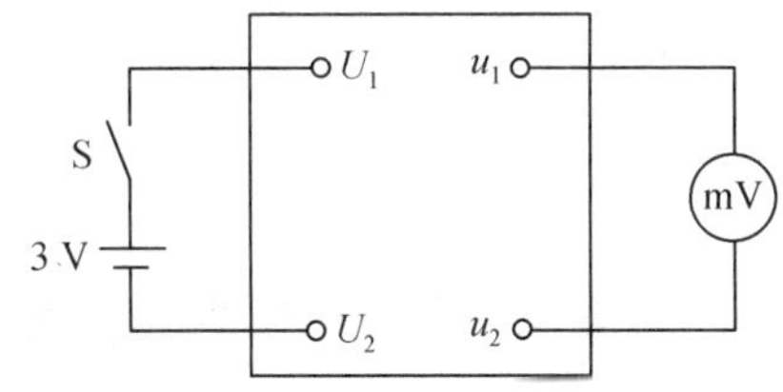

图6-1-9　直流法测定同名端

【任务实施】

制作互感线圈并进行测试

一、互感线圈的制作

用硬纸板卷成一个空心的圆柱体（直径约10 mm，高约100 mm）骨架。将一根长约3 m，直径为0.5 mm的铜漆包线ab紧密地绕在骨架上,留出两端;然后在漆包线外面裹上一层绝缘纸,再将一根长约2 m,直径为0.5 mm的铜漆包线cd紧密地绕在外面,并按图6-1-10所示连接。

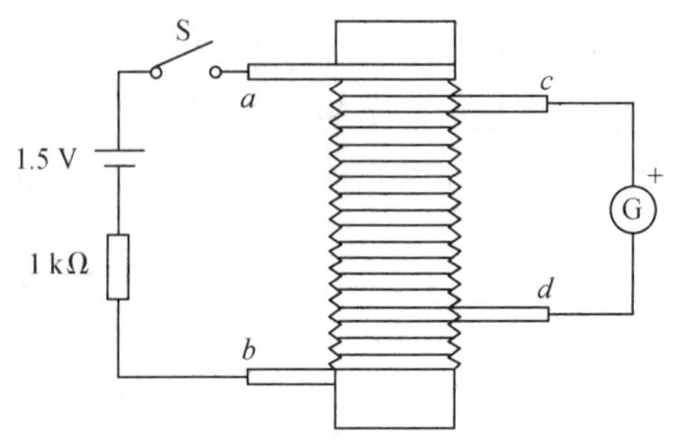

图6-1-10　互感线圈的测试

二、互感线圈的测试

(1)闭合S瞬间,灵敏电流计________(正偏/反偏/不偏);S闭合不动时,灵敏电流计________(正偏/反偏/不偏);S断开瞬间,灵敏电流计________(正偏/反偏/不偏)。

(2)若将电源极性调换,闭合S瞬间,灵敏电流计________(正偏/反偏/不偏);S闭合不动时,灵敏电流计________(正偏/反偏/不偏);S断开瞬间,灵敏电流计________(正偏/反偏/不偏)。由此判定________和________是同名端。

工作任务二　互感线圈的连接与测试

【任务描述】

在工业上的实际应用中,经常会遇到多个线圈串联或者并联的情况,而且各个线圈之间都存在互感,本任务主要是互感线圈的串联测试。

【知识准备】

互感线圈的连接与等效电感

当两个线圈之间具有耦合关系时,每个线圈中的磁链都由两部分组成:一部分是自感磁链,另一部分是互感磁链。当电流变化时,自感磁链产生自感电压,互感磁链产生互感电压。计算时要注意不要把互感电压遗漏掉。

在计算具有互感的正弦交流电路时,相量法、基尔霍夫定律仍然适用,但在列写电路的电压方程时,应注意不要把互感电压遗漏掉。

一、互感线圈的串联

(一)互感线圈的顺向串联

所谓顺向串联,就是把两线圈的异名端相连,如图6-2-1(a)所示。这种连接方式中,电流

将从两线圈的同名端流进或流出。选择电流、电压的参考方向如图 6-2-1(a)所示,则

$$\dot{U}_1 = \dot{U}_{11} + \dot{U}_{12} = j\omega L_1 \dot{I} + j\omega M \dot{I}$$

$$\dot{U}_2 = \dot{U}_{22} + \dot{U}_{21} = j\omega L_2 \dot{I} + j\omega M \dot{I}$$

串联后线圈的总电压为

$$\dot{U} = \dot{U}_1 + \dot{U}_2 = j\omega(L_1 + L_2 + 2M)\dot{I} = j\omega L\dot{I}$$

其中,L 为顺向串联的等效电感

$$L = L_1 + L_2 + 2M \tag{6-2-1}$$

由此方程可以得到图6-2-1(a)的无互感的等效电路如图6-2-1(c)所示,所以顺接时耦合电感可用一个等效电感 L 替代。耦合电感顺向串联的等效阻抗

$$Z = j\omega(L_1 + L_2 + 2M)$$

显然顺向串联时,耦合电感的等效阻抗比无互感时的阻抗大,这是由于互感的增强作用。

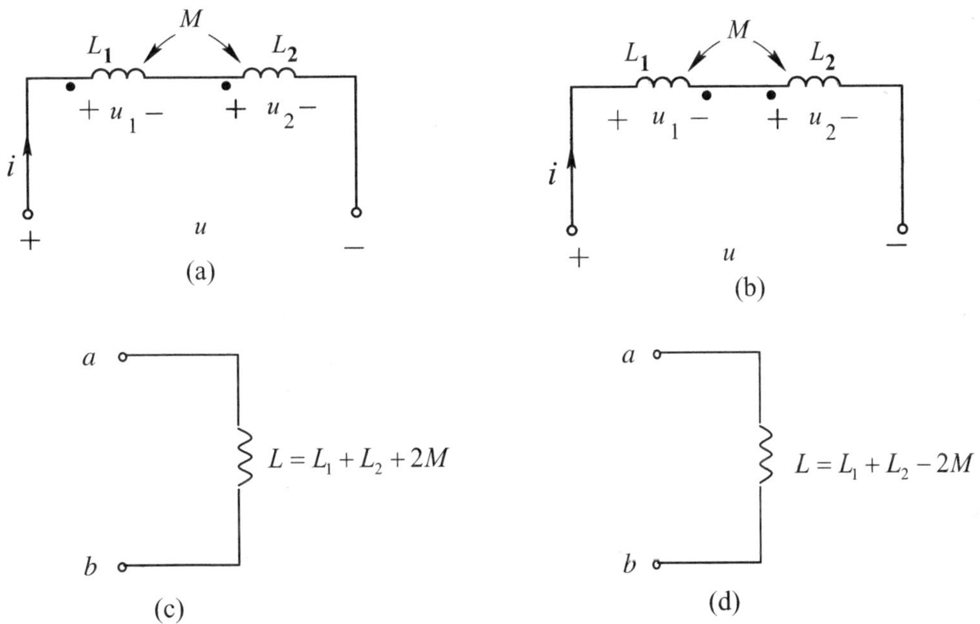

图 6-2-1　互感线圈的顺向串联和反向串联

(二) 互感线圈的反向串联

反向串联是两个线圈的同名端相连,如图 6-2-1(b) 所示。电流从两个线圈的异名端流入,电流、电压参考方向如图 6-2-1(b) 所示,则在正弦交流电路中有

$$\dot{U}_1 = \dot{U}_{11} + \dot{U}_{12} = j\omega L_1 \dot{I} - j\omega M \dot{I}$$

$$\dot{U}_2 = \dot{U}_{22} + \dot{U}_{21} = j\omega L_2 \dot{I} - j\omega M \dot{I}$$

其总电压为

$$\dot{U} = \dot{U}_1 + \dot{U}_2 = j\omega(L_1 + L_2 - 2M)\dot{I} = j\omega L\dot{I}$$

其中,L 为线圈反向串联的等效电感:

$$L = L_1 + L_2 - 2M \tag{6-2-2}$$

由此方程可以得到图6-2-1(b)的无互感的等效电路如图6-2-1(d)所示,所以反接时耦合

电感可用一个等效电感 L 替代。耦合电感反向串联的等效阻抗

$$Z = j\omega(L_1 + L_2 - 2M) \tag{6-2-3}$$

显然反向串联时,耦合电感的等效阻抗比无互感时的阻抗小,这是由于互感的相互削弱作用。

由式(6-2-1)和式(6-2-2)可以看出,两线圈顺向串联时的等效电感大于两线圈的自感之和,而两线圈反向串联时的等效电感小于两线圈的自感之和。从物理本质上说明顺向串联时,电流从同名端流入,两磁通相互增强,总磁链增加,等效电感增大;而反向串联时情况则相反,总磁链减小,等效电感减小。

例 6-2-1 电路如图 6-2-2 所示,(a)、(b)、(c)、(d)四个互感线圈,已知同名端和各线圈上电压电流参考方向,试写出每一互感线圈上的电压电流关系。

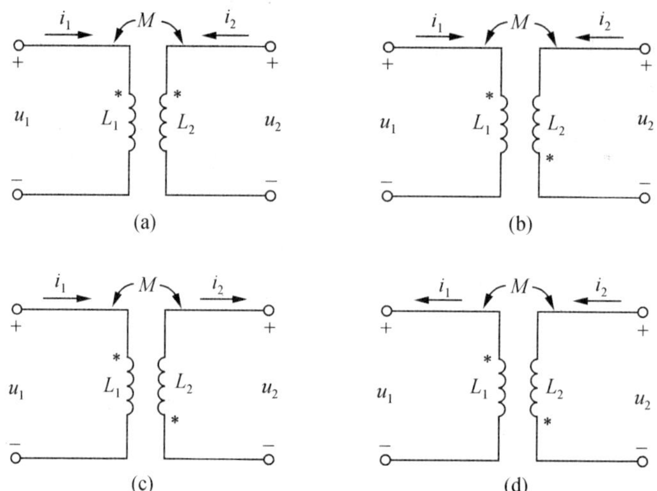

图 6-2-2 例 6-2-1 电路图

解:

(a) $u_1 = L_1 \dfrac{di_1}{dt} + M \dfrac{di_2}{dt}, u_2 = M \dfrac{di_1}{dt} + L_2 \dfrac{di_2}{dt}$

(b) $u_1 = L_1 \dfrac{di_1}{dt} - M \dfrac{di_2}{dt}, u_2 = -M \dfrac{di_1}{dt} + L_2 \dfrac{di_2}{dt}$

(c) $u_1 = L_1 \dfrac{di_1}{dt} + M \dfrac{di_2}{dt}, u_2 = -M \dfrac{di_1}{dt} - L_2 \dfrac{di_2}{dt}$

(d) $u_1 = -L_1 \dfrac{di_1}{dt} - M \dfrac{di_2}{dt}, u_2 = -M \dfrac{di_1}{dt} - L_2 \dfrac{di_2}{dt}$

例 6-2-2 电路如图 6-2-3 所示,已知 $L_1 = 1$ H、$L_2 = 2$ H、$M = 0.5$ H、$R_1 = R_2 = 1$ kΩ,正弦电压 $u_S = 100 \sin 200\pi t$ V,试求电流 i 及耦合系数 k。

解:电压 u_S 的相量为

$$\dot{U}_S = 100\angle 0°\ \text{V}$$

因两线圈为反向串联,所以

$$Z = R_1 + R_2 + j\omega(L_1 + L_2 - 2M)$$

$$= 2\ 000 + \mathrm{j}200\pi(3 - 1) = 2\ 000 + \mathrm{j}400\pi$$
$$= 2\ 360\angle 32.1°\ \Omega$$

$$\dot{I} = \frac{\dot{U}_S}{Z} = 42.3\angle -32.1°\ \mathrm{mA}$$

$$i = 42.3\ \sin(200\pi t - 32.1°)\,\mathrm{mA}$$

$$k = \frac{M}{\sqrt{L_1L_2}} = \frac{0.5}{\sqrt{2\times 1}} = \frac{0.5}{1.41} = 0.354 = 35.4\%$$

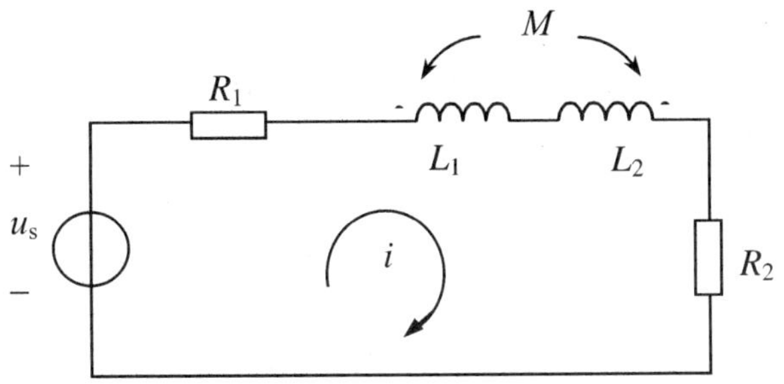

图 6-2-3　例 6-2-2 电路图

二、互感线圈的并联

互感线圈的并联也有两种连接方式，一种是两个线圈的同名端相连，称同侧并联，如图 6-2-4(a) 所示；另一种为两个线圈的异名端相连，称异侧并联，如图 6-2-4(b) 所示。

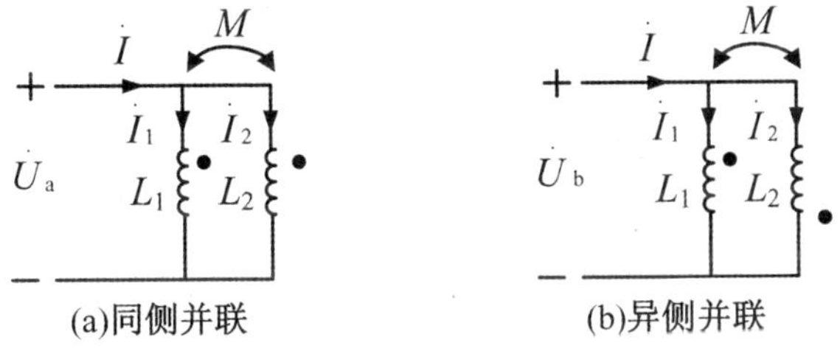

(a)同侧并联　　(b)异侧并联

图 6-2-4　互感线圈的并联

在图 6-2-4 所示电压、电流的参考方向下，可列出如下电路方程：

$$\begin{cases} \dot{I} = \dot{I}_1 + \dot{I}_2 \\ \dot{U}_a = \mathrm{j}\omega L_1\dot{I}_1 + \mathrm{j}\omega M\dot{I}_2 \\ \dot{U}_a = \mathrm{j}\omega L_2\dot{I}_2 + \mathrm{j}\omega M\dot{I}_1 \end{cases}$$

可得

$$\frac{\dot{U}_a}{\dot{I}} = \frac{\mathrm{j}\omega(L_1L_2 - M^2)}{L_1 + L_2 - 2M}$$

上式表明，两个互感线圈同侧并联以后的等效电感为

$$L = \frac{L_1L_2 - M^2}{L_1 + L_2 - 2M} \tag{6-2-4}$$

对于异侧并联，同理可得

$$\frac{\dot{U}_b}{\dot{I}} = \frac{j\omega(L_1L_2 - M^2)}{L_1 + L_2 + 2M}$$

两个互感线圈异侧并联以后的等效电感为

$$L = \frac{L_1L_2 - M^2}{L_1 + L_2 + 2M} \tag{6-2-5}$$

为了计算的方便,对于具有互感的电路,可以先用无互感的电路来等效代替,代替以后的电路称为去耦等效电路。

具体去耦的方法为:如果耦合电感的两条支路各有一端与第三条支路形成一个仅含三条支路的共同节点,则可用三条无耦合的电感支路等效替代,三条支路的等效电感分别为:

(支路3) $L_3 = \pm M$(同侧取"+",异侧取"-");

(支路1) $L'_1 = L_1 \mp M$,(M 以前所取的符号与 L_3 中的相反);

(支路2) $L'_2 = L_2 \mp M$,(M 以前所取的符号与 L_3 中的相反)。

等效电感与电流参考方向无关。应当注意的是,去耦等效电路只是对外电路等效。去耦等效电路和原电路比较,内部结构已发生变化,如图6-2-5所示。

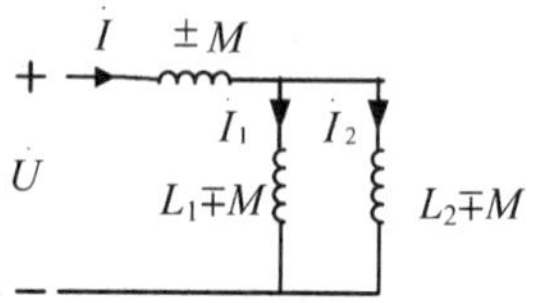

图6-2-5　并联互感线圈的去耦等效

【任务实施】

将互感线圈(可用一个小型电源变压器来代替)分别做图6-2-6(a)、(b)两种串联连接,并进行相应测试,记录数据。

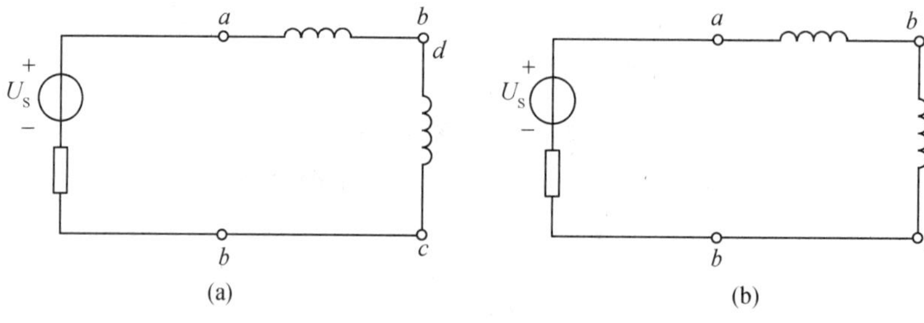

图6-2-6　互感线圈的串联测试电路

(a)图中,U_{ab} = ________,U_{cd} = ________,U_{ad} = ________;

(b)图中,U_{ab} = ________,U_{cd} = ________,U_{ac} = ________。

通过实验所测得的数据,可以看出互感线圈串联后,

(a)图中端电压与两个互感线圈的端电压大小关系为________;

(b)图中端电压与两个互感线圈的端电压大小关系为________。

【知识拓展】

理想变压器

理想变压器也是一种耦合元件，它是从实际变压器中抽象出来的理想化模型，主要是为了方便分析变压器电路，尤其是铁芯变压器电路。理想变压器的电路符号如图 6-2-7 所示。

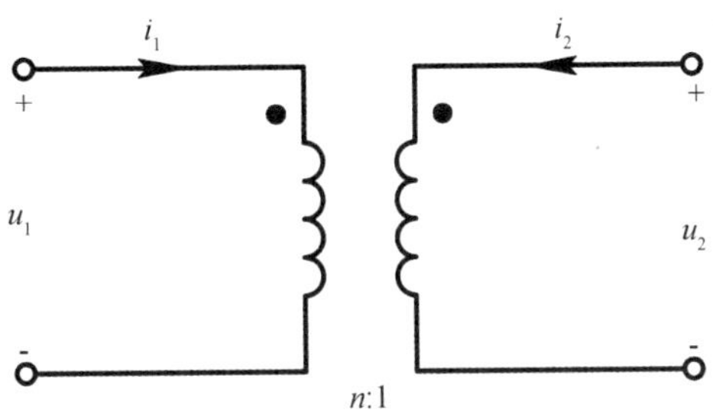

图 6-2-7　理想变压器

一、理想变压器的条件

理想变压器可看成是耦合电感的极限情况，也就是变压器要同时满足如下三个理想化条件：

(1) 变压器本身无损耗，这意味着绕制线圈的金属导线无电阻，或者说，绕制线圈的金属导线的导电率为无穷大，其铁芯的导磁率为无穷大；

(2) 耦合系数 $k = 1$，$k = \frac{M}{\sqrt{L_1 L_2}} = 1$，即全耦合；

(3) L_1、L_2 和 M 均为无限大，但保持 $\sqrt{\frac{L_1}{L_2}} = n$ 不变，n 为匝数比。

理想变压器由于满足三个理想化条件与互感线圈在性质上有着质的不同，下面重点讨论理想变压器的主要性能。

二、电压关系

满足上述三个理想条件的耦合线圈，由于 $k = 1$，所以一次侧产生的磁通 Φ，同时全部穿过了二次绕组。两个绕组由于同一个磁通的变化都感应出电压，分别为 u_1 和 u_2，即：

$$u_1 = N_1 \frac{\mathrm{d}\Phi}{\mathrm{d}t}$$

$$u_2 = N_2 \frac{\mathrm{d}\Phi}{\mathrm{d}t}$$

由此可得理想变压器的电压关系

$$\frac{U_1}{U_2} = \frac{N_1}{N_2} = n \tag{6-2-6}$$

式(6-2-6) 中 N_1 与 N_2 分别是初级线圈和次级线圈的匝数，n 称为匝数比或变比。

可见，变压器的初级线圈和次级线圈的电压与两个线圈的匝数成正比。

三、电流关系

由于理想变压器没有功率损耗，即输入的电功率与输出的电功率相等，可得理想变压器不仅可以进行变压，而且也具有变流的特性。

$$U_1I_1 = U_2I_2$$

则

$$\frac{U_1}{U_2} = \frac{I_2}{I_1} = \frac{N_1}{N_2} \tag{6-2-7}$$

可见，流过变压器初级线圈和次级线圈的电流与两个线圈的匝数成反比。

四、阻抗变换性质

上述分析可知，理想变压器可以起到改变电压及改变电流大小的作用。实际上，它还具有改变阻抗大小的作用。图 6-2-8(a) 电路在正弦稳态下，理想变压器次级所接的负载阻抗为 Z_L，则从初级看进去的输入阻抗

$$Z_1 = \frac{\dot{U}_1}{\dot{I}_1} = \frac{n\dot{U}_2}{\frac{1}{n}\dot{I}_2} = n^2(\frac{\dot{U}_2}{\dot{I}_2}) = n^2 Z_L \tag{6-2-8}$$

式(6-2-8) 表明，当次级接阻抗 Z_L 时，对初级来说，相当于接一个 n^2Z_L 的阻抗，如图 6-2-8(b) 所示，可见理想变压器具有变换阻抗的作用。

利用阻抗变换性质，可以简化理想变压器电路的分析计算。也可以利用改变匝数比的方法来改变输入阻抗，实现最大功率匹配。收音机的输出变压器就是为此目的而设计的。

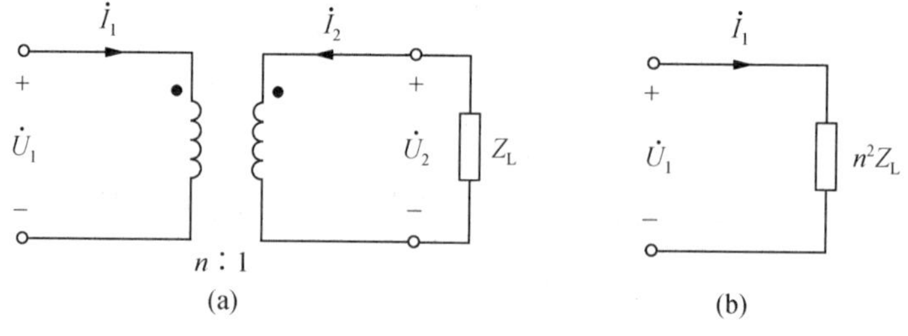

图 6-2-8　理想变压器变换阻抗的作用

在实际工程中，永远不可能满足理想变压器的三个理想条件，实际使用的变压器都不是理想变压器。为了使实际变压器的性能接近理想变压器，一方面尽量采用具有高导磁率的铁磁性材料做芯子；另一方面尽量紧密耦合，使 k 接近于 1，并在保持变比不变的前提下，尽量增加初、次级线圈的匝数。在实际工程计算中，在误差允许的情况下，把实际变压器看作理想变压器，可简化计算过程。

例 6-2-3　电路如图 6-2-9(a) 所示。如果要使 100 Ω 电阻能获得最大功率，试确定理想变压器的变比 n。

解：已知负载

$$R = 100\ \Omega$$

故次级对初级的折合阻抗

$$Z_L = n^2 \times 100\ \Omega$$

电路可等效为图 6-2-9(b) 所示。

由最大功率传输条件,当 $n^2 \times 100\ \Omega$ 等于电压源的串联电阻(或电源内阻)时,负载可获得最大功率。

$$n^2 \times 100\ \Omega = 900$$

变比 n 为:

$$n = 3$$

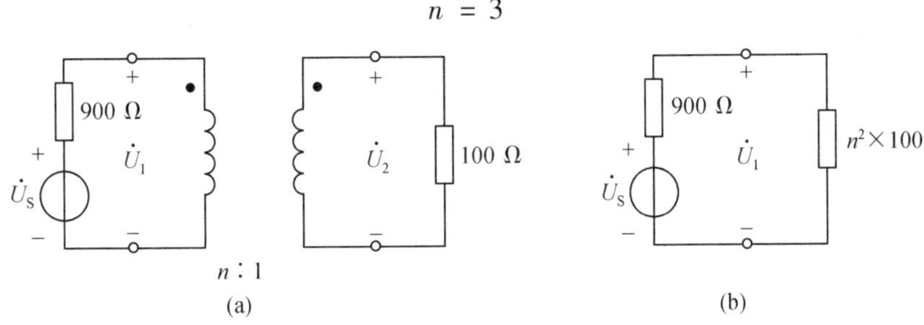

图 6-2-9　例 6-2-3 电路图

巩固练习

习题 6-3-1　互感应现象与自感应现象有什么异同?

习题 6-3-2　互感系数与线圈的哪些因素有关?

习题 6-3-3　已知两耦合线圈的 $L_1 = 0.04$ H, $L_2 = 0.06$ H, $k = 0.4$,试求其互感。

习题 6-3-4　试判定图 6-3-1(a)、(b)中各对磁耦合线圈的同名端。

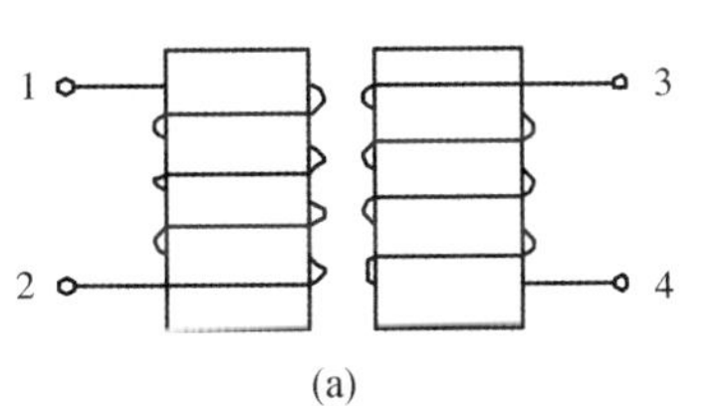

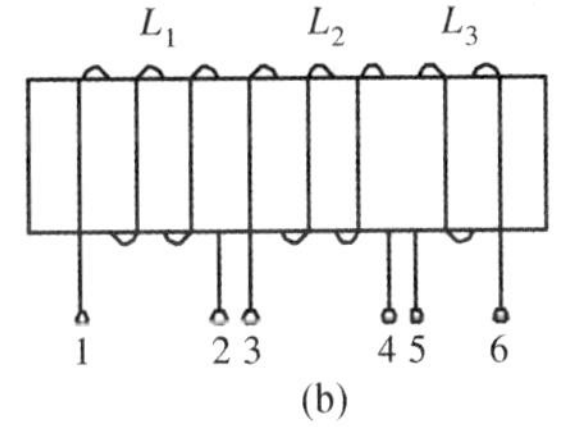

图 6-3-1　习题 6-3-4 图

习题 6-3-5　请在图 6-3-2 中标出自感电压和互感电压的参考方向, 并写出 u_1 和 u_2 的表达式。

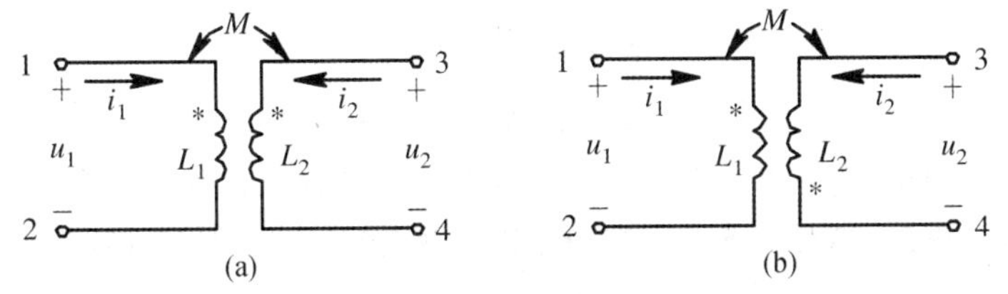

图 6-3-2　习题 6-3-5 图

习题 6-3-6　图 6-3-3 中给出了有互感的两个线圈的两种连接方式, 现测出等效电感 $L_{AC} = 16$ mH, $L_{AD} = 24$ mH, 试标出线圈的同名端, 并求出 M。

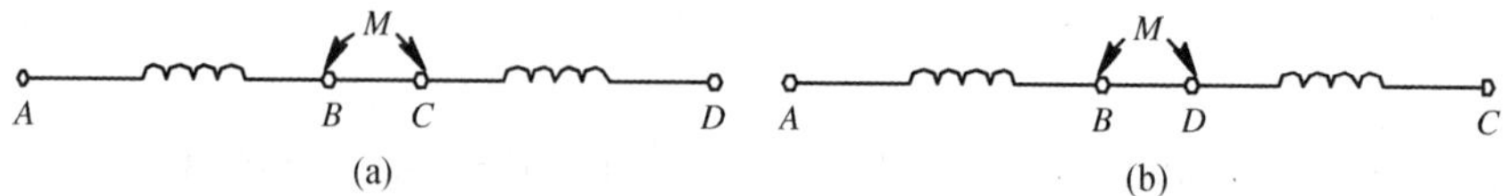

图 6-3-3　习题 6-3-6 电路图

习题 6-3-7　图 6-3-4 所示电路中，已知 $L_1=0.01\ \mathrm{H}$，$L_2=0.02\ \mathrm{H}$，$M=0.01\ \mathrm{H}$，$C=20\mu\mathrm{F}$，$R_1=5\ \Omega$，$R_2=10\ \Omega$，试分别确定当两个线圈顺向串联和反向串联时电路的谐振角频率 ω_0。

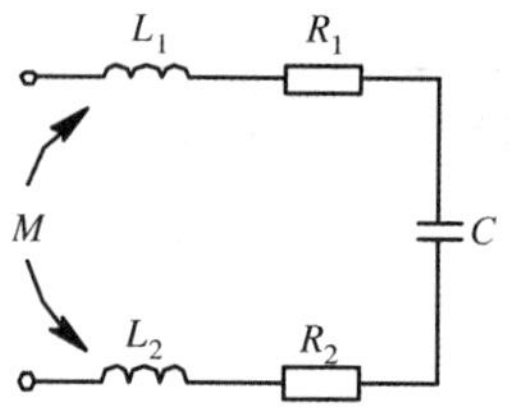

图 6-3-4　习题 6-3-7 图

习题 6-3-8　画出图 6-3-5 所示电路的去耦等效电路，并求出电路的输入阻抗。

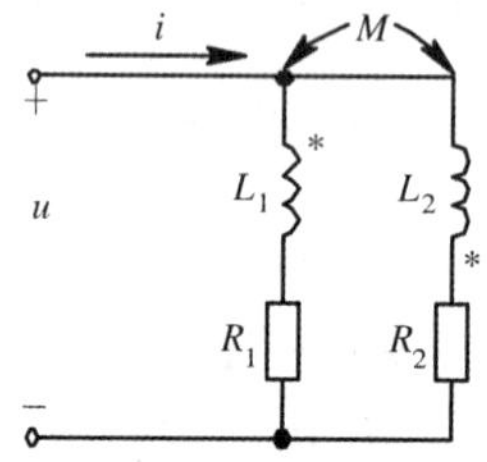

图 6-3-5　习题 6-3-8 图

习题 6-3-9　图示 6-3-6 电路中，已知 $i=\sqrt{3}\sin(1000t+30°)\ \mathrm{A}$，$L_1=L_2=0.02\ \mathrm{H}$，$M=0.01\ \mathrm{H}$。

（1）试求 $\dot{U}_{AB}$。

（2）画出电压、电流相量图。

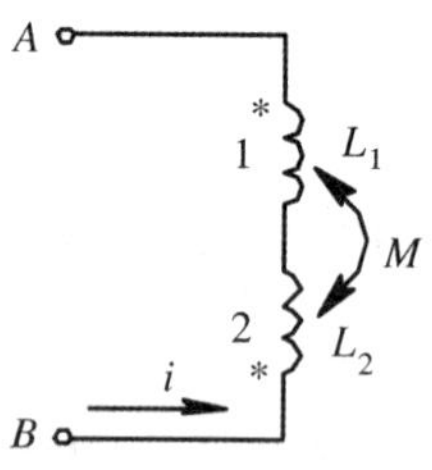

图 6-3-6　习题 6-3-9 图

习题 6-3-10　如图 6-3-7 所示电路中 U_s 为直流电压源。a、b、c、d 是耦合电感的四个端子，c 端接电压表的正极，当开关 S 打开瞬间，电压表正偏转，试判断同名端。

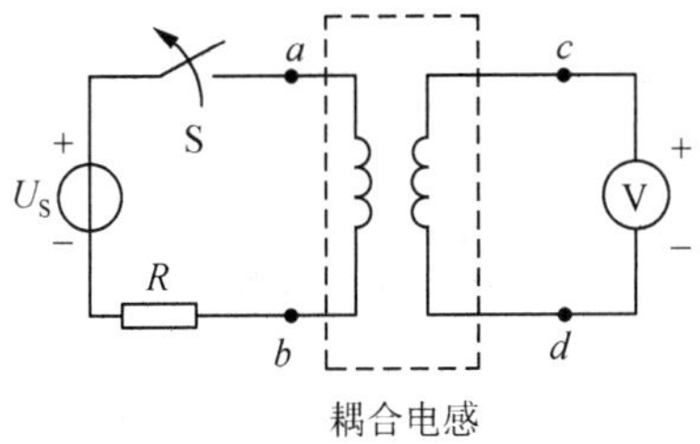

图 6-3-7　习题 6-3-10 图

参考文献

[1] 李传珊,李永军. 电工基础. 北京:电子工业出版社,2009.
[2] 王丽霞,刘霞. 电工基础. 北京:冶金工业出版社,2012.
[3] 王兆奇. 电工基础. 北京:机械工业出版社,2007.
[4] 李源生. 实用电工学. 北京:机械工业出版社,2009.
[5] 刘科,刘林山. 电路原理. 北京:北京交通大学出版社,2007.
[6] 王玫. 电路原理. 北京:中国电力出版社,2011.
[7] 李梅. 电工基础. 北京:机械工业出版社,2009.